教育部大学计算机课程改革项目成果

Python 程序设计与应用
——面向数据分析与可视化

董卫军　编　著
耿国华　主　审

U0282896

电子工业出版社.

Publishing House of Electronics Industry

北京·BEIJING

内 容 简 介

本书是国家精品课程"大学计算机"系列课程"程序设计"的主教材。本书以快速掌握程序设计思想为主线，采用**"核心语法为先导，经典案例为依托，实践应用为目的"**的内容组织方式，以大量程序案例为抓手，突出程序设计与应用实践的关联性，促进计算思维能力培养，提升大学生综合素质和创新能力。

本书内容基于 Python 3.8 版本，共 9 章，从基础技能、实践应用两个层面展开。基础技能部分包含 6 章：Python 语言概述、Python 语言基础、程序基本控制结构、函数的使用、文件读写与管理、Python 面向对象程序设计。实践应用部分包含 3 章：数据分析与可视化处理、Pillow 图像处理与 Turtle 绘图、网页信息获取。

本书体系完整、结构严谨、注重应用、强调实践，可作为高等学校程序设计课程的教材，也可作为全国计算机等级考试二级 Python 语言的培训或自学教材。为方便教学，本书配有电子课件及习题答案，并提供本书所有案例源代码，任课教师可登录华信教育资源网（www.hxedu.com.cn）免费注册下载。

图书在版编目（CIP）数据

Python 程序设计与应用：面向数据分析与可视化 / 董卫军编著. —北京：电子工业出版社，2022.4
ISBN 978-7-121-43252-1

Ⅰ. ①P… Ⅱ. ①董… Ⅲ. ①软件工具－程序设计－高等学校－教材 Ⅳ. ①TP311.561

中国版本图书馆 CIP 数据核字（2022）第 056076 号

责任编辑：戴晨辰　　文字编辑：韩玉宏
印　　刷：三河市双峰印刷装订有限公司
装　　订：三河市双峰印刷装订有限公司
出版发行：电子工业出版社
　　　　　北京市海淀区万寿路 173 信箱　　邮编：100036
开　　本：787×1 092　1/16　印张：20　字数：551 千字
版　　次：2022 年 4 月第 1 版
印　　次：2023 年 1 月第 2 次印刷
定　　价：69.00 元

凡所购买电子工业出版社图书有缺损问题，请向购买书店调换。若书店售缺，请与本社发行部联系，联系及邮购电话：（010）88254888，88258888。

质量投诉请发邮件至 zlts@phei.com.cn，盗版侵权举报请发邮件至 dbqq@phei.com.cn。

本书咨询联系方式：dcc@phei.com.cn。

前言

    本书是国家精品课程"大学计算机"系列课程"程序设计"的主教材，也是"教育部大学计算机课程改革项目"成果之一。

    程序设计作为实现计算思维的核心课程之一，在大学生的知识体系中占有重要位置，其内容组织应该体现创造性思维的素质教育培养过程。本书力图在遵循教育和学习规律的基础上，按应用需求梳理和组织知识点，由易到难，循序渐进，克服了传统的 Python 语言教材在介绍语法方面着墨太多的不足。

    本书以快速掌握程序设计思想为主线，以培养创新实践能力为出发点，采用"**核心语法为先导，经典案例为依托，实践应用为目的**"的内容组织方式，以大量程序案例为抓手，突出程序设计与应用实践的关联性，使学习者在有限的时间内充分理解计算思维的本质，真正掌握程序设计的思想，具备通过计算机解决实际问题的能力，并能最终将这一过程融入创新思维活动之中。

    本书内容基于 Python 3.8 版本，共 9 章，对 Python 语言及程序设计的思想和方法从**基础技能、实践应用**两个层面逐层展开介绍。

- **基础技能层面**：从理解程序设计基本思想、培养逻辑思维能力入手，内容涵盖 Python 语言概述、Python 语言基础、程序基本控制结构、函数的使用、文件读写与管理、Python 面向对象程序设计 6 个方面的知识。重点突出程序设计的基本思想、Python 语言的基本数据类型、程序控制的基本结构，以及如何通过 Python 解决简单问题。通过学习，使学习者初步具备使用 Python 语言解决问题的基本能力。

- **实践应用层面**：从培养分析问题和解决问题的能力入手，内容涵盖数据分析与可视化处理、Pillow 图像处理与 Turtle 绘图、网页信息获取 3 个方面的知识。重点突出实践应用能力的培养。通过学习，使学习者掌握程序设计技能及 Python 第三方库的使用，能够真正使用 Python 解决专业和行业领域内的复杂问题。

    本书体系完整、结构严谨、注重实用、强调实践，在编著时兼顾了计算机等级考试的要求。本书可作为高等学校程序设计课程的教材，也可作为全国计算机等级考试二级 Python 语言的培训或自学教材。为方便教学，本书配有电子课件及习题答案，并提供本书所有案例源代码，任课教师可登录华信教育资源网（www.hxedu.com.cn）免费注册下载。为规范链接使用，本书中部分网址使用**代替个别内容，不会影响读者理解与学习，特此说明，请读者知悉。

    本书由董卫军编著，西北大学耿国华教授主审。感谢教学团队成员（王安文、郭竞、张靖、崔莉、职秦川、姬翔、郭凌）在案例收集、用例编写方面的辛勤付出。由于作者水平有限，书中难免有不妥之处，恳请读者指正。

董卫军

于西安·锦程苑

第 1 章　Python 语言概述

1.1　程序设计语言简介

1.1.1　程序与程序设计语言

1. 程序

所谓计算机程序就是计算机所执行的一系列指令的集合，通过这些指令集合，计算机可以实现数值计算、信息处理、信息显示等功能。也就是说，程序是为实现特定目标或解决特定问题而用计算机语言编写的命令序列的集合。

2. 程序设计语言

程序设计语言（Programming Language）是用于编写计算机程序的语言。语言的基础是一组记号和一组规则，根据规则由记号构成的记号串的总体就是语言。在程序设计时，经常会提到动态类型语言、动态语言、解释型语言这些概念。

1.1.2　编译型语言和解释型语言

1. 编译型语言

编译型语言使用专门的编译器，针对特定平台（操作系统）将某种高级语言源代码一次性"翻译"成可被该平台硬件执行的机器码（包括机器指令和操作数），并将这些机器码包装成该平台所能识别的可执行性程序的格式。编译生成的可执行性程序可以脱离开发环境，在特定的平台上独立运行。由编译型语言所书写的源程序一般需经过编译和链接两个步骤完成"翻译"工作。其中，编译是把源代码编译成机器码，链接是把各个模块的机器码和依赖库连起来生成可执行文件。

（1）编译型语言的优点

编译器一般会通过预编译对代码进行优化。因为编译只做一次，运行时不需要编译，所以编译型语言的程序执行效率高，而且可以脱离语言环境独立运行。

（2）编译型语言的缺点

编译型语言的源程序被编译成特定平台上的机器码，编译生成的可执行程序通常无法移植到其他平台上。如果需要移植，则必须将源代码复制到特定平台上，并针对特定平台进行程序修改，采用特定平台上的编译器重新编译才可以。

（3）编译型语言的代表语言

编译型语言的代表语言有 C、C++、Pascal、Object-C 和 Swift 等。

2. 解释型语言

解释型语言是指使用专门的解释器将源程序逐行解释成特定平台的机器码并立即执行的语言。解释型语言通常不会进行整体性的编译和链接处理，解释型语言相当于把编译型语言中的编译和解释过程混合到一起同时完成。

（1）解释型语言的优点

解释型语言有良好的平台兼容性，每个特定平台上的解释器（虚拟机）负责将源程序解释成特定平台的机器指令。解释型语言可以方便地实现源程序级的移植（但这是以牺牲程序执行效率为代价的）。

（2）解释型语言的缺点

使用解释型语言编写的源程序每次执行时都需要进行一次解释翻译，因此程序运行效率通常较低，而且不能脱离解释器独立运行。

（3）解释型语言的代表语言

解释型语言的代表语言有 JavaScript、Python、Erlang、PHP、Perl 和 Ruby 等。

3．编译型语言和解释性语言的比较

编译型语言和解释型语言各有各的优点和缺点。前者由于程序执行速度快，同等条件下对系统要求较低，因此开发操作系统、大型应用程序、数据库系统等时都会采用它。而一些诸如网页脚本、服务器脚本和辅助开发接口等程序，它们对速度要求不高，而对不同系统平台间的兼容性要求较高，通常使用解释型语言。

4．混合型语言

编译型语言和解释型语言各有缺点，把两种类型的语言整合起来就出现了半编译型语言，也就是混合型语言。

例如 C#，C#在编译时不是直接将源程序编译成机器码而是编译成中间码，然后通过.NET平台提供的中间语言运行库来运行中间码（中间语言运行库类似于 Java 虚拟机）。

.NET 将源程序编译成 IL（中间语言）代码后，一般保存在格式为.dll 的文件中，首次运行时由 JIT（即时编译器）编译成机器码缓存在内存中，再次执行时直接运行。

Java 语言虽然比较接近解释型语言（要依赖 JVM 虚拟机运行），但在执行之前已经预先进行过一次预编译，生成的代码是介于机器码和 Java 源代码之间的中间代码，运行时由 JVM（Java的虚拟机平台，可视为解释器）解释执行。它既保留了源代码的高抽象、可移植性好的特点，又完成了对源代码的大部分预编译工作，所以执行效率比纯解释型语言要高。

严格来说，混合型语言属于解释型语言，C#更接近编译型语言。随着设计技术和硬件的不断发展，编译型语言和解释型语言的界限正在变得模糊。

1.1.3　动态语言和静态语言

1．动态语言

动态语言是一类在运行时可以改变其结构的语言。例如，新的函数、对象甚至代码都可以被引进，已有的函数可以被删除或产生其他结构上的变化。通俗地说，就是在运行时代码可以根据某些条件改变自身结构。

主要的动态语言：Object-C、C#、JavaScript、PHP、Python、Erlang。

2．静态语言

静态语言是与动态语言相对应的，运行时代码不可变的语言就是静态语言，如 Java、C、C++。

需要注意的是：并非所有的解释型语言都是动态语言。例如，Java 是解释型语言但不是动态语言，Java 程序不能在运行时改变自己的结构。同时，并非所有的动态语言都是解释型语言。

例如，Object-C 是动态语言，但也是编译型语言，这得益于其特有的运行时机制（准确地说运行时不是语法特性，而是运行时环境），代码是可以在运行时插入、替换方法的。

1.1.4　动态类型语言和静态类型语言

1．动态类型语言

动态类型语言和动态语言是两个完全不同的概念。所谓动态类型语言，是指在运行期间才进行数据类型检查的语言，说的是数据类型。而动态语言指的是运行时可以改变结构，说的是代码结构。

动态类型语言的数据类型不是在编译阶段决定的，而是在运行阶段决定的。

主要的动态类型语言：Python、Ruby、Erlang、JavaScript、Swift、PHP、Perl。

2．静态类型语言

静态类型语言的数据类型是在编译时确定的，或者说是在运行之前确定的。在编写代码时，就要确定变量的数据类型。

主要的静态类型语言：C、C++、C#、Java、Object-C。

需要注意的是：解释型语言不一定都是动态类型语言，编译型语言也不一定都是静态类型语言。例如，Swift 是编译型语言，但它也是动态类型语言；C#和 Java 是解释型语言，但它们也都是静态类型语言。

1.1.5　强类型语言和弱类型语言

1．强类型语言

在使用强类型语言编写程序时，一旦一个变量被指定了某个数据类型，如果不经过强制类型转换，那么其数据类型不变。强类型语言运算时，要求运算数据类型要兼容。不兼容时，不进行隐式的数据类型转换。

例如，在强类型语言中，12+"16"就是错误的，因为运算数据类型不兼容。12+4.5 就是正确的，因为运算数据类型兼容。

在 C 语言中，12+3+'a'是正确的；而在 Python 中，12+3+'a'是错误的。这是因为在 C 语言中把字符常量当作整型数据处理，而 Python 不支持字符常量（只支持字符串），所以 12+"16" 在 C 和 Python 中都是错误的。

主要的强类型语言：Java、.NET、C/C++、Python 等。

2．弱类型语言

弱类型语言是一种弱类型定义的语言，某一个变量被定义类型，该变量可以根据环境变化自动进行类型转换，不需要经过强制转换。即：弱类型语言运算时会自动进行隐式数据类型转换。在使用弱类型语言编写程序时，数据类型可以被忽略，一个变量可以赋不同数据类型的值，变量的数据类型以最后一次赋值的数据类型为准。

例如，在 VB 中，123+"456"的运算结果是 579。运算时，系统自动将字符串"456"转换为（隐式转换）整数 456，然后进行运算。

主要的弱类型语言：JavaScript、PHP、VB。

需要注意的是：一个语言是不是强类型语言和是不是动态类型语言没有必然联系。Python 是动态类型语言，也是强类型语言；JavaScript 是动态类型语言，也是弱类型语言；Java 是静态类型语言，也是强类型语言。

1.2 结构化程序设计与面向对象程序设计

程序设计语言按程序设计方法可分为结构化程序设计语言和面向对象程序设计语言。

结构化程序设计语言的结构特性主要有：一是用自顶向下逐步精化的方法编程；二是按照模块组装的方法编程；三是程序只包含顺序、选择（分支）及循环结构，而且每种结构只允许单入口和单出口。C、PASCAl 都是典型的结构化程序设计语言。

面向对象的程序设计在很大程度上应归功于从模拟领域发展起来的 Simula，Simula 提出了类和对象的概念。C++、Java、Smalltalk、Python 都是面向对象程序设计语言的代表。

1.2.1 结构化程序设计

20 世纪 60 年代出现的软件危机使得一大批软件项目相继失败，软件危机使人们开始认真思考如何才能设计出结构合理、高质量的程序，于是提出了结构化程序设计（Structured Programming）的方法。结构化程序设计由迪克斯特拉（E. W. Dijkstra）在 1965 年提出，是指以模块化设计为中心，将待开发的软件系统划分为若干个相互独立的模块，这样就使完成每一个模块的工作变得相对简单而明确，为设计一些较大的、复杂的软件提出了良好的解决思路。结构化程序设计是软件发展过程中的第三个重要里程碑，其影响比前两个里程碑（子程序、高级语言）更为深远。结构化程序设计的概念、方法及支持这些方法的一整套软件工具构成了结构化程序设计的核心。

1. 结构化程序设计的基本思想

Dijkstra 的"结构化程序设计"思想，提出了一套方法，使程序具有合理的结构，以保证和检验程序的正确性。该方法规定程序设计者不能随心所欲地编写程序，而要按照一定的结构形式来设计和编写程序，其目的在于使程序具有良好的结构。这样，程序就易于设计、阅读和理解，易于调试和修改，从而提高程序的设计效率和维护效率。

结构化程序设计思想包括以下几个方面的内容。

（1）自顶向下的设计方法

程序设计时，应先考虑总体，后考虑细节；先考虑全局目标，后考虑局部目标。即先从最上层总目标开始设计，逐步使问题具体化。

（2）模块化的设计方法

复杂问题都是由若干个简单问题构成的。模块化的设计方法将复杂问题进行分解，将解决问题的总目标分解成若干个分目标，再进一步分解为具体的小目标，把每一个小目标称作一个模块。

（3）逐步求精的设计方法

在一个程序模块内，先从该模块功能描述出发，逐层细化，直到最后分解、细化成语句为止。这样就构成了实现模块功能的程序。在一个系统的设计与实现中，也采用逐步求精的方法进行设计、编码、测试。

（4）采用 3 种基本控制结构

在结构化程序设计中，任何程序均可由 3 种基本结构构成，这 3 种基本结构分别是顺序结构、选择结构和循环结构。

① 顺序结构。

从前向后顺序执行 S1 语句和 S2 语句，只有当 S1 语句执行完后才执行 S2 语句。

② 选择结构。

根据条件有选择地执行语句。当条件成立（为真）时执行 S1 语句，当条件不成立（为假）时执行 S2 语句。

③ 循环结构。

有条件地反复执行 S1 语句（也称为循环体），直到条件不成立时终止循环，转而执行循环体外的后继语句。

人们已经证明，由这 3 种基本结构所构成的算法可以解决任何复杂的问题，结构化程序就是指由这 3 种基本结构所组成的程序。一般高级程序设计语言都具有实现这 3 种结构的控制语句。

（5）限制使用 goto 语句

从理论上讲，只用顺序结构、选择结构、循环结构这 3 种基本结构就能表达任何一个只有一个入口和一个出口的程序逻辑。如果大量使用 goto 语句控制路径，会使程序的执行路径变得复杂而且混乱，增加出错的机会，降低程序的可读性和可靠性，因此要控制 goto 语句的使用。

2．结构化程序设计的优缺点

采用结构化程序设计方法设计的程序结构清晰，易于阅读、测试、排错和修改。由于每个模块具有单一功能，模块间联系较少，使程序设计比过去更简单，程序更可靠，而且增加了可维护性，每个模块都可以独立编制、测试。

（1）优点

① 程序易于阅读、理解和维护。

程序员采用结构化编程方法，将一个复杂的程序分解成若干个子程序结构，便于控制，降低程序的复杂性，因此容易编写程序，同时便于验证程序的正确性。

② 提高了编程工作的效率，降低了软件开发成本。

结构化编程方法能够把错误控制到最低限度，因此能够减少调试和查错的时间。

（2）缺点

结构化程序设计方法是面向过程的，它把程序定义为"数据结构+算法"，程序中数据与处理这些数据的算法（过程）是分离的。这样，对不同的数据结构进行相同的处理或对相同的数据结构进行不同的处理，都要使用不同的模块，降低了程序的可重用性。同时，这种分离导致了数据可能被多个模块使用和修改，难以保证数据的安全性和一致性。因此，对小型程序和中等复杂程度的程序来说，它是一种较为有效的方法，但对复杂的、大规模的软件开发来说，会出现维护性和重用性差的问题。

1.2.2　面向对象程序设计

面向对象方法本质上主张从客观世界固有的事物出发来构造系统，提倡用人类在现实生活中常用的思维方法来认识、理解和描述客观事物，强调最终建立的系统能够如实地反映问题域中客观事物及其关系。

1．面向对象程序设计思想的产生

提出面向对象程序设计方法的主要出发点是弥补面向过程程序设计方法的一些缺点，克服传统软件开发方法的缺陷。第一个面向对象的程序设计语言是 20 世纪 60 年代开发的 Simula-67，它提供了比子程序更高一级的抽象和封装，引入了数据抽象和类的概念，对象代表着待处理问题中的一个实体，在处理问题过程中，一个对象可以以某种形式与其他对象通信。从理论上讲，一个对象是既包含数据，又包含处理这些数据操作的程序单元。类用来描述特性相同或相近的一组对象的结构和行为。面向对象程序设计语言还支持类的继承，可将多个类组成层次结构，进而允许共享结构和行为。

在面向对象程序设计语言产生之后，面向对象程序设计逐步成为编码的主流，其所蕴涵的面向对象的思想不断向开发过程的上游和下游发展，形成现在的面向对象分析、面向对象设计、面向对象测试，并逐步发展为面向对象软件开发方法。

2. 面向对象程序设计思想

面向对象程序设计的基本思想与结构化程序设计思想完全不同，面向对象的程序设计从现实世界中客观存在的事物（即对象）出发来构造软件系统，并在系统构造中尽可能运用人类的自然思维方式，强调直接以问题域（现实世界）中的事物为中心来思考问题、认识问题，并根据这些事物的本质特点，把它们抽象地表示为系统中的对象，作为系统的基本构成单位。这可以使系统直接映射问题域，保持问题域中事物及其相互关系的本来面貌。

面向对象的程序设计方法逐步代替了传统的结构化程序设计方法，成为最重要的方法之一。面向对象的程序设计方法中，对象、类、继承、封装、消息等都是其基本概念。

（1）对象和类

对象是程序在运行时的基本实体，是一个封装了数据和操作这些数据的代码的逻辑实体。类是具有相同类型的对象的抽象。一个对象所包含的所有数据和代码都可以通过类来构造。

① 现实世界中的对象和类。

现实世界中的对象是人们认识世界的基本单元，世界就是由这些基本单元（对象）组成的，如一个人、一辆车、一次旅游购物、一次演讲等。对象可以很简单，也可很复杂，复杂的对象可由若干个简单对象组成。

现实世界中的类是对一组具有共同属性和行为的对象的抽象。例如，"人"这个类是由老人、小孩、男人、女人等构成的，具体的某个人（对象）是"人"这个类的一个实例。类和对象是抽象和具体的关系。

② 面向对象程序设计中的对象和类。

a. 面向对象程序设计中的对象。

面向对象程序设计中的对象是由描述其属性的数据和定义在数据上的一组操作组成的实体，是数据单元和过程单元的集合体。具有以下特性：

- 有一个用于与其他对象相区别的名字；
- 具有某些特征，称为属性或状态；
- 有一组操作，每一个操作决定对象的一种行为（即对象能干什么）；
- 对象的状态只能被自身的行为所改变；
- 对象之间以消息传递的方式相互通信。

例如，学生"吴昊"是一个对象，由描述他的特征的数据和他能提供的一组操作来表征。

对象名：吴昊。

属性：姓名（吴昊）、学号（2021108116）、年龄（18）、性别（男）、身高（172 厘米）、体重（75 千克）、爱好（排篮球运动）、专业（金融工程）、年级（2021 级）。

操作：入学注册、回答提问等。

这里的属性说明了"吴昊"这个对象的特征，操作说明了"吴昊"同学能干什么。

b. 面向对象程序设计中的类。

面向对象程序设计中的类是一组对象的抽象，这组对象有相同的属性结构和操作行为，并对这些属性结构和操作行为加以描述和说明。类是创建对象的样板，它没有具体的值和具体的操作，以它为样板创建的对象才有具体的值和操作。类用类名来相互区别。

c. 对象和类的关系。

一个对象是类的一个实例，有了类之后，才能创建对象。给类中的属性和行为赋予实际的值以后，就得到了类的一个对象。

（2）抽象性

人们总是将现实中的各种事物分成不同的类来管理，而抽象是人类对事物进行分类的最基本的方法和手段。面向对象程序设计中的抽象是对一类对象进行分析和认识，经过概括，抽出这类对象的公共性质并加以描述的过程。

对一类事物的抽象一般包括两个方面：数据抽象和行为抽象。数据抽象是对属性和状态的描述；行为抽象是对数据需要进行的处理的描述，它描述了一类对象的共同行为特征，使这类对象具有共同的功能，因此又将行为抽象称为代码抽象。类的数据成员实质上就是数据抽象的结果；成员函数实质上是类的行为，用行为抽象来描述。

（3）封装性

封装性对外提供一组数据及操作这些数据的方法（函数或过程），隐藏了内部实现的细节，很好地实现了软件重用和信息的隐藏。

封装机制是通过对象来实现的，对象中的成员不仅包含数据，还包含对这些数据进行处理的操作代码。对象中的成员可以根据需要定义为公有成员或私有成员，私有成员在对象中被隐蔽起来，对象以外的访问被拒绝；公有成员提供了对象与外界的接口，外界只能通过这个接口与对象产生联系。可见，对象有效地实现了封装的两个目标：对数据与行为的结合；信息隐蔽。抽象和封装是互补的，一个好的抽象有利于封装，封装的实体则有利于维护抽象的完整性，但抽象优先于封装。

（4）继承性

继承就是让某个类型的对象获得另一个类型的对象的特征。通过继承可以从已存在的类（基类）派生出新类（派生类），派生类将自动具有基类的特性，同时，派生类还可以拥有自己的新特性。

通过继承，形成了类的继承层次结构。将共有特点抽象出来作为父类，子类继承父类的结构和方法后，再定义各自特定的数据和操作，还可以通过重载将父类的某些特殊操作进行重新定义。从单一的父类中继承叫单继承，如果从两个或两个以上的父类中继承则是多继承。继承不仅体现了软件重用技术，又可最大限度地精简程序，减少代码冗余，极大地提高了程序的开发效率和运行效率。

（5）多态性

多态性是面向对象程序设计的重要特性之一，是指不同的对象收到相同的消息时产生不同的操作行为。多态机制使具有不同内部结构的对象可以共享相同的外部接口，通过这种方式减小代码的复杂度。例如，当用鼠标单击不同的对象时，各对象就会根据自己的理解做出不同的动作，产生不同的结果，这就是多态性。

（6）消息传递

对象之间需要相互沟通，沟通的途径就是对象之间收发信息。将一个对象向另一个对象发出的请求称为消息，它是一个对象要求另一个对象执行某个操作的规格说明（包括接收消息的对象的标识、需要调用的函数的标识及必要的信息），通过消息传递才能完成对象之间的相互请求和协作。例如，学生对象请求教师对象辅导，学生对象向教师对象发出消息，教师对象接收到这个请求或消息后，才决定做什么辅导并执行辅导。通常把发送消息的对象称为消息的发送者或请求者，而把接收消息的对象称为消息的接收者或目标对象。接收者只有在接收到消息时才能被激活，之后才能根据消息的要求调用某个方法，完成相应的操作。

3．面向对象程序设计的优点

面向对象程序设计具有以下优点。

（1）符合人们的思维习惯

在面向对象方法中，由于对象对应于现实世界的实体，因而可以很自然地按照现实世界中处理实体的方法来处理对象，软件开发者可以很方便地与问题提出者进行沟通和交流。也就是说，面向对象方法和技术以对象为核心，对象是由数据和允许的操作组成的封装体，与客观实体有直接的对应关系。对象之间通过传递消息互相联系，以实现模拟世界中不同事物之间的联系。

（2）对象与实体紧密结合，稳定性好

面向对象方法基于问题领域的对象模型，以对象为中心构造软件系统。它的基本方法是用对象模拟问题领域中的实体，以对象间的联系刻画实体间的联系。

（3）重用性好，易于扩充

软件的重用性是指在不同的软件开发过程中重复使用相同或相似的软件元素的特征。继承性和多态性极大地提高了软件开发的效率，使软件更易于扩充，能很好地适应复杂系统不断发展与变化的要求。

（4）易于开发大型复杂软件系统

在使用面向对象方法进行软件开发时，可以把大型产品看作一系列本质上相互独立的小产品来处理，降低了技术难度，也使软件开发的管理变得容易。由于采用了消息传递机制作为对象之间相互通信的唯一方式，这样就使消息传递机制能很自然地与分布式并行程序、多机系统、网络通信等模型取得一致，从而强有力地支持复杂大系统的分析与运行。

（5）可维护性好

软件稳定性比较好；软件比较容易修改；软件比较容易理解；易于测试和调试。

1.3　Python 简介

随着人工智能、大数据和云计算的兴起，Python 作为一种高级编程语言，已经进入人们的视野，成为人工智能、大数据、云计算和其他领域科学计算的基本语言。Python 功能强大，可用于 Web 开发、游戏开发、为桌面应用程序构建脚本和 GUI（图形用户界面）、配置服务器、执行科学计算和进行数据分析。

Python 是一种面向对象、直译式计算机程序设计语言，由 Guido van Rossum 于 1989 年底设计实现，并于 1991 年公开发行。Python 用 C 语言实现，语法简洁而清晰，具有丰富和强大的类库，它能够很轻松地把用其他语言编写的各种模块（尤其是 C/C++）轻松地联结在一起。

1.3.1　Python 的特点

1．设计 Python 的目标

Guido van Rossum 设计 Python 的目标：

（1）一门简单、直观的语言，并与主要竞争者一样强大；

（2）开源，以便任何人都可以为它做贡献；

（3）代码像纯英语那样容易理解；

（4）适用于短期开发的日常任务。

2．Python 的优缺点

相比于传统的程序设计语言，Python 优点明显，同时也存在着一些不足。

（1）优点

① 简单易学。

Python 是一种代表简单主义思想的语言。阅读一个结构良好的 Python 程序就像在读英文，尽管这个英文的格式要求非常严格。Python 的这种伪代码性是它最大的优点之一，它使开发者能够专注于解决问题而不是理解语言本身。同时，Python 关键字较少，有明确定义的语法，结构简单，易于学习。

② 免费、开源。

Python 是开放源码软件。用户可以自由地发布这个软件的副本，可以阅读它的源代码，也可以对它做改动，或者把它的一部分用于新的自由软件中。

③可移植性好。

由于开源本质，Python 已经被移植在许多平台上。这些平台包括 Linux、Windows、FreeBSD、Macintosh、Solaris Pocket PC、Symbian 及 Android 等。

④ 解释性。

用 Python 语言写的程序不需要编译成二进制代码。Python 解释器把源代码转换成称为字节码的中间形式，然后把字节码文件翻译成计算机使用的机器语言并运行。用户不再需要考虑如何编译程序、如何确保连接加载正确的库等，所有这一切使得使用 Python 开发程序变得更加简单。

⑤ 面向对象。

Python 既支持面向过程的编程，又支持面向对象的编程。在"面向过程"的语言中，程序是由过程或仅仅是由可重用代码的函数构建起来的。在"面向对象"的语言中，程序是由对象构建起来的。与其他主要的语言如 C++、Java 相比，Python 以一种非常强大又简单的方式实现面向对象编程。在 Python 中，函数、模块、数字、字符串都是对象，完全支持继承、重载、多重继承，支持重载运算符，也支持泛型设计。

⑥ 丰富的跨平台库。

Python 的最大优势之一是丰富的跨平台库，在 UNIX、Windows 和 Macintosh 等操作系统上具有很好的兼容性。Python 语言包含数字、字符串、列表、字典、文件等常见数据类型和相应的处理函数。Python 标准库提供系统管理、网络通信、文本处理、数据库接口、图形系统、XML（可扩展标记语言）处理等额外功能。除标准库以外，Python 中还有许多高质量的第三方库，其使用方式与标准库类似，这些第三方库的功能覆盖科学计算、人工智能、机器学习、Web 开发、数据库接口、图形系统等众多领域。

（2）缺点

①运行速度慢。

由于 Python 程序的执行是基于解释的，所以执行速度较慢。如果对速度有较高要求，就需要用 C 或 C++改写关键部分。

② 构架选择太多。

Python 没有像 C#这样的官方.net 构架，也不像 ruby 构架那样相对集中。Python 的开发架构较多，不过这也从另一个侧面说明 Python 是热点语言，应用广泛，吸引的开发者多，项目也多。

3．Python 3.x 的特点

目前有两个 Python 版本，分别是 Python 2.x 和 Python 3.x。新的 Python 程序建议使用 Python 3.x 版本的语法。Python 3.x 相对于 Python 的早期版本有一个较大的升级，但是 Python 3.x 在设计时没有考虑向下兼容，基于 Python 2.x 版本设计的程序无法在 Python 3.x 上正常执行。

Python 3.0 发布于 2008 年，Python 3.8 发布于 2019 年。Python 3.8 适用于编写脚本，以及自动化、机器学习和 Web 开发等各种任务。现在，Python 3.8 已经进入官方的 beta 阶段，这个版本带来了语法改变、内存共享、更有效的序列化和反序列化、改进的字典等新功能。Python 3.8 还进行了许多性能改进，从而使得 Python 更快、更精确、更一致和更现代。本书所讲语法及程序案例都基于 Python 3.8 版本。

1.3.2 主要应用领域

Python 的应用领域非常广泛，几乎所有大中型互联网企业都在使用 Python 完成各种各样的任务。例如，国外的 Google、Youtube、Dropbox，国内的百度、新浪、搜狐、腾讯、阿里巴巴等。概括起来，Python 的应用领域主要有如下几个。

1．Web 应用开发

Python 经常被用于 Web 开发，尽管目前 PHP、JS 依然是 Web 开发的主流语言，但 Python 上升势头更猛。随着 Python 的 Web 开发框架逐渐成熟（如 Django、Flask、TurboGears、Web2py 等），程序员可以更轻松地开发和管理复杂的 Web 程序。例如，通过 mod_wsgi 模块，Apache 可以运行使用 Python 编写的 Web 程序。Python 定义了 WSGI 标准应用接口来协调 HTTP 服务器与基于 Python 的 Web 程序之间的通信。

2．自动化运维

在很多操作系统中，Python 是标准的系统组件，大多数 Linux 发行版及 NetBSD、OpenBSD 和 Mac OS X 都集成了 Python，可以在终端下直接运行 Python。有些 Linux 发行版的安装器使用 Python 语言编写，如 Ubuntu 的 Ubiquity 安装器、Red Hat Linux 和 Fedora 的 Anaconda 安装器等。另外，Python 标准库中包含了多个可用来调用操作系统功能的库。例如，通过 pywin32 这个软件包能访问 Windows 的 COM 服务及其他 Windows API；使用 IronPython 能够直接调用 .Net Framework。通常情况下，使用 Python 编写的系统管理脚本，无论是可读性，还是性能、代码重用性及扩展性，都优于普通的 shell 脚本。

3．人工智能领域

目前，AI（人工智能）方兴未艾，如果要评选当前最热的 IT 职位，那么人工智能领域工程师是最佳选项之一。而 Python 在人工智能领域内的机器学习、神经网络、深度学习等方面都有广泛的应用。可以说，基于大数据分析和深度学习的人工智能应用，已经无法离开 Python 的支持了，原因至少有以下几点：

① 目前世界上优秀的人工智能学习框架，如 Google 的 TransorFlow（神经网络框架）、FaceBook 的 PyTorch（神经网络框架）及开源社区的 Karas 神经网络库等，都是用 Python 实现的。

② 微软的 CNTK（认知工具包）也完全支持 Python，并且该公司开发的 VS Code 也已经把 Python 作为第一级语言进行支持。

③ Python 擅长进行科学计算和数据分析，支持各种数学运算，可以绘制出更高质量的 2D 和 3D 图像。

总之，AI 时代的来临，使得 Python 从众多编程语言中脱颖而出，Python 作为 AI 时代主流

语言的位置愈加稳固。

4．网络爬虫

Python 很早就用来编写网络爬虫，如 Google 等搜索引擎公司大量地使用 Python 编写网络爬虫。从技术层面上讲，Python 提供有很多服务于网络爬虫编写的工具，如 Urllib、Selenium 和 BeautifulSoup 等，同时，还提供了网络爬虫框架 Scrapy。

5．科学计算

自 1997 年，NASA（美国国家航空航天局）就大量使用 Python 进行各种复杂的科学运算。和其他解释型语言（如 shell、js、PHP）相比，Python 在数据分析、可视化方面有相当完善和优秀的库，如 NumPy、SciPy、Matplotlib、Pandas 等，这些都为 Python 程序员编写科学计算程序提供了高效的支持。

6．游戏开发

很多游戏使用 C++编写图形显示等高性能模块，而使用 Python 或 Lua 编写游戏的逻辑部分。和 Python 相比，Lua 的功能更简单、体积更小，而 Python 则支持更多的特性和数据类型。除此之外，Python 可以直接调用 OpenGL 实现 3D 绘制，这是高性能游戏引擎的技术基础。事实上，有很多使用 Python 实现的游戏引擎，如 Pygame、Pyglet 及 Cocos 2D 等。

1.4　Python 的工作方式

Python 有两种基本工作方式，分别是命令行方式和脚本方式。

1.4.1　命令行方式

在命令行方式下，用户需要完成什么功能，需要在命令提示符（>>>）后面输入相应的语句，而且一次只能执行一条语句。

在系统菜单中执行"Python 3.8.0"，便可启动命令行方式。如图 1.1 所示。图中的">>>"称为命令提示符，表示系统准备就绪，等待用户输入。

图 1.1　Python 命令行

【例 1.1】　显示"Hello Python."。

在命令提示符后输入：

```
print("Hello Python.")
```

然后按回车键，运行结果如图 1.2 所示。

系统接受用户输入，对其解释并执行，最后显示结果"Hello Python."，然后系统自动返回命令提示符状态。

若要清除屏幕内容，可在命令提示符下输入如下命令。

```
>>>import os
>>>i=os.system("cls")
```

注：>>>为命令提示符。

图 1.2   print()函数运行结果

1.4.2   脚本方式

在命令行方式下，用户输入一条命令，系统就解释、执行一条命令。

用户也可以将需要执行的所有语句按照特定的格式书写形成一个脚本文件，然后将该脚本文件交由系统进行解释、执行，这就是脚本方式。

1．集成开发环境简介

集成开发环境（Integrated Development Environment，IDE），也称为 Integration Design Environment 或 Integration Debugging Environment，它是一种辅助程序员开发的应用软件。

IDE 通常包括程序语言编辑器、自动建立工具，还包括除错器。有些 IDE 包含编译程序/直译器，如微软的 Microsoft Visual Studio，有些则不包含，如 Eclipse、SharpDevelop 等（这些IDE 通过调用第三方编译器来实现代码的编译工作）。有时 IDE 还包含版本控制系统和一些可以设计图形用户界面的工具。许多支持面向对象的 IDE 还包括了类别浏览器、对象查看器、对象结构图。虽然目前有一些 IDE 支持多种程序语言（如 Eclipse、NetBeans、Microsoft Visual Studio），但是一般而言，IDE 主要还是针对特定的程序语言而量身打造的（如 Visual Basic）。

图 1.3 所示的是 Microsoft Visual C++的 IDE。用 C++进行编程的程序员一般都会用到它。

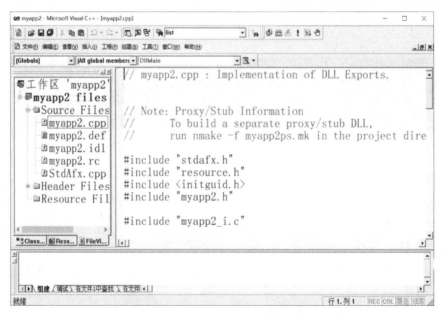

图 1.3   Microsoft Visual C++的 IDE

2．Python 的 IDLE

IDLE（Integrated Development and Learning Environment，集成开发和学习环境）是 Python 软件包自带的一个集成开发环境，利用 IDEL 可以方便地创建、运行、测试和调试 Python 脚本。

在 IDLE 环境中进行脚本编辑、运行的基本步骤如下：

（1）启动 Python IDLE

在 Windows 环境下，启动方法如下："开始" -> "Python 3.8" -> "IDLE（Python GUI）"。启动之后的界面如图 1.4 所示。

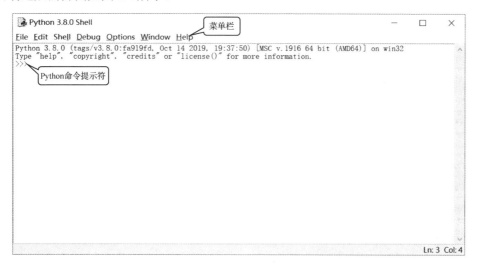

图 1.4　Python 的 IDLE

在程序开发过程中，合理使用快捷键不但可以减少代码的错误率，而且可以提高开发效率。在 IDLE 中，可通过选择 "Options" -> "Configure IDLE" 菜单项，在打开的 "Settings" 对话框的 "Keys" 选项卡中查看系统的快捷键设置，如图 1.5 所示。

图 1.5　Python Keys 的系统设置

表 1.1 列出了 IDLE 中一些常用的快捷键。

表 1.1　IDLE 提供的常用快捷键

快　捷　键	说　　明	适　用　范　围
F1	打开 Python 帮助文档	Python 文件窗口和 Shell 均可用
Alt+P	浏览历史命令（上一条）	仅 Python Shell 窗口可用
Alt+N	浏览历史命令（下一条）	仅 Python Shell 窗口可用
Alt+/	自动补全前面曾经出现过的单词	Python 文件窗口和 Shell 窗口均可用
Alt+3	注释代码块	仅 Python 文件窗口可用
Alt+4	取消代码块注释	仅 Python 文件窗口可用
Alt+g	转到某一行	仅 Python 文件窗口可用
Ctrl+Z	撤销一步操作	Python 文件窗口和 Shell 窗口均可用
Ctrl+Shift+Z	恢复上一次的撤销操作	Python 文件窗口和 Shell 窗口均可用
Ctrl+S	保存文件	Python 文件窗口和 Shell 窗口均可用
Ctrl+]	缩进代码块	仅 Python 文件窗口可用
Ctrl+[	取消代码块缩进	仅 Python 文件窗口可用
Ctrl+F6	重新启动 Python Shell	仅 Python Shell 窗口可用

（2）新建 Python 脚本文件

在 IDLE 主窗口的菜单栏上，选择"File"->"New File"菜单项，系统将打开一个新窗口，即脚本文件编辑窗口，如图 1.6 所示。

图 1.6　脚本文件编辑窗口

在该窗口中，直接输入 Python 代码。输入一行代码后，按下 Enter 键，将自动换到下一行，等待继续输入。

【例 1.2】　编写代码，在两个窗口中画两个圆。

在代码编辑区中输入如下代码：

```
# -*- coding:UTF-8 -*-
#! python3
import numpy as np
```

```
import matplotlib.pyplot as plt
# ================================================
# 圆的基本信息
#1.圆半径
r = 2.0
#2.圆心坐标
a, b = (0., 0.)
# ================================================
#方法一：参数方程
theta = np.arange(0, 2*np.pi, 0.01)
x = a + r * np.cos(theta)
y = b + r * np.sin(theta)
fig = plt.figure()
axes = fig.add_subplot(111)
axes.plot(x, y)
axes.axis("equal")
plt.title("my python program 1")
# ================================================
#方法二：标准方程
x = np.arange(a-r, a+r, 0.01)
y = b + np.sqrt(r**2 - (x - a)**2)
fig = plt.figure()
axes = fig.add_subplot(111)
axes.plot(x, y) # 上半部
axes.plot(x, -y) # 下半部
plt.axis("equal")
plt.title("my python program 2")
# ================================================
plt.show()
```

输入代码后的 Python 编辑窗口如图 1.7 所示。

图 1.7　输入代码后的 Python 编辑窗口

（3）保存脚本

脚本编写过程中需要遵守"边编写、边保存"的基本规则。保存脚本的一般过程是：在菜单栏中选择"File"->"Save"菜单项，系统弹出"另存为"对话框，如图1.8所示。这里将文件命名为myapp1-2，保存类型为.py。

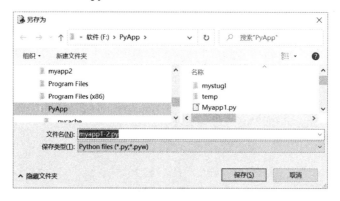

图1.8　保存脚本

在任意时刻，可以直接使用快捷键 Ctrl + S 进行快速保存。

（4）运行脚本

在菜单栏中选择"Run"->"Run Module"菜单项（也可以直接按下快捷键<F5>），如图1.9所示，便可运行脚本。

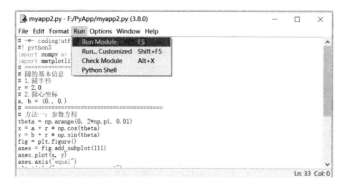

图1.9　运行脚本

运行脚本后，系统将打开 Python Shell 窗口，并对脚本文件进行解释执行，最终在 Shell 窗口中显示运行结果，如图1.10所示。

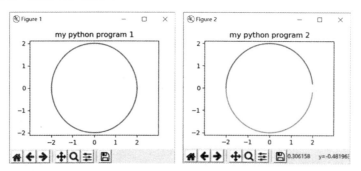

图1.10　脚本运行结果

3．其他的集成开发环境

不同操作系统都有 Python 对应的 IDE 程序。除了 Python 自带的 IDE，还有很多其他 IDE。

① PythonWin。

PythonWin 是 Python Win32 Extensions（半官方性质的 Python for Win32 增强包）的一部分，也包含在 ActivePython 的 Windows 发行版中。如其名字所言，只针对 Win32 平台。

② MacPython IDE。

MacPython IDE 是 Python 的 Mac OS 发行版内置的 IDE，可以看作 PythonWin 的 Mac 对应版本。

③ Emacs 和 Vim。

Emacs 和 Vim 是功能强大的文本编辑器，对许多程序员来说它们都是首选编辑器。

④ Eclipse + PyDev。

Eclipse 是新一代的优秀泛用型 IDE，虽然它是基于 Java 技术开发的，但出色的架构使其具有不逊于 Emacs 和 Vim 的可扩展性，现在已经为许多程序员所使用。

4．第三方库的安装

在如图 1.7 所示的脚本文件中用到了两个模块，分别是 NumPy 模块和 Matplotlib 模块。Python 模块就是一个.py 文件，其中可以包含需要调用的完成特定功能的 Python 代码。NumPy（Numerical Python）是 Python 的一个扩展程序库，支持数组与矩阵运算，此外，也针对数组运算提供大量的数学函数库。Matplotlib 是一个 Python 的 2D 绘图库，它可以生成出版质量级别的图形。通过 Matplotlib，开发者仅需要几行代码，便可以生成绘图、直方图、功率谱、条形图、错误图、散点图等。

如果 Python 事先没有安装这些模块，用户在导入时会发出错误提示。

例如，若用户没有安装 NumPy 模块，直接导入时，就会提示 ModuleNotFoundError: No module named 'numpy'错误信息。这时，用户就需要正确地安装 NumPy 模块。

这里主要介绍第三方库的离线安装方式。

① 首先在 pypi 官网在线搜索并下载需要的第三方库。

② 在系统命令行下使用命令"pip install 包名"进行安装。

下面介绍 NumPy 模块的安装，具体步骤如下：

（1）下载 NumPy 安装包

① 打开 pypi 官网，找到并下载和已安装 Python 相同版本（操作系统、版本号、位数）的 NumPy 模块文件。例如，若使用的是 Python 3.8，操作系统为 64 位 Win10，则对应的 NumPy 模块文件为 numpy-1.18.1-cp38-cp38-win_amd64.whl。

注意：版本一定要匹配。

② 将 NumPy 下载到 Python 安装目录下的 scripts 文件夹中。

（2）安装 NumPy 安装包

在 cmd 或 powershell 中执行本地安装命令。

命令格式为：pip install 路径\NumPy 模块文件名。

安装命令为：

```
C:\python\python38\scripts>pip install numpy-1.18.1-cp38-cp38-win_amd64.whl
```

其中，C:\python\python38\scripts>为系统命令提示符，表示系统就绪。pip install numpy-1.18.1-cp38-cp38-win_amd64.whl 是安装命令。安装前必须保证文件 numpy-1.18.1-cp38-cp38-win_amd64.whl 已复制到文件夹 C:\python\python38\scripts 之中。

安装成功后会提示。

（3）验证是否安装成功

在 Python IDLE 中执行导入命令 import numpy。

若无提示异常，则说明安装成功。

【例 1.3】 编写程序，绘制不同颜色的直线。

在代码编辑窗口内输入如下代码：

```
# -*- coding:UTF-8 -*-
#! python3
import matplotlib.pyplot as plt
plt.figure()
line = plt.plot(range(5))[0]
# plot 函数返回的是一个列表,因为可以同时画多条线;
line.set_color('r')
line.set_linewidth(2.0)
plt.show()
####################################
plt.figure()
line = plt.plot(range(5))[0]
# plot 函数返回的是一个列表,因为可以同时画多条线;
line.set(color = 'g',linewidth = 2.0)
plt.show()
####################################
plt.figure()
lines = plt.plot(range(5),range(5),range(5),range(8,13))
# plot 函数返回一个列表;
plt.setp(lines, color = 'g',linewidth = 2.0)
# setp 函数可以对多条线进行设置;
plt.show()
```

保存并运行，结果如图 1.11 所示。

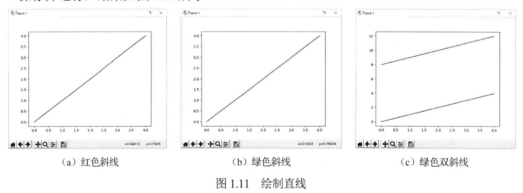

(a) 红色斜线   (b) 绿色斜线   (c) 绿色双斜线

图 1.11　绘制直线

1.5　Python 中的常见文件类型

1.5.1　基本文件类型

Python 的文件类型主要分为 3 种：源码文件（Source File）、字节码文件（Byte-code File）、优化字节码文件（Optimized File）。这些文件中的代码最终通过 python.exe 和 pythonw.exe 解释

运行，这正是 Python 语言的特性。

1．源码文件

Python 是一种面向对象的动态类型语言，最初被设计用于编写自动化脚本，随着版本的不断更新和语言新功能的不断增加，越来越多地被用于独立的、大型项目的开发。

由于 Python 程序是一种脚本，所以编写 Python 程序其实就是在写脚本。脚本（Script）是批处理文件的延伸，是一种以纯文本形式保存的程序。

使用 Python 语言编写的一段 Python 代码以.py 为扩展名进行保存，该文件就是 Python 脚本文件，简称脚本，有时也称为源程序、源代码文件。Python 源代码文件可用文本编辑器进行编辑、修改，但最终须由 python.exe 解释，并在控制台下运行。

2．字节码文件

字节码文件是一种二进制文件，是脚本文件经过编译后生成的文件，文件扩展名为.pyc。脚本文件编译成字节码文件后，加载速度有所提高，而且字节码文件是一种跨平台文件，不能用文本编辑器编辑，只能由 Python 虚拟机解释执行（这和 Java 或者.NET 的虚拟机的概念类似）。字节码文件的内容与 Python 版本密切相关，不同版本下，编译后的字节码文件是不同的，Python 2.x 编译的字节码文件在 Python 3.x 版本的虚拟机中是无法解释执行的。

直接在 IDLE 中就可以把一个源文件编译为字节码文件。

Python 提供的内置的 py_compile 模块可以把脚本文件编译为字节码文件。

py_compile 模块提供 3 个方法，分别是有关编译异常的 PyCompileError、有关编译的 compile 和有关程序入口的 main。

编译时用到的是 compile 方法，compile 方法原形如下：

```
compile(file, cfile=None, dfile=None, doraise=False, optimize=-1)
```

它有 5 个参数：

（1）file：必选参数，指明要编译的源文件。

（2）cfile：编译后的文件，默认在源文件文件夹下的__pycache__/子文件中。文件名为：源文件名.解释器类型-python 版本.pyc。

（3）dfile：错误消息文件，默认和 cfile 一样。

（4）doraise：是否开启异常处理，默认 False。

（5）optimize：优化字节码级别，优化级别分为 4 个等级，取值分别为-1、0、1、2。

默认值是-1：表示以使用命令行参数-O 中获取的优化等级为准。

如果设置值为 0：即不用优化，__debug__ 设置为 true。

如果设置值为 1：assert 语句被删除，__debug__ 设置为 false。

如果设置值为 2：除设置值为 1 的功能之外，还会把代码里的文档说明也删掉，达到最佳优化结果。

假定例 1.2 对应的源文件为 myapp1-2.py，存储在 f:\pyapp 文件夹下，现在要生成其对应的字节码文件。

在 Python 交互命令窗口输入以下命令：

```
>>> import py_compile
>>> py_compile.compile("f:\\pyapp\\myapp1-2.py")
```

结果如图 1.12 所示。

编译成功后，系统将在源文件所在文件夹下新创建一个名为__pycache__的文件夹，并在该文件夹下存放生成的字节码文件 myapp1-2.cpython-38.pyc，文件名中的"38"指字节码文件是基于 Python 3.8 产生的。双击该文件，Python 虚拟机会自动解释并执行该程序。

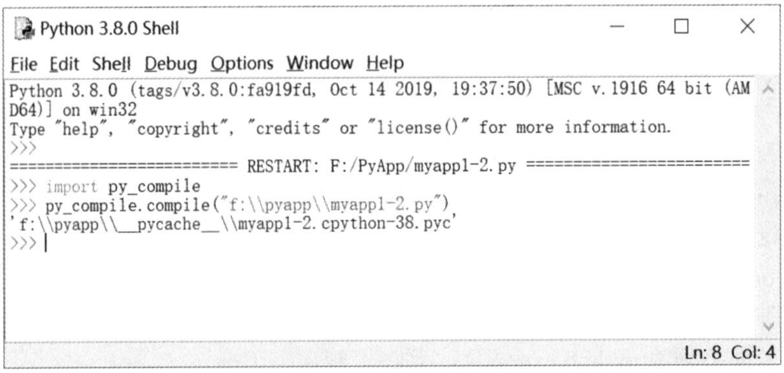

图 1.12　编译源文件

3．优化字节码文件

优化字节码文件是对字节码文件进行优化的结果（去掉了断言及断行号和其他调试信息），文件扩展名为.pyo。它比.pyc 文件小，也可以提高加载速度。和字节码文件一样，优化字节码文件也不能用文本编辑器进行编辑。

假定例 1.2 对应的源文件为 myapp1-2.py，存储在 f:\pyapp 文件夹下。现在要生成其对应的优化字节码文件。

在 Python 交互命令窗口输入以下命令：

```
>>> import py_compile
>>> py_compile.compile(file="f:\\pyapp\\myapp1-2.py",cfile="myapp1-2.pyo",optimize=1)
```

结果如图 1.13 所示。

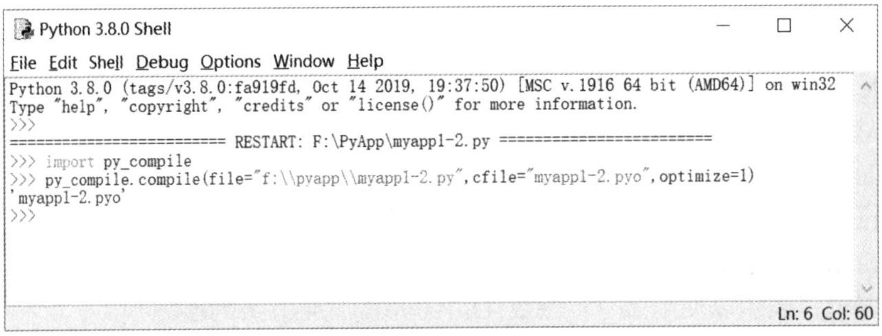

图 1.13　生成优化字节码文件

编译成功后，系统将在源文件所在文件夹下生成按用户指定名称命名的优化字节码文件。例中指定文件名为：myapp1-2.pyo。

1.5.2　脚本文件中的重要概念

Python 的流行主要依赖于其有众多功能强大的库（Library），而 Python 自带的标准库（Standard Library）可以满足大多数基本需求。在编写 Python 程序时，会用到语句、函数、类、模块、包和库。

1．语句

语句是 Python 脚本最基本的组织单位，一条语句完成一项最基本的功能。常见的语句有赋值语句、表达式语句、条件语句、循环语句等。

在 Python 中，语句书写必须严格遵守特定的规则。这些规则包括：

（1）井号（#）：表示之后的字符为 Python 注释。

（2）换行（\n）：语句结束标志，一般一行为一句。

（3）反斜线（\）：继续上一行，表示本行和上一行是一句。

（4）分号（;）：将两个语句写在一行中，可以把多句写在一行，中间用分号分隔。

（5）冒号（:）：将代码块的头和体分开。

（6）语句（代码块）用缩进块的方式体现，不同的缩进深度分隔不同的代码块。

2．函数

函数是完成特定功能的可重复使用的代码段。通过函数能提高应用的模块性及代码的重复利用率。在 Python 中，函数的应用非常广泛，如 input()、print()、range()、len()函数等都是 Python 的内置函数，可以直接使用。除内置函数外，Python 还支持用户自定义函数，达到一次编写、多次调用的目的。

3．类

Python 是面向对象语言，对面向对象语言来说，最重要的概念就是类（Class）和实例（Instance）。类是面向对象编程的核心内容。通常把具有相同特征（数据元素）与行为（功能）的事物抽象为一个类。类是一个抽象的概念，把类实例化即可得到一个对象。

类是属性和操作的封装。属性是对象的状态抽象，用数据结构来描述类的属性。操作是对象的行为抽象，用操作名和实现该操作的方法（函数）来描述。

类所具有的封装性、继承性、多态性等特点，使得软件开发变得更加高效，程序阅读起来也十分方便。

4．模块

为了编写维护性高的代码，把函数根据它们之间的相关性进行分组，放在不同的文件中，这样，每个文件包含的代码就相对较少。在 Python 中，这样的文件是一个扩展名为.py 的文件，把该文件称为一个模块（Module）。

使用模块有以下好处：

（1）提高了代码的可维护性。

（2）编写代码不必从零开始。

当一个模块编写完毕后，就可以被其他地方引用。在编写程序时，也经常引用其他模块，包括 Python 内置的模块和来自第三方的模块。

（3）可以避免函数名和变量名冲突。

相同名字的函数和变量完全可以分别处于不同的模块中。因此，在编写模块时，不必考虑函数名会和其他模块中的函数名冲突。但要注意，尽量不要与内置函数名冲突。

5．包

包由模块构成，将功能相关的多个模块文件结构化组合即形成包。从开发的角度看，两个开发者 A 和 B 有可能把各自开发且功能不同的模块文件取了相同的名字。如果第三个开发者通过名称导入模块，则无法确认具体是哪个模块被导入了。为此，开发者 A 和 B 可以各自构建一个包，将模块放到包文件夹下，通过"包.模块名"来指定模块。引入包以后，只要顶层的包名不与别人冲突，则包中所有模块都不会与别人的模块冲突。

一个包一般由一个 __init__ .py 文件和其他多个.py 文件构成。

其中，__init__ .py 文件的内容可以为空，也可以写入一些包执行时的初始化代码。在 Python

3.x 中，即使包下没有__init__.py 文件，导入包时不会报错，而在 Python 2.x 中，包下一定要有该文件，否则导入包时会报错。

从本质上讲，包其实就是一个包含__init__.py 文件的文件夹。创建包不是为了运行，而是为了导入使用，或者说是为了将功能相关的模块文件组织在一起。

【例 1.4】 包的创建与使用。

假设有两个模块，分别是 stu.py 和 teach.py，可以将这两个模块组织到一起形成一个包。

创建包的基本步骤如下：

（1）新建一个文件夹，文件夹的名称就是所要创建包的包名。

例如，在 f:\pyapp 文件夹下创建文件夹 mystugl。

（2）在该文件夹中，创建一个__init__.py 文件（前后各有两个下画线），该文件中可以不包含任何代码，也可以包含一些 Python 初始化代码。当有其他程序文件导入包时，Python 编译系统会自动执行该文件中的代码。

例中创建__init__.py 文件，内容如下：

```
"""
本包包含有关学生管理的相关模块
"""
import os
```

将该文件保存到文件夹 f:\pyapp\mystugl 中。

（3）创建模块文件。

模块 stu.py 的内容如下：

```
#stu.py 模块文件
def display(arc):
    print(arc)
```

模块 teach.py 的内容如下：

```
#teach.py 模块文件
def display(arc):
    print(arc)
```

在这两个模块中，虽然都有 display()方法，但由于属于不同的包，所以，系统可以区分。

（4）将这两个模块文件存储到文件夹 f:\pyapp\mystugl 中。

至此，包的创建过程结束。

导入时既可以将整个包导入，也可以只导入包中的特定模块。

① 包的导入格式：import 包名称。

直接导入包名，并不会将包中所有模块全部导入到程序中，而是导入了它的__init__.py 文件。可以在__init__.py 文件中批量导入所需要模块，而不再需要一个一个地导入。

② 导入包中特定模块的如下：import 包名称.模块名称。

当导入包中的模块后，系统会在包对应的文件夹下创建一个名为__pycache__的文件夹，文件夹中存放该模块经过编译的字节码文件。

③ 使用包的模块中的函数，格式如下：包名.模块名.函数名()。

如下程序使用了包中的模块：

```
import mystugl                    #导入包，仅执行__init__.py
import mystugl.stu                #导入包中的模块
import mystugl.teach              #导入包中的模块
sname="张虎"
tname="马敏"
```

```
mystugl.stu.display(sname)              #调用模块中的方法
mystugl.teach.display(tname)            #调用模块中的方法
```

运行程序，结果如下：

```
张虎
马敏
```

6．库

Python 库强调其功能性。在 Python 中，具有某些功能的模块和包都可以被称作库。模块由诸多函数组成，包由诸多模块组成，库中可以包含包、模块和函数。

在 Python 中，库、包、模块实际上都是模块，只不过是个体和集合的区别。

（1）内置模块和标准库

Python 中有大量的内置模块和标准库，如 math（数学模块）、random（与随机数及随机化有关的模块）、datetime（日期时间模块）、collections（包含更多扩展版本序列的模块）、functools（与函数及函数式编程有关的模块）、urllib（与网页内容读取及网页地址解析有关的模块）、itertools（迭代器模块）、zlib（数据压缩模块）、hashlib（安全哈希与报文摘要模块）、threading（多线程编程模块）、socket（套接字编程模块）、tkinter（GUI 编程模块）、sqlite3（操作 SQLite 数据库的模块）、csv（读写 CSV 文件的模块）、json（读写 JSON 文件的模块）等。

（2）第三方库

除标准库外，还有一部分扩展库或第三方库，如 openpyxl（用于读写 Excel 文件）、pymssql（用于操作计算机 Microsoft SQL Server 数据库）、numpy（用于数组计算与矩阵计算）、scipy（用于科学计算）、pandas（用于数据分析）、matplotlib（用于数据可视化或科学计算可视化）、scrapy（爬虫框架）、sklearn（用于机器学习）、TensorFlow（用于深度学习）等。使用 Python 自带的 pip 工具可以有效地管理扩展库，其支持 Python 扩展库的安装、升级和卸载等操作。

1.5.3　脚本文件的基本构成

下面通过一个简单的例子来理解脚本文件的基本构成。

【例 1.5】　理解脚本文件的基本构成。

创建脚本文件，输入如下代码：

```
#-*- coding:UTF8 -*-
"""
Document:Python Script Description
"""
import os
defineGlobalVairiable = True
#define class
class TestClass(object):
    pass
    """Class description """
#define function
def testFunction(self,parameters):
    pass
    """Function description"""
#main program  程序入口
if __name__ == '__main__':
    print("this is a python script")
```

代码窗口如图 1.14 所示。

图 1.14　例 1.5 代码窗口

运行程序，结果如下：

this is a python script

代码说明如下：

（1）第 1 行：指定 Python Script 的编码格式。

（2）第 2~4 行：程序的文档部分。

编写程序要注重注释和文档的编写。在文档部分要重点说明模块的功能等信息。程序运行时，解释系统不会对文档部分进行解释、执行。

其中，"""为文档开始（注释开始），后面的"""为文档结束（注释结束）。

在导入 Python Module 后，可以使用__doc__方法来查看文档。

（3）第 5 行：导入需要的模块。

在.py 文件中，可以在任意行使用 import 语句来导入 Python 的模块，值得注意的是，当导入的模块是自定义 Python 模块时，被导入的模块文件需要与.py 文件在同一路径下。

（4）第 6~14 行：定义全局变量、类、函数部分。

在定义类和函数时，可以在代码块的第二行写入类或函数的描述说明，至于定义一个类和函数的具体细节，这里不做具体展开。

（5）第 16 行：程序入口__name__。

__name__方法可以调用当前模块的名字，当该模块是直接运行而非被其他程序导入调用时，该模块的__name__ == '__main__'。相反，当该模块由其他程序导入时，该模块的__name__ == ModuleFileName，即模块文件本身的名字。

所以，若希望模块的主程序仅在被期望执行时才会被执行，而不会自动执行，可以使用__name__方法来进行控制。

1.5.4　脚本文件的执行过程

当编写好一段 Python 代码并保存为.py 文件时，运行程序，就可以得到相应的结果，Python 脚本文件的执行需要 Python 解释器去实现。

Python 的解释器很多，广泛使用的有 CPython、PyPy、Jython、IPython、IronPython 等。

执行 Python 脚本文件的基本流程图 1.15 所示。

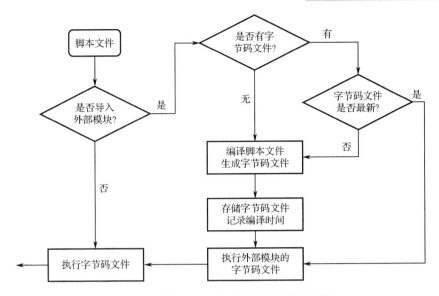

图 1.15　执行 Python 脚本文件的基本流程图

可以简单地归结为以下几步：

（1）将脚本文件交由 Python 解释器进行编译；

（2）Python 解释器将脚本编译成字节码文件；

（3）将字节码文件交给虚拟机进行解释；

（4）虚拟机逐条翻译执行字节码文件中的指令。

虚拟机从编译得到的 PyCodeObject 对象中一条一条执行字节码指令，并在当前的上下文环境中执行字节码指令，从而完成程序的执行。

1.6　理解 Python 的语言特性

1．类型声明

（1）在静态类型语言中，所有的变量类型必须被显式地声明，因为这些信息在编译阶段就需要。例如，在 Java 中，定义浮点型变量 f 的方法如下：

```
float f = 0.5
```

（2）动态类型语言不要求显式声明，因为类型赋值发生在运行阶段。例如，在 Python 中，定义浮点型变量 f 的方法如下：

```
f = 0.5
```

2．强类型与弱类型

（1）在强类型中，不管在编译时还是在运行时，一旦某个类型赋值给某个变量，它会持有这个类型，并且在计算某个表达式时，不能和其他不兼容的类型进行混合计算。例如在 Python 中有如下语句：

```
data = 5                  #在 runtime 时，被赋值为整型
data = data + "xiaoming"  # error
```

由于类型不兼容，运算时会出错。

（2）在弱类型中，很容易与其他类型混合计算。例如，在 Javascript 中，如下的计算是合法的。

```
var data = 5data = data + 'xiaoming' //string 和 int 可以结合
```

3. 类型检查

类型检查是一个验证和施加类型约束的过程，其目的是确保一个表达式中的变量类型是合法的。编译器或解释器通常在编译或运行阶段进行类型检查。简单地说，类型检查仅是查看变量和它们的类型，然后判断表达式是否合理。

（1）在静态类型语言中，类型检查发生在编译阶段；

（2）在动态类型语言中，类型检查发生在运行阶段。

强类型语言有更强的类型检查机制，表达式计算中会做严格的类型检查；而弱类型语言允许各种变量类型间做运算。

4. 性能与灵活性

静态类型语言在编译阶段做更多的处理，但是运行时性能更好；而动态类型语言在编译阶段更高效，但是运行时的类型检查会影响到性能。

静态类型语言运行时出错机会更小，但是提供给程序员的灵活性不好；而动态类型语言能提供更多的灵活性，但是运行时出错机会相对更大。

综上所述，Python 语言是动态类型的强类型动态语言。

习题 1

一、填空题

1．Python 有两种基本工作形式，分别是（　　　　）和脚本方式。

2．由于 Python 程序是一种（　　　　），所以编写 Python 程序其实是在写脚本。

3．Python 源程序的扩展名是（　　　　）。

4．（　　　　）是 Python 脚本最基本的组织单位。

5．要导入包中特定模块，对应的语句格式是（　　　　）。

6．（　　　　）使用专门的编译器，针对特定平台（操作系统）将某种高级语言源代码一次性"翻译"成可被该平台硬件执行的机器码。

7．解释性语言是指使用专门的（　　　　），将源程序逐行解释成特定平台的机器码并立即执行的语言。

8．静态语言是与动态语言相对应的，运行时代码不可变的语言就是（　　　　）。

9．（　　　　）是指在运行期间才进行数据类型检查的语言，说的是数据类型。

10．动态语言指的是运行时可以改变结构的语言，说的是（　　　　）。

11．在使用强类型语言编写程序时，一旦一个变量被指定了某个数据类型，如果不经过（　　　　），其数据类型就不会发生变化。

12．（　　　　）中所有的变量类型都必须被显式地声明。

13．动态型语言不要求显式声明，因为类型赋值发生在（　　　　）。

14．在静态类型语言中，类型检查发生在（　　　　）阶段。

15．在（　　　　）中，类型检查发生在运行阶段。

16．在面向对象方法中，信息隐蔽是通过对象的（　　　　）来实现的。

17．类是具有共同属性、共同方法的（　　　　）的集合。

18．在面向对象方法中，类之间共享属性和操作的机制称为（　　　　）。

19. 结构化程序设计方法的主要原则可以概括为自顶向下、逐步求精、（　　　　　）和限制使用 goto 语句。

20. 面向对象的程序设计方法涉及的对象是系统中用来描述客观事物的一个（　　　　　）。

二、选择题

1. 下列选项中不属于 Python 特点的是（　　　）。

    A．简单、易学　　　　　B．面向对象　　　　　C．可移植性好　　　　D．低级语言

2. 下列选项中不是 Python 开发环境的是（　　　）。

    A．IDEL　　　　　　　　B．PythonWin　　　　　C．TURBO C　　　　　D．PyCharm

3. 在 Python 中，导入模块或模块中的对象应该使用关键字（　　　）。

    A．import　　　　　　　B．in　　　　　　　　　C．define　　　　　　　D．impor

4. 下列不是 Python 文件类型的是（　　　）。

    A．.py　　　　　　　　　B．.pyc　　　　　　　　C．.pyo　　　　　　　　D．.pyr

5. Python 3.x 中，默认的编码类型是（　　　）。

    A．ASCII　　　　　　　　B．GB2312　　　　　　　C．UTF-8　　　　　　　D．Unicode

6. 下列说法不正确的是（　　　）。

    A．Python 是一种结构化程序设计语言

    B．使用 Python 语言编写程序时，无须考虑底层细节

    C．Python 拥有丰富的跨平台库，在 UNIX、Windows 和 Macintosh 等操作系统上具有很好的兼容性

    D．Python 的执行是基于解释的，所以执行速度较慢

7. 下列说法正确的是（　　　）。

    A．Python 源代码文件可用文本编辑器进行编辑、修改，但最终需要由 python.exe 解释，在控制台下运行

    B．字节码文件是一种二进制文件，所以其可以直接执行

    C．字节码文件的内容与 Python 的版本没有关系，Python 2.x 版本编译的字节码文件可以被 Python 3.x 版本的 Python 虚拟机解释执行

    D．字节码文件、优化字节码文件都可以使用文本编辑器进行编辑

8. 关于脚本文件的执行过程，以下说法错误的是（　　　）。

    A．脚本文件由 Python 解释器进行编译

    B．解释器的作用是将脚本编译成字节码文件

    C．字节码文件需要由给虚拟机进行解释执行

    D．不同硬件平台上的虚拟机是一样的

9. 结构化方法的详细设计，其主要任务是（　　　）。

    A．定义模块的算法　　　　　　　　　B．给出加工说明

    C．给出模块结构图　　　　　　　　　D．设计处理对象

10. 结构化程序设计主要强调的是（　　　）。

    A．程序的规模　　　　　　　　　　　B．程序的效率

    C．程序设计语言的先进性　　　　　　D．程序易读性

11. 程序的 3 种基本控制结构是（　　　）。

    A．过程、子程序和分程序　　　　　　B．顺序、选择和循环

    C．递归、堆栈和队列　　　　　　　　D．调用、返回和转移

12. 程序的 3 种基本控制结构的共同特点是（　　　）。

　　A. 不能嵌套使用　　　　　　　　　　B. 只能用来写简单程序

　　C. 已经用硬件实现　　　　　　　　　　D. 只有一个入口和一个出口

13. 下面对对象概念描述错误的是（　　　）。

　　A. 任何对象都必须有继承性　　　　　　B. 对象是属性和方法的封装体

　　C. 对象间的通信靠消息传递　　　　　　D. 操作是对象的动态属性

三、简答题

1. Python 语言有哪些优点和不足？

2. 简单说明在 IDEL 环境中编写和运行程序的过程。

3. 为什么要在程序中加入注释？

4. 什么是源码文件、字节码文件、优化字节码文件？它们之间有何区别？

5. 为什么说 Python 语言是动态类型的强类型动态语言？

第2章　Python 语言基础

2.1　Python 的基本语法规则

Python 的语法和其他编程语言的语法有所不同，编写 Python 程序之前需要对语法有所了解，这样才能编写规范的 Python 程序。

2.1.1　语句书写格式

书写 Python 语句时必须遵守特定的书写标准，否则可能会出现语法错误。

1．语句书写

Python 以换行符为语句结束标志，一般一行即为一句。若想在一行书写多句，可以使用分号 ";" 分开多条语句。

例如：

```
>>> print("hello");print("python.")
```

运行结果：

```
hello
python.
```

2．行和缩进

Python 与其他语言最大的区别就是 Python 的代码块不使用形如大括号{}等的符号来确定代码块的范围。Python 使用缩进来确定代码块的范围，即相同缩进构成一个代码块。缩进的空格数量是可变的，但是所有同级代码块语句必须包含相同的缩进空格数量，这是必须严格遵守的。

以下实例中缩进为 4 个空格。

【例 2.1】　使用 if 语句。

（1）以下代码段逻辑正确。

```
-*- coding: UTF-8 -*-
if True:
    print ("True")
else:
    print ("False")
```

（2）以下代码段语法错误。

```
if True:
    print ("Answer")
    print ("True")
else:
    print ("Answer-False")
  print ("False")    # 没有严格缩进，在执行时会报错
```

执行以上代码，会出现如图 2.1 所示的错误提示。

图 2.1　缩进错误提示

（3）将（2）中代码段改为以下代码段，语法正确。

```
if True:
    print ("Answer")
    print ("True")
else:
    print ("Answer-False")
print("False")
```

运行结果为：

```
Answer
True
False
```

注意：修改后，最后一句 print("False")和 if 语句是同级。

（4）将（2）中代码段改为以下代码段，语法正确。

```
if True:
    print ("Answer")
    print ("True")
else:
    print ("Answer-False")
    print ("False")
```

运行结果为：

```
Answer
```

注意：修改后，语句 print ("False")和语句 print ("Answer-False")是同级语句。

所以，在 Python 的代码块中必须使用相同数目的行首缩进空格数。

3．语句的跨行书写

如果一句比较长，可以使用斜杠"\"进行语句换行，从而将一句分为多行书写。

例如：

```
>>> name="zhang \
xiao \
min"
>>> name
'zhang xiao min'
```

其等价于

```
>>> name="zhang xiao min"
>>> name
'zhang xiao min'
```

4．Python 空行

函数之间或类的方法之间用空行分隔，表示一段新代码的开始。类和函数入口之间也用一行空行分隔，以突出函数入口的开始。

空行与代码缩进不同，空行并不是 Python 语法的一部分。书写时不插入空行，Python 解释器运行也不会出错。空行的作用在于分隔两段不同功能或含义的代码，便于日后代码的维护或重构。

2.1.2　注释

在程序中应该使用注释来说明、解释代码的一些含义。因为在多人合作项目开发过程中，注释会起到至关重要的作用。同时，由于代码量大，或者代码编写时间比较久，最初编写代码的思路就会经常被遗忘，所以有必要进行注释。

程序运行时，Python 解释器会直接忽略注释。所以，有没有注释不影响程序的执行结果，但是会影响代码的可读性。

1．单行注释

单行注释以"#"开头，后面的文字直到行尾都作为注释。

例如：

```
>>>print('hello python')      # 输出 hello python
```

注释还有一个用途，就是暂时屏蔽一些不需要运行但又不想删除的代码。

```
>>># 下列代码现在不需要运行:
>>># print('hello, python.')
```

2．多行注释

Python 中多行注释使用一对 3 个单引号（'''）或一对 3 个双引号（"""）。

例如，如下代码使用一对 3 个单引号进行注释。

```
'''
-*- coding: UTF-8 -*-
文件名：test.py
第一个注释
'''
print("Hello, Python!")
```

2.2　基本数据类型

计算机能处理的远不止数值，还可以处理文本、图形、音频、视频、网页等各种各样的数据，不同的数据，需要有不同的数据类型。

在内存中存储的数据可以有多种类型。例如，一个人的年龄可以用数字来存储，名字可以用字符来存储。Python 支持丰富的数据类型，其中标准数据类型有数值、字符串、列表、元组、字典及逻辑值等。

2.2.1　数值

1．数值型数据的类型

Python 支持 4 种不同的数值类型。

（1）整型（int）

整型数据通常被称为整数，是正整数或负整数，不带小数点。

（2）长整型（long）

长整型可以表示无限大小的整数，书写时在数字后面加上一个大写 L 或小写 l。

（3）浮点型（float）

浮点型数据由整数部分与小数部分组成。浮点型也可以使用科学记数法表示（如 9.85e2 表示 9.85×10^2，即 985.0）。

（4）复数（complex）

复数由实数部分和虚数部分构成，可以用 a+bj 或 complex(a,b)表示。复数的实部 a 和虚部 b 都是浮点型数据。

数值型数据的基本类型和具体数值表示举例见表 2.1。

表 2.1　数值型数据的基本类型和具体数值表示举例

类 型 名	int	long	float	complex
举例	10	51924361L	0.0	3.14j
	100	-4721885298529L	15.20	45.j
	-786	535633629843L	-21.9	9.322e-36j
	080	0122L	32.3+e18	.876j
	-0490	-052318172735L	-90.	-.6545+0J
	-0x260	-0x19323L	-32.54e100	3e+26J
	0x69	0xDEFABCECBDAECBFBAEl	70.2-E12	4.53e-7j

说明：

（1）Python 可以处理任意大小的整数。

在 Python 程序中，整数的表示方法和数学上的写法一模一样，例如：1、100、-8080、0 等。

（2）八进制用 0 作前缀。例如：0100 等。

（3）十六进制用 0x 作前缀，后面加上 0～9 或 a～f。例如：0xff00、-0xa5b4c3d2 等。

（4）浮点数也就是小数，之所以称为浮点数，是因为按照科学记数法表示时，一个浮点数的小数点位置是可变的，如 1.23×10^9 和 12.3×10^8 是相等的。浮点数可以用数学写法表示，如 1.23、3.14 和-9.01 等。很大或很小的浮点数应该用科学记数法表示，如 1.23e9 或 12.3e8、-1.2e-50 等。

（5）整数和浮点数在计算机内部存储的方式不同。整数除除法运算外，其余运算都是精确的，而浮点数运算则可能会有四舍五入产生的误差。

例如：计算十进制整数 45678 除以十六进制整数 0x12fd2。

```
>>> print(45678/0x12fd2)
0.5872868934660187
```

2. 数据类型转换

在处理数据时，经常需要转换数据的格式。系统提供了一系列数据类型转换函数，可以方便地完成数据类型转换。常见的数据类型转换函数如表 2.2 所示。

表 2.2　常见的数据类型转换函数

函 数 名	功　　能
int(x [,base])	将 x 转换为一个整数
long(x [,base])	将 x 转换为一个长整数

续表

函　数　名	功　　能
float(x)	将 x 转换为一个浮点数
complex(real [,imag])	创建一个复数
str(x)	将对象 x 转换为字符串
repr(x)	将对象 x 转换为表达式字符串
eval(str)	用来计算字符串中的有效 Python 表达式，并返回一个对象
tuple(s)	将 s 转换为一个元组
list(s)	将 s 转换为一个列表
chr(x)	将一个整数转换为一个字符
unichr(x)	将一个整数转换为 Unicode 字符
ord(x)	将一个字符转换为它的整数值
hex(x)	将一个整数转换为一个十六进制字符串
oct(x)	将一个整数转换为一个八进制字符串

例如，以下语句可以把字符串转换为序列。

```
>>> string1 = "1,2,3,4,5,'aa',12"
>>> m=list(string1.split(","))
>>> m
['1', '2', '3', '4', '5', "'aa'", '12']
```

3．math 模块、cmath 模块

Python 提供大量的数学函数，这些数学函数基本都包含在 math 模块和 cmath 模块中。cmath 模块中的函数与 math 模块中的函数基本一致。两者的区别是 cmath 模块提供的函数用于复数运算，运算对象是复数。math 模块提供的函数用于浮点数运算，运算对象是浮点数。

要使用 math 或 cmath 模块提供的函数，必须先导入对应的模块。

例如，导入 math 和 cmath 模块，查看其提供的函数。

```
>>> import math
>>> import cmath
>>> dir(math)
['__doc__', '__loader__', '__name__', '__package__', '__spec__', 'acos', 'acosh', 'asin', 'asinh', 'atan', 'atan2', 'atanh',
'ceil', 'comb', 'copysign', 'cos', 'cosh', 'degrees', 'dist', 'e', 'erf', 'erfc', 'exp', 'expm1', 'fabs', 'factorial', 'floor', 'fmod', 'frexp',
'fsum', 'gamma', 'gcd', 'hypot', 'inf', 'isclose', 'isfinite', 'isinf', 'isnan', 'isqrt', 'ldexp', 'lgamma', 'log', 'log10', 'log1p', 'log2',
'modf', 'nan', 'perm', 'pi', 'pow', 'prod', 'radians', 'remainder', 'sin', 'sinh', 'sqrt', 'tan', 'tanh', 'tau', 'trunc']
>>> dir(cmath)
['__doc__', '__loader__', '__name__', '__package__', '__spec__', 'acos', 'acosh', 'asin', 'asinh', 'atan', 'atanh', 'cos',
'cosh', 'e', 'exp', 'inf', 'infj', 'isclose', 'isfinite', 'isinf', 'isnan', 'log', 'log10', 'nan', 'nanj', 'phase', 'pi', 'polar', 'rect', 'sin', 'sinh',
'sqrt', 'tan', 'tanh', 'tau']
```

本例中列出了 math 模块和 cmath 模块提供的函数。

例如，使用 cmath 模块提供的函数。

```
>>> import cmath
>>> cmath.sqrt(-1)
1j
>>> cmath.sqrt(9)
(3+0j)
>>> cmath.sin(1)
```

```
(0.8414709848078965+0j)
>>> cmath.log10(100)
(2+0j)
```

4．Python 随机数函数

随机数可以用于数学、游戏、安全等领域中，还经常被嵌入到算法中，用以提高算法效率，并提高程序的安全性。随机函数库 random 是 Python 自带的标准库，用法极为广泛。Python random 库提供的主要函数见表 2.3。

表 2.3　Python random 库中的主要函数

函　　数	描　　述	举　　例
random()	生成一个 0～1 之间的随机浮点数，范围是[0, 1.0)	random.random()
uniform(a,b)	返回 a，b 之间的随机浮点数，范围[a, b]或[a, b)，取决于四舍五入，a 不一定要比 b 小	random.uniform(1,5)
randint(a, b)	返回 a 和 b 之间的整数，范围是[a, b]。注意：传入参数必须是整数，a 一定要比 b 小	random.randint(0, 100)
randrang([start],stop[,step])	类似 range()函数，返回区间内的整数，可以设置 step	random.randrang(1, 10, 2)
choice(seq)	从列表 seq 中随机读取一个元素	random.choice([1,2,3,4,5])
choices(seq,k)	从列表 seq 中随机读取 k 个元素，k 默认为 1	random.choices([1,2,3,4,5], k=3)
shuffle(x)	将原有序列的元素打乱，俗称为洗牌	random.shuffle([1,2,3,4,5])
sample(seq, k)	从指定序列中随机获取 k 个元素作为一个片段返回，sample 函数不会修改原有序列	random.sample([1,2,3,4,5], 2)

【例 2.2】　利用 random()实现简单的随机红包发放。

程序如下：

```
#例 2.2 简单的红包数字生成
import random
def red_packet(total,num):
    for i in range(num-1):
        per=random.uniform(0.01,total//2)
        total=total- per
        print('%.2f'%per)
    else:
        print('%.2f'%total)
red_packet(100,50)
```

运行程序，可以发现每次运行的结果均不相同。

【例 2.3】　对数据进行随机排序，类似洗牌。

程序如下：

```
#例 2.3 随机排序
import random
str="2,3,4,5,6,7,8,9,10,J,Q,K,A"
m=str.split(",")
print("初始序列")
print(m)
print("随机序列")
for i in range(0,4):
    random.shuffle(m)
    print(m)
```

运行程序，结果如下：

```
初始序列
['2', '3', '4', '5', '6', '7', '8', '9', '10', 'J', 'Q', 'K', 'A']
随机序列
['4', '6', '10', 'K', '5', '3', '9', '8', 'J', 'A', '7', 'Q', '2']
['4', 'A', 'Q', '2', 'K', '9', '10', '8', '5', '3', '6', '7', 'J']
['A', '10', '8', 'J', 'Q', '4', 'K', '6', '7', '9', '3', '2', '5']
['3', '7', '6', '5', 'Q', 'J', '4', 'A', '10', '8', 'K', '2', '9']
```

可以发现，每次运行的结果都不同。

2.2.2　字符串

Python 语言提供了字符串数据类型用于处理字符数据。字符串是以单引号或双引号括起来的任意文本，如''、'A'、'abc'、"xyz"等。

注意：'或"本身只是一种表示方式，不是字符串的一部分，因此，字符串"xyz"只包含 x、y、z 这 3 个字符。

例如，输出字符串 Learn Python，代码如下：

```
>>>print("Learn Python")
```

在字符串中经常会出现一些特殊的字符，这些字符以"\"开头，称其为转义字符（即赋予这些字符新的含义）。Python 中常见的转义字符见表 2.4。

表 2.4　Python 中常见的转义字符

转 义 字 符	描　　述	转 义 字 符	描　　述
\（在行尾时）	续行符	\n	换行
\\	反斜杠符号	\v	纵向制表符
\'	单引号	\t	横向制表符
\"	双引号	\r	回车
\a	响铃	\f	换页
\b	退格（Backspace）	\yyy	八进制数 yyy 代表的字符，例如：\101 代表 A
\e	转义	\xyy	十进制数 yy 代表的字符，例如：\x0a 代表换行
\000	空	\other	其他字符以普通格式输出

注意：

字符型常量也可以用转义字符形式来表示，其方法就是用反斜线"\"开头，后面跟字符的 ASCII 编码（用八进制数或十六进制数表示）。

① 用\ddd 格式表示。

其中 ddd 代表不超过三位的八进制数。

例如，\101 代表字符 A，因为 A 的 ASCII 编码为$(101)_8$；\60 代表字符 0（零），因为 0 的 ASCII 编码为$(60)_8$。

② 用\xhh 格式表示。

其中 hh 代表不超过两位的十六进制数。

例如，\x41 代表字符 A，因为 A 的 ASCII 编码为$(41)_{16}$；\x30 代表字符 0（零），因为 0 的 ASCII 编码为$(30)_{16}$。

例如：

```
>>> print("I like \"python\"")
I like "python"
>>> print("zhang\nwang\nli\nzhao")
zhang
wang
li
zhao
```

1．创建字符串

创建字符串很简单，只要为变量分配一个值即可。

例如：

```
var1 = 'Hello World!'
var2 = "Python Runoob"
```

2．字符串运算

Python 提供了丰富的字符串运算，如连接、截取等。表 2.5 列出了字符串运算的基本运算符。表中运算举例时，实例变量 a 的默认值为字符串 Hello，b 的默认值为字符串 Python。

表 2.5　字符串运算的基本运算符

运　算　符	描　　　　述	实　　例	结　　果
+	连接运算符：将两个字符串连接到一起	a + b	HelloPython
*	重复输出运算符：将一个字符串多次重复连接	a * 2	HelloHello
[]	访问运算符：通过索引获取字符串中的字符	a[1]	e
[m:n]	访问运算符：截取字符串中的一部分，从下标 m-1 到 n-1	a[1:4]	ell
in	成员运算符：字符串中包含给定的字符串则返回 True，否则返回 False	"H" in a	True
not in	非成员运算符：如果字符串中不包含给定的字符串则返回 True，否则返回 False	"Myapp" not in a	True
r	使用原始字符串：所有的字符串都直接按照字面的意思来使用。在原始字符串中第一个引号前加上字母 "r"（也可以是大写）即可	print("\\\"python\"\")	\"python"\
		print(r"\\\"python\"\")	\\\"python\"\\

【例 2.4】　字符串运算举例。

程序如下：

```
a = "I like"
b = "Python"
print( "a + b 输出结果： ", a + b)
print("a * 2 输出结果： ", a * 2)
print("a[1] 输出结果： ", a[1] )
print ("a[1:4] 输出结果： ", a[1:4])
if( "H" in a) :
    print("H 在变量 a 中" )
else :
    print("H 不在变量 a 中" )
if( "P" not in a) :
    print("P 不在变量 a 中")
else :
    print("P 在变量 a 中")
```

运行结果：

a + b 输出结果：I likePython
a * 2 输出结果：I likeI like
a[1] 输出结果：
a[1:4] 输出结果：li
H 不在变量 a 中
P 不在变量 a 中

3．string 模块

Python 提供标准 string 模块，模块中提供大量的字符串运算函数，同时也定义了一些字符串常量。表 2.6 列出了 string 模块中的常见函数。表 2.7 列出了 string 模块中的常见字符串常量。

表 2.6　string 模块中的常见函数

函　数	功　　能	实　　例	结　　果
upper()	将指定字符串变为大写	print("abcdef".upper())	ABCDEF
lower()	将指定字符串变为小写	print("QWERT".lower())	qwert
title()	将字符串中所有单词的首字母大写，其他全部小写	print("china,xi'an".title())	China,Xi'An
capitalize()	将给定的字符串中首字母大写，其他小写	print("QWERT".capitalize())	Qwert
swapcase()	将原字符串中的大写改为小写，小写再改为大写	str="file EDIT". swapcase()	'FILE edit'
isdecimal()	判断给定的字符串是否全为数字		
isalpha()	判断给定的字符串是否全为字母		
isalnum()	判断给定的字符串是否只含有数字与字母		
isupper()	判断给定的字符串是否全为大写		
istitle()	判断给定的字符串是否首字母大写	print("Program".islower())	False
isspace()	判断给定的字符串是否为空白符（空格、换行、制表符）		
isprintable()	判断给定的字符串是否为可打印字符		
isidentifier()	判断给定的字符串是否符合命名规则（只能是字母或下画线开头、不能包含除数字、字母和下画线以外的任意字符。）		
center(width)	内容居中填充，这时原来的字符串将会在中间，填充物出现在两边	print("qwer".center(10,"+"))填充字符可选，其默认为空格，可以更改为任意字符	+++qwer+++
ljust(width)	内容居左填充，l 为 left 的缩写，源字符串在左边，填充物出现在字符串的右边		
rjust(width)	内容居右填充，r 为 right 的缩写，源字符串在右边，填充物出现在字符串的左边		
count(sub[,start[,end]])	在指定字符串中搜索是否具有给定的子字符串 sub，若具有则返回出现次数。start 与 end 代表搜索边界，若省略则代表在整个字符串中搜索	print("qqwerqqt".count("q",0,\6))	3
startswith(prefix[,start[,end]])	判断函数的开始字符串是否为指定字符串，返回结果为 True 与 False	print("qwerta".startswith("qwe"))	True

续表

函　数	功　能	实　例	结　果
endswith(suffix[,start[,end]])	判断函数的末尾字符串是否为指定字符串，返回结果为 True 与 False	print("weqwe".endswith("qwe"))	True
find(sub[,start[,end]])	返回第一个子字符串的位置信息，若无则为-1	print("weqwe".find("we"))	0
rfind(sub[,start[,end]])	返回最右边的第一个子字符串的位置信息，若无则为-1	print("weqwe".rfind("we"))	3
index(sub[,start[,end]])	返回第一个子字符串的位置信息，若无则报错	print("weqwe".index("my"))	error
rindex(sub[,start[,end]])	返回最右边的第一个子字符串的位置信息，若无则报错	print("weqwe".rindex("my"))	error
replace(old, new[,count])	将搜索到的字符串改为新字符串	s="myappmyappmyapp" print(s.replace("my","you",2))	youappyouappmyapp
partition()	将给定字符串切割成 3 部分。首先搜索到字符串 sep，将 sep 之前的部分作为一部分，sep 本身作为一部分，剩下的作为一部分	s="zhangxiaoqiang" m=print(s.partition("xiao"))	('zhang', 'xiao', 'qiang')
join()	将可迭代数据用字符串连接起来。首先理解什么是可迭代数据，简单理解就是字符串 string、列表 list、元组 tuple、字典 dict、集合 set。而且每个参与迭代的元素必须是字符串类型，不能包含数字或其他类型的数据	s=["zhang","ming"] print(" ".join(s)) 用空格将字符串连接起来	zhang ming
strip()	移除指定字符串中的字符，如果没有传入参数则为移除空格、制表符、换行符	a="　　computer　　" print(a.strip())	computer

表 2.7　string 模块中的常见字符串常量

常　量	值	说　明
ascii_lowercase	abcdefghijklmnopqrstuvwxyz	a～z 全小写字母
ascii_uppercase	ABCDEFGHIJKLMNOPQRSTUVWXYZ	A～Z 全大写字母
ascii_letters	ascii_lowercase + ascii_uppercase	所有大小写字母
digits	0123456789	0～9 数字集合
hexdigits	digits + abcdef + ABCDEF	十六进制数集合
octdigits	01234567	八进制数集合
punctuation	!"#$%&'()*+,-./:;<=>?@[]^_`{|}~	特殊字符集合
printable	digits + ascii_letters + punctuation + whitespace	所有字符集合

【例 2.5】　生成随机验证码。

程序如下：

```
#生成 6 位随机码
import random
import string
# 构造字符串
s=string.digits + string.ascii_letters
```

```
# 随机选出 6 个字符
v=random.sample(s,6)
print(v)
print("".join(v))
```

运行程序，结果如下：

```
['1', 'v', 'S', 'O', 'C', 'H']
1vSOCH
```

每次运行时，结果都不相同。

4．三引号的特殊用法

Python 三引号允许一个字符串跨多行，字符串中可以包含换行符、制表符及其他特殊字符。三引号让程序员可以自始至终保持一小块字符串的所见即所得格式。一个典型的用例是，当需要一块 HTML 或 SQL 时，可以使用三引号标记。

例如：

```
errHTML = '''
<HTML><HEAD><TITLE>
Friends CGI Demo</TITLE></HEAD>
<BODY><H3>ERROR</H3>
<B>%s</B><P>
<FORM><INPUT TYPE=button VALUE=Back
ONCLICK="window.history.back()"></FORM>
</BODY></HTML>
'''
```

2.2.3 列表

在编写程序时，经常需要将一组数据存储起来，以便后边的代码使用。在有些程序设计语言中，例如在 C 语言中，使用数组可以把多个数据存储在连续空间中，通过数组下标可以访问数组中的每个元素。Python 中虽然没有数组，但是引入了更加强大的列表。

1．列表的概念

列表也称序列，是 Python 中最基本的数据结构。序列中的每个元素都分配一个下标来标明元素在列表中的位置。元素下标从 0 开始，即第一个元素的下标是 0，第二个元素的下标是 1，以此类推。需要注意的是，列表的数据元素的类型可以不同。

对于列表，可以进行的操作包括索引、切片、加、乘、检查成员等。此外，Python 还内置了诸如确定序列的长度及确定最大元素和最小元素的方法。

例如：有 3 个列表如下。

```
>>> list1 = ['physics', 'chemistry', 2019, 2020]
>>> list2 = [1, 2, 3, 4, "zhang"]
>>> list3 = ["a", "b", "c", "d"]
```

对于列表，有以下几点需要注意：

（1）从形式上看，列表将所有元素都放在一对方括号里面，相邻元素之间用逗号分隔。与字符串的索引一样，列表索引从 0 开始。

（2）列表中的元素个数没有限制。

（3）列表可以存储整数、小数、字符串、列表、元组等任何类型的数据，并且同一个列表中元素的类型可以不同。

（4）使用列表时，虽然可以将不同类型的数据放入同一个列表中，但通常情况下，同一列表中只放入同一类型的数据，这样可以提高程序的可读性。

2．创建列表

在 Python 中，创建列表的方法有两种：一种是使用方括号直接创建列表，另一种是使用内置的函数 list()来创建列表。

（1）使用方括号直接创建列表

使用方括号创建列表时，一般使用"="将它赋值给某个变量，具体格式如下：

```
listname = [element1,element2,element3, …… ,elementn]
```

其中，listname 表示变量名；element1,……,elementn 表示列表元素。

例如，下面定义的列表都是合法的：

```
num = [100, 200, 300, 400, 500, 600, 70.5]
name = ["python 语言", "程序设计",2020]
program = ["C 语言", "Python", "VB"]
emptylist = [ ]
```

使用此方式创建列表时，列表中的元素可以有多个，也可以一个都没有（空列表）。

（2）使用 list()函数创建列表

除使用方括号创建列表外，Python 还提供了一个内置函数 list()，使用它可以将其他数据类型转换为列表类型。

【例 2.6】 使用 list()函数创建列表。

程序如下：

```
#将字符串转换成列表
list1 = list("程序设计技术")
print(list1)
#将元组转换成列表
tuple1 = ('Python', 'Java', 'C++', 'VB')
list2 = list(tuple1)
print(list2)
#将字典转换成列表
dict1 = {'a':100, 'b':42, 'c':900,'d':55,'e':36}
list3 = list(dict1)
print(list3)
#将区间转换成列表
range1 = range(88,95)
list4 = list(range1)
print(list4)
#创建空列表
print(list())
```

运行程序，结果如下：

```
['程', '序', '设', '计', '技', '术']
['Python', 'Java', 'C++', 'VB']
['a', 'b', 'c', 'd', 'e']
[88, 89, 90, 91, 92, 93, 94]
[]
```

3．访问列表中的元素

（1）使用元素引用运算符"[]"

使用元素引用运算符"[]"来访问列表中的元素，同样也可以使用"[]"截取字符。

例如：

```
# -*- coding: UTF-8 -*-
list1 = ['physics', 'chemistry', 2019, 2020]
list2 = [1, 2, 3, 4, 5, 6, 7 ]
print("list1[0]: ", list1[0])
print("list2[1:5]: ", list2[1:5])
```

运行结果：

```
list1[0]:   physics
list2[1:5]:   [2, 3, 4, 5]
```

（2）"[]" 的几个特殊用法

Python 中，经常会用到[-1]、[:-1]、[::-1]、[m::-1]等几种[]的特殊格式。

```
>>>import numpy as np
>>>a=[1,2,3,4,5]
>>>print(a)
[1 2 3 4 5]
>>>print(a[-1])          #取最后一个元素
[5]
>>>print(a[:-1])         # 除了最后一个取全部
[1 2 3 4]
>>>print(a[::-1])        #取从后向前（相反）的元素
[5 4 3 2 1]
>>>print(a[2::-1])       #取从下标为 2 的元素翻转读取
[3 2 1]
```

4．列表操作符

对列表而言，经常会用到 +运算和*运算。"+"用于组合列表，"*"用于重复列表。列表运算规则如表 2.8 所示。

表 2.8　列表运算规则

Python 表达式	结　果	描　述
len([1, 2, 3])	3	长度
[1, 2, 3] + [4, 5, 6]	[1, 2, 3, 4, 5, 6]	组合
['Hi!'] * 4	['Hi!', 'Hi!', 'Hi!', 'Hi!']	重复
3 in [1, 2, 3]	True	元素是否存在于列表中
for x in [1, 2, 3]: print(x)	1 2 3	循环

5．和列表有关的函数

Python 提供的和列表有关的函数包括两类：一类是内置函数，一类是列表类的成员函数。和列表有关的内置函数如表 2.9 所示。

表 2.9　和列表有关的内置函数

内 置 函 数	功　能	举　例
list(seq)	将元组转换为列表	list((1,2,3)) 得到序列[1,2,3]
all(iterable)	返回一个布尔值。如果 iterable 的所有元素都为真（或 iterable 自身为空）则返回 True，否则返回 False	all([2,3,0]) 返回 False
any(iterable)	返回一个布尔值。如果 iterable 的任一元素为真则返回 True，如果 iterable 的所有元素均为假（或 iterable 自身为空值）则返回 False	any([2,3,0]) 返回 True

内 置 函 数	功　　能	举　　例
len(s)	返回对象的长度（元素的个数）。函数适用于序列（如字符串、元组、列表或者范围）或集合（如字典、集合或固定集合）	len([1,2,3,5]) 返回 4
max(iterable)	返回可迭代对象 iterable 中最大的元素	max([1,3,9]) 返回 9
min(iterable)	返回可迭代对象 iterable 中最小的元素	min([1,3,9]) 返回 1
sorted(iterable[, cmp[,key[, reverse]]])	将可迭代对象 iterable 进行排序并返回一个新的列表。可选参数 cmp 是一个带有两个参数的比较函数，它根据第一个参数小于、等于还是大于第二个参数来返回负数、零或正数，默认值为 None。可选参数 key 是带有一个参数的函数，用于从每个列表元素中选出一个比较的关键字，默认值是 None reverse，如果将其设置为 True，那么列表元素将以反向排序	sorted([2,3,1]) 返回一个列表[1, 2, 3]
sum(iterable[,start])	返回可迭代对象 iterable 从 start 位置开始向右所有元素的和，start 默认为 0	sum([1, 2, 3, 4]) 返回 10

列表类的成员函数如表 2.10 所示。

表 2.10　列表类的成员函数

成 员 函 数	功　　能	举例（myList=[1,2,3]）
list.append(x)	将添加一个元素 x 到列表的末尾。 相当于 list = list + [x]	myList.append(4) 列表为[1,2,3,4]
list.extend(L)	将列表 L 的所有元素添加到原列表的末尾，相当于 list = list + L	myList.extend([4,5]) 列表为[1,2,3,4,5]
list.insert(i,x)	将在下标 i 处插入一个元素 x。 list.insert(0,x)相当于在列表的最前面插入；而 list.insert(len(list),x)相当于 list.append(x)	myList.insert(1,4) 列表为[1,4,2,3]
list.remove(x)	将删除列表中第一个值为 x 的元素。如果没有这样的元素则程序将报错	myList.remove(2) 列表值为[1,3]
list.pop([i])	将弹出列表中位置为 i 的元素（即从列表中删除该元素并返回它）。如果不指定参数 i，则默认删除列表中的最后一个元素。 pop 函数是唯一一个既能修改列表又能返回元素值的列表方法	k=myList.pop(0) k 为 1，列表为[2,3], 再次执行 k=myList.pop() k 为 3，列表为[2]
list.index(x)	将返回列表中第一个值为 x 的元素的索引（下标）。如果没有这样的元素则会报错	myList.index(2) 返回 1
list.count(x)	将返回列表中 x 出现的次数	myList.count(5) 返回 0
list.sort(cmp=None, key=None, reverse=False)	将列表重新排序，参数含义与 sorted 内置函数的可选参数含义一致	mylList.sort() 列表为[1,2,3] myList.sort(reverse=True) 则列表中的值为[3,2,1]
list.reverse(L)	将反转列表中的所有元素位置	myList.reverse() 列表为[3,2,1]

【例 2.7】　列表元素的增加与删除。

程序如下：

```
# -*- coding: UTF-8 -*-
list = []                    # 空列表
list.append('Zhang')     # 使用 append()添加元素
list.append('Wang')
list.append('LI')
list.append('Wu')
print(list)
del list[2]
print("After deleting value at index 2 : ")
print(list)
```

运行程序，结果如下：

```
['Zhang', 'Wang', 'LI', 'Wu']
After deleting value at index 2 :
['Zhang', 'Wang', 'Wu']
```

【例 2.8】　输入一年中的某一天，判断这一天是这一年的第几天。

程序如下：

```
User_input = input("输入：年-月-日:")
date=User_input.split('-')
Year = int(date[0])        #得到年份
Month = int(date[1])       #得到月份
Day = int(date[2])         #得到天

li = [31,28,31,30,31,30,31,31,30,31,30,31]     #所有平年各个月份的天数
num = 0    ##记录天数
if ((Year % 4 == 0) and (Year % 100 != 0) or (Year % 400 == 0)):       #当闰年时：
    li[1] = 29           #将二月的天数改为 29
for i in range(12):           #遍历月份
if Month > i + 1:
    num += li[i]    #计算整月总天数
else:                         #非整月天数加入总天数
    num += Day
    break
print("这一天是%d 年的第%d 天" %(Year,num))
```

运行程序，结果如下：

```
输入：年-月-日:1988-5-4
这一天是 1988 年的第 125 天
```

【例 2.9】　分析程序，理解列表函数的使用。

```
import random
names = ['alice','Bob','Tom','Harry']
names.sort()
#按照 ASCII 排序,先排序首字母为大写的,再排序首字母是小写的
print(names)
names.sort(key=str.lower,reverse=True)
#对字符串排序不区分大小写,相当于将所有元素转换为小写的,再排序
print(names)
li = list(range(13))          #生成 0-12，将其转换为列表形式
print(li)
random.shuffle(li)            #随机打乱
```

```
print(li)
m=max(names)                    #求最大值
print(m)
```

运行程序，结果如下：

```
['Bob', 'Harry', 'Tom', 'alice']
['Tom', 'Harry', 'Bob', 'alice']
[0, 1, 2, 3, 4, 5, 6, 7, 8, 9, 10, 11, 12]
[8, 10, 12, 4, 1, 2, 7, 6, 5, 3, 9, 0, 11]
Alice
```

2.2.4 元组

Python 的元组与列表类似，不同之处在于元组的元素不能修改。元组使用小括号，列表使用方括号。

1. 元组的创建

元组创建很简单，只需要在圆括号中添加元素，并使用逗号隔开即可。

【例 2.10】 元组的创建。

程序如下：

```
# -*- coding: UTF-8 -*-
tup1 = ('physics', 'chemistry', 2019, 2020)
tup2 = (1,2,3,4,5,6,7,8,9,10)
tup3 = "a", "b", "c", "d"
tup4 = ()        #创建空元组
tup5 = (100,)   #元组中只包含一个元素时，需要在元素后面添加逗号
print("tup1[0]: ", tup1[0])
print("tup2[2:7]: ", tup2[2:7])
print("tup5[0]: ", tup5[0])
```

运行程序，结果如下：

```
tup1[0]:   physics
tup2[2:7]: (3, 4, 5, 6, 7)
tup5[0]:   100
```

2. 元素的访问

元组与字符串类似，下标索引从 0 开始，可以进行截取、组合等操作，设有元组 T = ('spam', 'Spam', 'SPAM!')，引用运算举例如表 2.11 所示。

表 2.11   元组元素引用运算举例

Python 表达式	结　　果	描　　述
T[2]	'SPAM!'	读取第 3 个元素
T[-2]	'Spam'	反向读取，读取倒数第 2 个元素
T[1:]	('Spam', 'SPAM!')	截取元素

3. 常见元组运算符

与字符串一样，元组之间可以使用"+"和"*"进行运算。这就意味着它们可以组合和复制，运算后会生成一个新的元组，元素的组合、复制运算举例如表 2.12 所示。

表 2.12　元素的组合、复制运算举例

Python 表达式	结　　果	描　　述
len((1, 2, 3))	3	计算元素个数
(1, 2, 3) + (4, 5, 6)	(1, 2, 3, 4, 5, 6)	连接
('Hi!',) * 4	('Hi!', 'Hi!', 'Hi!', 'Hi!')	复制
3 in (1, 2, 3)	True	元素是否存在
for x in (1, 2, 3): print x,	1 2 3	循环

【例 2.11】　分析程序，理解元组的使用。

程序如下：

```
allowUsers = ('root','admin','guest')
allowPasswd = ('123','456','789')

#索引 切片
print(allowUsers[0])
print(allowUsers[-1])
print(allowUsers[1:])
print(allowUsers[2:])
print(allowUsers[:-1])
print(allowUsers[::-1])
#重复
print(allowUsers * 2)
#连接
allowUsers=allowUsers+('linux','python')
print(allowUsers)
#成员操作符
print('westos' in allowUsers)
print('westos' not in allowUsers)
#for 循环
for user in allowUsers:
    print(user)
for index,user in enumerate(allowUsers):
    print('第%d 个用户名: %s' %(index+1,user))
#zip:两个元组的元素之间一一对应
for user,passwd in zip(allowUsers,allowPasswd):
    print(user,':',passwd)
```

运行程序，结果如下：

```
root
guest
('admin', 'guest')
('guest',)
('root', 'admin')
('guest', 'admin', 'root')
('root', 'admin', 'guest', 'root', 'admin', 'guest')
('root', 'admin', 'guest', 'linux', 'python')
False
True
root
```

```
admin
guest
第 1 个用户名: root
第 2 个用户名: admin
第 3 个用户名: guest
root : 123
admin : 456
guest : 789
```

使用元组时，要注意以下几点：

（1）在 Python 中，元组是不可变数据类型。元组可以存储不同的数据类型，采用元组存储数据可以防止别人随意篡改，因此常常用来保存比较重要的、不需要经常修改的数据。

（2）元组的不可变是指元组的元素不可以修改、增加、删除。

（3）元组所指向的内存实际上保存的是元组内数据的内存地址集合。元组一旦建立，这个集合就不能增加、修改、删除，一旦集合内的地址发生改变，必须重新分配元组空间来保存新的地址集。

例如，程序中有语句：allowUsers=allowUsers+('linux','python')。元组 allowUsers 和元组 ('linux','python')连接并赋值给 allowUsers 后，allowUsers 地址发生变化（因地址集合变化）。

（4）当元组中存在可变的数据类型时，可变数据类型的内容可以修改。

4．元组与列表的区别

元组和列表具有相似之处，区别也很明显。

（1）列表属于可变序列，元素可以任意修改和删除。

（2）可以用 append()、extend()、insert()、remove()等函数修改列表。但是，元组没有此类方法，元组中不能够删除元素，只能删除整个元组。

（3）列表、元组都可以用切片的形式访问。

（4）元组比列表的访问和处理速度快，所以只需要对元素进行访问，而不进行任何修改时，建议使用元组。

（5）列表不能作为字典的键，但是元组可以。

2.2.5　字典

字典是 Python 提供的一种常用的数据类型，用于存放具有映射关系的数据。例如，有一份成绩表数据，语文为 85，数学为 93，英语为 76。这组数据看上去像两个列表，但这两个列表的元素之间有一定的关联关系。如果单纯使用两个列表来保存这组数据，则无法记录两组数据之间的关联关系。

为了保存具有映射关系的数据，Python 提供了字典，字典的构成元素是形如 key:value 的键值对，其中 key 和 value 之间用英文冒号分隔，每个键值对之间用逗号分隔，整个字典包括在大括号{}中。换句话说，字典相当于保存了两组数据，其中一组数据是关键数据（被称为 key）；另一组数据可通过 key 来访问（被称为 value）。

字典是另一种可变容器模型，可存储任意类型对象。

1．创建字典

创建字典有两种基本方法：一是使用大括号语法来创建字典，二是使用 dict()函数来创建字典。实际上，dict 是一种类型，它就是 Python 中的字典类型。

在使用大括号语法创建字典时，大括号中应包含多个 key:value 对，key 与 value 之间用英文冒号隔开，多个 key:value 对之间用英文逗号隔开。

（1）使用大括号语法来创建字典

格式如下：

```
d = {key1 : value1, key2 : value2 ,……}
```

其中，键值对一般是唯一的，如果重复，最后的一个键值对会替换前面的键值对。值可以取任何数据类型，如字符串、数字或元组等。

【例 2.12】　使用 {} 创建字典。

程序如下：

```
scores = {'语文': 89, '数学': 92, '英语': 93}
print(scores)
# 空的大括号代表空的 dict
empty_dict = {}
print(empty_dict)
# 使用元组作为 dict 的 key
dict2 = {(60,80):'good', 30:'bad'}
print(dict2)
```

运行程序，结果如下：

```
{'语文': 89, '数学': 92, '英语': 93}
{}
{(60, 80): 'good', 30: 'bad'}
```

说明：

第 1 行代码创建了一字典 scores，scores 的 key 是字符串，value 是整数；

第 4 行代码使用大括号创建了一个空的字典 empty_dict；

第 7 行代码创建的字典 dict2 中第一个 key 是元组，第二个 key 是整数值，这都是合法的。

需要指出的是，元组可以作为 dict 的 key，但列表不能作为元组的 key。这是由于 dict 要求 key 必须是不可变类型，列表是可变类型，因此列表不能作为元组的 key。

（2）通过 dict() 函数创建字典

在使用 dict() 函数创建字典时，可以传入多个列表或元组参数作为 key:value 对，每个列表或元组将被当成一个 key:value 对，因此这些列表或元组都只能包含两个元素。

【例 2.13】　使用 dict() 函数创建字典。

程序如下：

```
vegetables = [('celery', 2), ('brocoli', 1), ('lettuce',3)]
#创建包含 3 组 key:value 对的字典
dict3 = dict(vegetables)
print(dict3)
cars = [['BMW', 60], ['BENS', 68], ['AUDI', 69]]
#创建包含 3 组 key:value 对的字典
dict4 = dict(cars)
print(dict4)
#创建空的字典
dict5 = dict()
print(dict5)
# 使用关键字参数来创建字典
dict6 = dict(spinach = 1, cabbage = 2)
print(dict6)
```

运行程序，结果如下：

```
{'celery': 2, 'brocoli': 1, 'lettuce': 3}
{'BMW': 60, 'BENS': 68, 'AUDI': 69}
{}
{'spinach': 1, 'cabbage': 2}
```

说明：

如果不为 dict() 函数传入任何参数，则代表创建一个空的字典。可通过为 dict() 指定关键字参数创建字典，此时字典的 key 不允许使用表达式，例中 key 直接写 spinach、cabbage，不需要将它们放在引号中。

2. 访问字典元素

在使用字典时，应记住字典包含多个 key:value 对，而 key 是字典的关键数据，因此对字典的操作都是基于 key 的。常见的基本操作有：

（1）通过 key 访问 value。

（2）通过 key 添加 key:value 对。

（3）通过 key 删除 key:value 对。

（4）通过 key 修改 key:value 对。

（5）通过 key 判断指定 key:value 对是否存在。

【例 2.14】 阅读程序，理解字典的使用。

程序如下：

```
scores = {'语文': 89}
# (1)通过 key 访问 value
print(scores['语文'])
# (2)对不存在的 key 赋值，就是增加 key:value 对
scores['数学'] = 93
scores[92] = 5.7
# （3）使用 del 语句删除 key:value 对
del scores[92]
print(scores)
# (4)如果对 dict 中存在的 key:value 对赋值，新赋的 value 就会覆盖原有的 value，
# 这样即可改变 dict 中的 key:value 对。
scores['数学'] = 65
scores['语文'] = 80
print(scores)
# (5)判断 scores 是否包含名为'英语'的 key
print('英语' in scores)
# (6)判断 scores 是否不包含名为'化学'的 key
print('化学' not in scores)
```

运行程序，结果如下：

```
89
{'语文': 89, '数学': 93}
{'语文': 80, '数学': 65}
False
True
```

通过例 2.14 可以看出，字典的 key 就相当于它的索引，只不过这些索引不一定是整数类型，字典的 key 可以是任意不可变类型。

3. 字典的常用方法

【例 2.15】 阅读程序，理解 dict 类常见方法的使用。

程序如下：

```
cars = {'BMW': 60, 'BENS': 68, 'AUDI': 69}
#获取 AUDI'对应的 value
print(cars.get('AUDI'))
#更新内容
cars.update({'BMW':58, 'PORSCHE': 78})
print(cars)
ims = cars.items()
print(type(ims))
#将 dict_items 转换成列表
print(list(ims))
# 访问第 2 个 key:value 对
print(list(ims)[1])
#获取字典所有的 key，返回一个 dict_keys 对象
kys = cars.keys()
print(type(kys))
#将 dict_keys 转换成列表
print(list(kys))
# 访问第 2 个 key
print(list(kys)[0])
#获取字典所有的 value，返回一个 dict_values 对象
vals = cars.values()
#将 dict_values 转换成列表
print(vals)
# 访问第 2 个 value
print(list(vals)[1])
#获取 AUDI 对应的 value，并删除这个 key:value 对
print(cars.pop('AUDI'))
print(cars)
# 弹出字典底层存储的最后一个 key:value 对
print(cars.popitem())
print(cars)
# 清空 cars 所有 key:value 对
cars.clear()
print(cars)
```

运行程序，结果如下：

```
69
{'BMW': 58, 'BENS': 68, 'AUDI': 69, 'PORSCHE': 78}
<class 'dict_items'>
[('BMW', 58), ('BENS', 68), ('AUDI', 69), ('PORSCHE', 78)]
('BENS', 68)
<class 'dict_keys'>
['BMW', 'BENS', 'AUDI', 'PORSCHE']
BMW
dict_values([58, 68, 69, 78])
68
69
{'BMW': 58, 'BENS': 68, 'PORSCHE': 78}
('PORSCHE', 78)
{'BMW': 58, 'BENS': 68}
{}
```

字典的常用方法如表 2.13 所示。

表 2.13　字典的常用方法

函 数 名	功　　能
clear()	用于清空字典中所有的 key:value 对，对一个字典执行 clear()方法之后，该字典就会变成一个空字典
get()	根据 key 来获取 value，它相当于方括号语法的增强版，当使用方括号语法访问并不存在的 key 时，字典会引发 KeyError 错误；但如果使用 get()方法访问不存在的 key，该方法会简单地返回 None，不会导致错误
update()	使用一个字典所包含的 key:value 对来更新已有的字典。在执行 update()方法时，如果被更新的字典中已包含对应的 key:value 对，那么原 value 会被覆盖；如果被更新的字典中不包含对应的 key:value 对，则该 key:value 对被添加进去
items()	分别用于获取字典中的所有 key:value 对。返回 dict_items
keys()	分别用于获取字典中的所有 key。返回 dict_keys
values()	分别用于获取字典中的所有 value。返回 dict_values。Python 不希望用户直接操作 items()、keys()、values()方法，但可通过 list()函数把它们转换成列表
pop()	用于获取指定 key 对应的 value，并删除这个 key:value 对
popitem()	用于随机弹出字典中的一个 key:value 对。此处的随机其实是假的，正如列表的 pop()方法默认弹出列表中最后一个元素，实际上字典的 popitem()其实也是默认弹出字典中最后一个 key:value 对。由于字典存储 key:value 对的顺序是不可知的，因此开发者感觉字典的 popitem()方法是"随机"弹出的，但实际上字典的 popitem()方法总是弹出底层存储的最后一个 key:value 对
setdefault()	用于根据 key 来获取对应 value 的值。但该方法有一个额外的功能，即当程序要获取的 key 在字典中不存在时，该方法会先为这个不存在的 key 设置一个默认的 value，然后再返回该 key 对应的 value
fromkeys()	使用给定的多个 key 创建字典，这些 key 对应的 value 默认都是 None；也可以额外传入一个参数作为默认的 value。该方法一般不会使用字典对象调用（没什么意义），通常会使用 dict 类直接调用

2.2.6　日期和时间

在编写代码时，经常需要用到日期与时间。如：日志信息中的时间输出，计算某个功能的执行时间，用日期命名一个日志文件的名称，记录或展示某文章的发布或修改时间，等等。

Python 提供了多个用于对日期和时间进行操作的内置模块，如 time 模块、datetime 模块和 calendar 模块。其中，time 模块是通过调用 C 库实现的，所以有些方法在某些平台上可能无法调用。与 time 模块相比，datetime 模块提供的接口更直观、易用，功能也更加强大。

1．时间的相关术语

和时间相关的术语有以下几个。

（1）UTC time

UTC time 译为世界协调时，又称格林尼治天文时间、世界标准时间、UTC 时间。与 UTC 时间对应的是各个时区的本地时间，东 N 区的时间比 UTC 时间早 N 个小时，因此，UTC time + N 小时即为东 N 区的本地时间；而西 N 区的时间比 UTC 时间晚 N 个小时，因此 UTC time−N 小时即为西 N 区的本地时间；中国在东 8 区，因此比 UTC 时间早 8 小时，可以用 UTC+8 表示。

（2）epoch time

epoch time 表示时间开始的起点。它是一个特定的时间，不同平台上这个时间点的值不太相同，对 UNIX 而言，epoch time 为 1970-01-01 00:00:00 UTC。

（3）Timestamp

Timestamp 译为时间戳，又称 UNIX 时间或 POSIX 时间。它是一种时间表示方式，表示从格林尼治时间 1970 年 1 月 1 日 0 时 0 分 0 秒开始到现在所经过的毫秒数，其值为 float 类型，但有些编程语言的相关方法返回的是秒数（Python 就是这样）。需要说明的是时间戳是个差值，其值与时区无关。

2．常见的时间表示形式

常见的时间表示形式有两种：

（1）时间戳；

（2）格式化的时间字符串。

Python 中其他的时间表示形式：

（1）time 模块的 time.struct_time；

（2）datetime 模块的 datetime 类。

struct_time 元组的结构属性及含义如表 2.14 所示。

表 2.14　struct_time 元组的结构属性及含义

序　　号	属　　性	含　　义	值
0	tm_year	4 位数年	2008
1	tm_mon	月	1～12
2	tm_day	日	1～31
3	tm_hour	小时	0～23
4	tm_min	分钟	0～59
5	tm_sec	秒	0～61（60 或 61 是闰秒）
6	tm_wday	一周的第几日	0～6（0 是周一）
7	tm_yday	一年的第几日	1～366（儒略历）
8	tm_isdst	夏令时	-1、0、1、-1 是决定是否为夏令时的标志

属性值的获取方式有两种：

一是可以把它当作一种特殊的有序不可变序列通过"下标/索引"方式获取各个元素的值，如 t[0]。二是通过".属性名"的方式来获取各个元素的值，如 t.tm_year。

需要说明的是，struct_time 实例的各个属性都是只读的，不可修改。

3．time 模块

time 模块主要用于时间访问和转换。这个模块提供了各种与时间相关的函数，如函数 time.time()用于获取当前时间戳。每个时间戳都以自从 1970 年 1 月 1 日午夜（历元）经过了多长时间来表示，时间间隔是以秒为单位的浮点小数。

time 模块提供的与时间相关的函数如表 2.15 所示。

表 2.15　time 模块提供的与时间相关的函数

方法/属性	描　　述
time.altzone	返回与 UTC 时间的时间差，以秒为单位（西区该值为正，东区该值为负），表示的是本地 DST 时区的偏移量，只有 daylight 非 0 时才使用
time.clock()	返回当前进程所消耗的处理器运行时间秒数（不包括 sleep 时间），值为小数；Python 3.3 将该方法改成了 time.process_time()

方法/属性	描　　述
time.asctime([t])	将一个 tuple 或 struct_time 形式的时间（可以通过 gmtime()和 localtime()方法获取）转换为一个 24 个字符的时间字符串，格式为: "Fri Aug 19 11:14:16 2016"。如果参数 t 未提供，则取 localtime()的返回值作为参数
time.ctime([secs])	功能同上，将一个秒数时间戳表示的时间转换为一个表示当前本地时间的字符串。如果参数 secs 没有提供或值为 None，则取 time()方法的返回值作为默认值。ctime(secs)等价于 asctime(localtime(secs))
time.time()	返回时间戳（自 1970-1-1 0:00:00 至今所经历的秒数）
time.localtime([secs])	返回以指定时间戳对应的本地时间的 struct_time 对象（可以通过"下标/索引"方式，也可以通过".属性名"的方式来引用内部属性）格式
time.localtime(time.time() + n*3600)	返回 n 个小时后本地时间的 struct_time 对象格式（可以用来实现类似 crontab 的功能）
time.gmtime([secs])	返回指定时间戳对应的 UTC time 的 struct_time 对象格式（与当前本地时间差 8 个小时）
time.gmtime(time.time()+n*3600)	返回 n 个小时后 UTC time 的 struct_time 对象（可以通过".属性名"的方式来引用内部属性）格式
time.strptime(time_str, time_format_str)	将时间字符串转换为 struct_time 时间对象，如：time.strptime('2017-01-13 17:07', '%Y-%m- %d %H:%M')
time.mktime(struct_time_instance)	将 struct_time 对象实例转换成时间戳
time.strftime(time_format_str, struct_time_instance)	将 struct_time 对象实例转换成字符串

例如，输入如下语句：

```
>>>import time;    #引入 time 模块
>>>t = time.time()
>>print( "当前时间戳为:", t)
```

结果如下：

```
当前时间戳为：1580610019.4562716
```

时间戳单位最适合做日期运算。但是 1970 年之前的日期就无法以此表示了。很多 Python 函数用一个元组装起来的 9 组数字处理时间。从返回浮点数的时间戳方式向时间元组转换，只要将浮点数传递给如 localtime 函数便可。

用户可以根据需求选取各种格式，但是最简单的获取可读的时间模式的函数是 asctime()，也可以使用 time 模块的 strftime 方法来格式化日期。

【例 2.16】 分析程序，理解 time 模块的使用。

程序如下：

```
import time
localtime = time.localtime(time.time())
print("本地时间为:", localtime)
localtime = time.asctime( time.localtime(time.time()) )
# 使用 asctime()函数
print("本地时间为:", localtime)
# 格式化成形如 2020-03-20 11:45:39 的形式
print(time.strftime("%Y-%m-%d %H:%M:%S", time.localtime()) )
# 格式化成形如 Sat Mar 28 22:24:24 2020 的形式
print(time.strftime("%a %b %d %H:%M:%S %Y", time.localtime()) )
```

```
#将格式字符串转换为时间戳
a = "Sat Mar 28 22:24:24 2020"
print(time.mktime(time.strptime(a,"%a %b %d %H:%M:%S %Y")))
```

运行程序，结果如下：

本地时间为: time.struct_time(tm_year=2020, tm_mon=2, tm_mday=2, tm_hour=10, tm_min= 56, tm_sec=17, tm_wday=6, tm_yday=33, tm_isdst=0)

本地时间为: Sun Feb　2 10:56:17 2020

2020-02-02 10:56:17

Sun Feb 02 10:56:17 2020

1585405464.0

Python 中时间日期格式符如表 2.16 所示。

表 2.16　Python 中时间日期格式符见表。

格　式　符	含　　义	格　式　符	含　　义
%y	两位数的年份表示（00～99）	%Y	4 位数的年份表示（000～9999）
%m	月份（01～12）	%d	月内中的一天（0～31）
%H	24 小时制小时数（0～23）	%I	12 小时制小时数（01～12）
%M	分钟数（00～59）	%S	秒（00～59）
%a	本地简化的星期名称	%A	本地完整的星期名称
%b	本地简化的月份名称	%B	本地完整的月份名称
%c	本地相应的日期表示和时间表示	%j	年内的一天（001～366）
%p	本地 A.M.或 P.M.的等价符	%U	一年中的星期数（00～53）星期天为星期开始
%w	星期（0～6），星期天为星期开始	%W	一年中的星期数（00～53）星期一为星期开始
%x	本地相应的日期表示	%X	本地相应的时间表示
%Z	当前时区的名称	%%	%号本身

4．calendar 模块

calendar 是与日历相关的模块，calendar 模块文件里定义了很多类型，主要有 Calendar、TextCalendar 及 HTMLCalendar 类型。其中，Calendar 是 TextCalendar 与 HTMLCalendar 的基类。该模块还对外提供了很多方法，如 calendar()、month()、prcal()、prmonth 之类的方法。calendar 模块的常用方法如表 2.17 所示。

表 2.17　calendar 模块的常用方法

方　　法	功　　能
calendar.calendar(year,w=2,l=1,c=6)	返回一个多行字符串格式的 year 年年历，3 个月一行，间隔距离为 c。每日宽度间隔为 w 字符。每行的长度为 21* w+18+2* c。l 是每星期的行数
calendar.firstweekday( )	返回当前每周起始日期的设置。默认情况下，首次载入 calendar 模块时返回 0，即星期一
calendar.isleap(year)	判断闰年。是闰年返回为 True，否则为 False
calendar.leapdays(y1,y2)	返回在 y1、y2 两年之间的闰年总数。leapdays 后面两个参数，实际抽取时，不包含第二个参数，即第二个参数即使是闰年，也不做统计
calendar.month(year,month,w=2,l=1)	返回一个多行字符串格式的 year 年 month 月日历，两行标题，一周一行。每日宽度间隔为 w 字符。每行的长度为 7* w+6。l 是每星期的行数

方　　法	功　　能
alendar.monthcalendar(year,month)	返回一个整数的单层嵌套列表。每个子列表装载代表一个星期的整数。year 年 month 月外的日期都设为 0；范围内的日子都由该月第几日表示，从 1 开始
calendar.monthrange(year,month)	返回两个整数。第一个是该月的星期几的日期码，第二个是该月的日期码。日从 0（星期一）到 6（星期日），月从 1（1 月）到 12（12 月）
calendar.prcal(year,w=2,l=1,c=6)	相当于 print calendar.calendar(year,w,l,c)
calendar.prmonth(year,month,w=2,l=1)	相当于 print calendar.calendar（year，w，l，c）
calendar.setfirstweekday(weekday)	设置每周的起始日期码，从 0（星期一）到 6（星期日）
calendar.timegm(tupletime)	接受一个时间元组形式，返回该时刻的时间戳
calendar.weekday(year,month,day)	返回给定日期的日期码。日从 0（星期一）到 6（星期日），月从 1（1 月）到 12（12 月）

【例 2.17】 分析程序，理解 calendar 模块的使用。

程序如下：

```
import calendar
calendar.setfirstweekday(calendar.SUNDAY)
print(calendar.firstweekday())
c = calendar.calendar(2020)
print(c)
print(calendar.isleap(2020))
print(calendar.leapdays(1900, 2020))
m = calendar.month(2020, 9)
print(m)
print(calendar.monthcalendar(2020, 10))
print(calendar.monthrange(2020, 12))


"""
calendar.timegm(tupletime)
接受一个时间元组形式，返回该时刻的时间戳（1970 纪元后经过的浮点秒数）。
很多 Python 函数用一个元组装起来的 9 组数字处理时间：
序号    字段            值
1      4 位数年         2020
2      月              1 到 12
3      日              1 到 31
4      小时             0 到 23
5      分钟             0 到 59
6      秒              0 到 61 (60 或 61 是闰秒)
7      一周的第几日       0 到 6 (0 是周一)
8      一年的第几日       1 到 366 (闰年)
9      夏令时           -1, 0, 1, -1 是决定是否为夏令时的标志

"""
print(calendar.timegm((2020, 9, 1, 11, 19, 0, 0, 0, 0)))
print(calendar.weekday(2020, 10, 1))
```

运行程序，结果如下：

```
6
                                        2020

          January                 February                  March
    Su Mo Tu We Th Fr Sa     Su Mo Tu We Th Fr Sa     Su Mo Tu We Th Fr Sa
              1  2  3  4                        1      1  2  3  4  5  6  7
     5  6  7  8  9 10 11      2  3  4  5  6  7  8      8  9 10 11 12 13 14
    12 13 14 15 16 17 18      9 10 11 12 13 14 15     15 16 17 18 19 20 21
    19 20 21 22 23 24 25     16 17 18 19 20 21 22     22 23 24 25 26 27 28
    26 27 28 29 30 31        23 24 25 26 27 28 29     29 30 31


           April                    May                      June
    Su Mo Tu We Th Fr Sa     Su Mo Tu We Th Fr Sa     Su Mo Tu We Th Fr Sa
              1  2  3  4                     1  2         1  2  3  4  5  6
     5  6  7  8  9 10 11      3  4  5  6  7  8  9      7  8  9 10 11 12 13
    12 13 14 15 16 17 18     10 11 12 13 14 15 16     14 15 16 17 18 19 20
    19 20 21 22 23 24 25     17 18 19 20 21 22 23     21 22 23 24 25 26 27
    26 27 28 29 30           24 25 26 27 28 29 30     28 29 30
                             31

           July                   August                  September
    Su Mo Tu We Th Fr Sa     Su Mo Tu We Th Fr Sa     Su Mo Tu We Th Fr Sa
              1  2  3  4                        1            1  2  3  4  5
     5  6  7  8  9 10 11      2  3  4  5  6  7  8      6  7  8  9 10 11 12
    12 13 14 15 16 17 18      9 10 11 12 13 14 15     13 14 15 16 17 18 19
    19 20 21 22 23 24 25     16 17 18 19 20 21 22     20 21 22 23 24 25 26
    26 27 28 29 30 31        23 24 25 26 27 28 29     27 28 29 30
                             30 31

          October                 November                 December
    Su Mo Tu We Th Fr Sa     Su Mo Tu We Th Fr Sa     Su Mo Tu We Th Fr Sa
                 1  2  3      1  2  3  4  5  6  7            1  2  3  4  5
     4  5  6  7  8  9 10      8  9 10 11 12 13 14      6  7  8  9 10 11 12
    11 12 13 14 15 16 17     15 16 17 18 19 20 21     13 14 15 16 17 18 19
    18 19 20 21 22 23 24     22 23 24 25 26 27 28     20 21 22 23 24 25 26
    25 26 27 28 29 30 31     29 30                    27 28 29 30 31


True
29
         September 2020
    Su Mo Tu We Th Fr Sa
           1  2  3  4  5
     6  7  8  9 10 11 12
    13 14 15 16 17 18 19
    20 21 22 23 24 25 26
    27 28 29 30


[[0, 0, 0, 0, 1, 2, 3], [4, 5, 6, 7, 8, 9, 10], [11, 12, 13, 14, 15, 16, 17], [18, 19, 20, 21, 22, 23, 24], [25, 26, 27, 28, 29,
30, 31]]
(1, 31)
1598959140
3
```

2.2.7 集合

Python 除了列表、元组、字典等常用数据类型，还有一种数据类型叫作集合（set），集合的最大特点是其里边的元素无序，且不可重复。所以，一般情况下，集合常用两种情况：①去重（如列表去重）；②关系测试（如取交集、取并集、取差集等）。

集合可以使用{ }或者 set()函数创建。

注意：创建一个空集合必须用 set()函数，而不能使用{ }。因为，{ }是用来创建一个空字典的。

1．集合的创建

创建格式：

```
parame = {value1,value2,...}
```

或者：

```
set(序列)
```

例如，以下代码创建两个集合。

```
set1={'a','b','c','d','e'}
set2=set([1,2,3,4,5,6,7,8,7,8,6])
print(set1)
print(set2)
```

这段代码的运行结果如下：

```
{'a', 'b', 'c', 'd', 'e'}
{1, 2, 3, 4, 5, 6, 7, 8}
```

2．集合的基本运算

Python 语言的集合类型同数学集合类型一样，也有求集合的并、交、差、对称差等运算。表 2.18 罗列了集合的常见运算。

表 2.18　集合的常见运算

运　算　符	格　　式	含　　义
|	set1 | set2	合并运算是把两个集合合并成一个新的集合，集合合并后重复的成员被删除。使用 union 函数也可以执行集合的合并运算
&	set1 & set2	交集运算是求两个集合的共有成员，两个集合执行交集运算后返回新的集合，该集合中的每个元素同时是两个集合中的成员。使用 intersection 函数也可以执行集合的交集运算
-	set1 - set2	差集运算是求集合 a 与集合 b 之间的差值，集合 a 与集合 b 执行差集运算后返回新的集合，该集合的元素，只属于集合 a，而不属于集合 b。使用 difference 函数也可以执行集合的差集运算
in	x in set	判断元素 x 是否在集合 set 中，存在返回 True，不存在返回 False
>	set1 > set2	集合父子集关系判断。若 set2 是 set1 的真子集，返回 True，否则返回 False
>=	set1 >= set2	集合父子集关系判断。若 set2 是 set1 的子集，返回 True，否则返回 False
==	set1 == set2	集合父子集相等判断。若 set2 和 set1 相等，返回 True，否则返回 False

【例 2.18】　分析程序，理解集合的基本运算。

程序如下：

```
basket = {'apple', 'orange', 'apple', 'pear', 'orange', 'banana'}
print(basket) # 这里演示的是去重功能
print('orange' in basket )# 快速判断元素是否在集合内
print('crabgrass' in basket)
# 下面展示两个集合间的运算. ...
a = set('abracadabra')
```

```
print(a)
b = set('alacazam')
print(b)
print(a - b) # 集合 a 中包含而集合 b 中不包含的元素
print(a | b) # 集合 a 或 b 中包含的所有元素
print(a & b) # 集合 a 和 b 中都包含了的元素
print(a ^ b) #不同时包含于 a 和 b 的元素
```

运行程序，结果如下：

```
{'pear', 'orange', 'apple', 'banana'}
True
False
{'r', 'a', 'c', 'b', 'd'}
{'m', 'a', 'c', 'l', 'z'}
{'b', 'r', 'd'}
{'m', 'r', 'a', 'c', 'l', 'b', 'd', 'z'}
{'a', 'c'}
{'l', 'b', 'z', 'd', 'm', 'r'}
```

说明：

不能像列表、元组一样通过索引访问集合存储的元素，只能使用成员操作符 in 或 not in 来判断某元素是否在集合中。集合内置了 add、update、remove 方法，用于向集合中添加、更新或移除元素。另外，可以通过操作符"-="从集合中删除子集合。集合更新操作只适用于通过 set 创建的可变集合。

3．集合常见的内置方法

表 2.19 罗列了集合常见的内置方法。

表 2.19　集合常见的内置方法

方　　法	功　　能
s.add(x)	将元素 x 添加到集合 s 中，如果元素已存在，则不进行任何操作
s.update(x)	将元素 x 更新到集合 s 中，如果元素已存在，则不进行任何操作
s.remove(x)	将元素 x 从集合 s 中移除，如果元素不存在，则会发生错误
len(s)	计算集合 s 元素个数
s.clear()	清空集合 s
set.difference_update(set1)	移除两个集合中都存在的元素并将值返回给 set，set1 不会改变
set.discard(x)	和 remove 一样都是移除集合中的元素 x，但如果集合中没有这个元素不会报错，这就是跟 remove 的区别
s.copy()	将集合 s 拷贝到另一个集合
s.pop()	随机移除一个元素
set.union(set1, set2,...)	返回集合的并集，包含所有集合的元素，重复的元素只会出现一次
set.isdisjoint(set1)	用于判断两个集合是否包含相同的元素，如果没有返回 True，否则返回 False
set.issubset(set1)	用于判断集合 set 是否是集合 set1 的子集，如果是则返回 True，否则返回 False
set.issuperset(set1)	用于判断集合 set 是否包含集合 set1，如果是则返回 True，否则返回 False
set.intersection(set1,set2, ...)	用于返回两个或更多集合中都包含的元素，即交集（相同的元素）
set.intersection_update(set1, set2, ...)	用于获取两个或更多集合中都重叠的元素，结果是从集合 set 中移除不重叠的元素

方　　法	功　　能
set.symmetric_difference(set1)	返回两个集合中不重复的元素集合
set.difference(set1)	用于返回集合的差集,即返回的集合元素包含在第一个集合中,但不包含在第二个集合(方法的参数)中
set.difference_update(set1)	difference_update()方法与 difference()方法的区别在于,difference()方法返回一个移除相同元素的新集合,而 difference_update()方法是直接在原来的集合中移除元素,没有返回值

注意:

s.update("字符串") 与 s.update({"字符串"})含义不同。

s.update({"字符串"})将字符串添加到集合中,有重复的会忽略。

s.update("字符串")将字符串拆分单个字符后,再逐个添加到集合中,有重复的会忽略。

【例 2.19】 分析程序,理解集合常见内置方法的使用。

程序如下:

```
set1 = set([1,2,3,4,5,7])
set2 = set([3,4,5,6,7,9,10])
#取交集
set3 = set1.intersection(set2)
# set3 = set1 & ste2   #取交集,与 intersection()效果相同
print("set1 和 set2 的交集为:",set3)
#取并集
set4 = set1.union(set2)
#set4 = set1 | set2   #取并集,与 union()效果相同
print("set1 和 set2 的并集为:",set4)
#取差集     这个地方要稍稍注意一下,防止进坑
set5 = set1.difference(set2)
#set5 = set1 - set2   #取差集 ,与 difference()效果相同
print("set1 与 set2 的差集为:",set5)
set6 = set2.difference(set1)
print("set2 与 set1 的差集为:",set6)
#对称差集 -----即去掉两个集合的共同的部分
set7 = set1.symmetric_difference(set2)
#set7 = set1 ^ set2  #对称差集,与 symmetric_difference()效果相同
print("去掉两个集合的共同的部分:",set7)
#判断 set1 是否是 set2 的子集
flag1 = set1.issubset(set2)
print("判断 set1 是否是 set2 的子集:",flag1)
#判断 set1 是否是 set2 的超集
flag2 = set1.issuperset(set2)
print("判断 set1 是否是 set2 的超集:",flag2)
set8 = set([1,2,3,4,5,6,7])
for i in set8:
    print (i)
#向集合中添加一个元素
set8.add(8)
print("向集合中添加一个元素 8 后:",set8)
#删除一个元素
set8.remove(5)
print("从集合中删除元素 5 后:",set8)
```

```
#计算集合的长度
l = len(set8)
print("集合的长度为：",l)
#判断某个元素是否在集合内
flag3 = 2 in set8
print("判断元素 2 是否在集合内：",flag3)
#判断某个元素是否不在集合内
flag4 = 9 not in set8
print("判断元素 9 是否不在集合内：",flag4)
#对集合进行一次浅复制
set9 = set8.copy()
print("对集合进行一次浅复制：",set9)
```

运行程序，结果如下：

```
set1 和 set2 的交集为：{3, 4, 5, 7}
set1 和 set2 的并集为：{1, 2, 3, 4, 5, 6, 7, 9, 10}
set1 与 set2 的差集为：{1, 2}
set2 与 set1 的差集为：{9, 10, 6}
去掉两个集合的共同的部分：{1, 2, 6, 9, 10}
判断 set1 是否是 set2 的子集：False
判断 set1 是否是 set2 的超集：False
1
2
3
4
5
6
7
向集合中添加一个元素 8 后：{1, 2, 3, 4, 5, 6, 7, 8}
从集合中删除元素 5 后：{1, 2, 3, 4, 6, 7, 8}
集合的长度为：7
判断元素 2 是否在集合内：True
判断元素 9 是否不在集合内：True
对集合进行一次浅复制：{1, 2, 3, 4, 6, 7, 8}
```

2.2.8　布尔值

布尔值和布尔代数的表示完全一致，一个布尔值只有 True、False 两种值，要么是 True，要么是 False。在 Python 中，可以直接用 True、False 表示布尔值（请注意大小写），也可以通过布尔运算计算出来。

例如：

```
>>> True
True
>>> False
False
>>> 3 > 2
True
>>> 3 > 5
False
```

布尔值可以进行 and、or 和 not 运算。

（1）and 运算

and 运算又称与运算。

运算规则：只有所有参与运算的表达式都为 True，and 运算结果才是 True。

```
>>> True and True
True
>>> True and False
False
>>> False and False
False
```

（2）or 运算

or 运算又称或运算。

运算规则：只要其中有一个为 True，or 运算结果就是 True。

```
>>> True or True
True
>>> True or False
True
>>> False or False
False
```

（3）not 运算

not 运算又称非运算，它是一个单目运算符。

运算规则：把 True 变成 False，False 变成 True。

```
>>> not True
False
>>> not False
True
```

布尔值经常用在条件判断中，比如：

```
if age >= 18:
    print 'adult'
else:
    print 'teenager'
```

例如：计算以下表达式的布尔值（注意＝＝表示判断是否相等）。

```
>>>print(100 < 99)
>>>print(0xff == 255)
```

结果：

```
False
True
```

2.3 Python 中的不可变数据类型和可变数据类型

2.3.1 基本概念

在学习 Python 过程中，一定会遇到不可变数据类型和可变数据类型。

1. 不可变数据类型

如果该数据类型的对应变量的值发生了改变，那么它对应的内存地址也会发生改变，这种数据类型称不可变数据类型。修改不可变数据类型的数据时，新的数值占有新的存储空间，原来的数据仍旧存在。也就是说，不可变数据类型的数据修改后并不覆盖原来的数据。

2. 可变数据类型

当该数据类型对应变量的值发生了改变时，它对应的内存地址不发生改变，这种数据类型称可变数据类型。修改可变数据类型的数据时，新的数值将覆盖原有数据。也就是说，可变数据类型的数据修改后地址不发生改变。

2.3.2　Python 中基本数据类型的可变特性

1. 数值型的可变特性

阅读程序，理解整型数据的可变特性。

```
a = 100
print(id(a),type(a))
a = 200
print(id(a),type(a))
```

运行代码，结果为：

```
140730723771136 <class 'int'>
140730723774336 <class 'int'>
```

可以发现，当数据发生改变后，变量的内存地址发生了改变，所以数值型是不可变数据类型。

2. 字符串的可变特性

阅读程序，理解字符串型数据的可变特性。

```
b = "程序设计"
print(id(b),type(b))
b = "python 程序设计"
print(id(b),type(b))
```

运行代码，结果为：

```
3122008210480 <class 'str'>
3122007833376 <class 'str'>
```

可以发现，当数据发生改变后，变量的内存地址发生了改变，字符串是不可变数据类型。

3. 元组的可变特性

元组被称为只读列表，即数据可以被查询，但不能被修改。但是，我们可以在元组的元素中存放一个列表，通过更改列表的值来查看元组是可变还是不可变。

阅读程序，理解元组型数据的可变特性。

```
c1 = ["101","102"]
c = (1,2,c1)
print(c,id(c),type(c))
c1[1] = "302"
print(c,id(c),type(c))
```

运行代码，结果为：

```
(1, 2, ['101', '102']) 2071243761152 <class 'tuple'>
(1, 2, ['101', '302']) 2071243761152 <class 'tuple'>
```

可以发现，元组数据发生改变，但是内存地址没有发生改变，但是我们不可以以此来判定元组就是可变数据类型。我们修改了元组中列表的值，但因为列表是可变数据类型，所以虽然在列表中更改了值，但是列表的地址没有改变，列表在元组中的地址的值没有改变，也就意味着元组没有发生变化。所以，元组是不可变数据类型，因为元组是不可变的。

4．列表的可变特性

列表是 Python 中的基础数据类型之一，它用[]括起来，每个元素以逗号隔开，而且它里面可以存放各种数据类型。

阅读程序，理解列表型数据的可变特性。

```
list = [1,"VC++","python","java",True]
print(list,type(list),id(list))
list.append("R")
print(list,type(list),id(list))
```

运行代码，结果为：

```
[1, 'VC++', 'python', 'java', True] <class 'list'> 1914744949888
[1, 'VC++', 'python', 'java', True, 'R'] <class 'list'> 1914744949888
```

可以发现，虽然列表数据发生改变，但是内存地址没有发生改变，所以，列表就是可变数据类型。

5．字典的可变特性

字典是 Python 中唯一的映射类型，采用键值对的形式存储数据。Python 对 key 进行哈希函数运算，根据计算的结果决定 value 的存储地址，所以字典是无序存储的。但是在 Python 3.6 版本后，字典开始是有序的，这是新的版本特征。

字典的 key 值可以是整型、字符串、元组，但不可以是列表、集合、字典。

阅读程序，理解字典型数据的可变特性。

```
tuple = (1)
dic = {1:2}
d = { tuple:1,"key2":2,"key3":300}
print(d,type(d),id(d))
d['key4'] = 800
print(d,type(d),id(d))
```

运行代码，结果为：

```
{1: 1, 'key2': 2, 'key3': 300} <class 'dict'> 2403057131584
{1: 1, 'key2': 2, 'key3': 300, 'key4': 800} <class 'dict'> 2403057131584
```

可以发现，虽然字典数据发生改变，但是内存地址没有发生改变，那么字典就是可变数据类型。

6．集合的可变特性

我们常用集合来进行去重和关系运算，集合是无序的。

阅读程序，理解集合型数据的可变特性。

```
s = {1,"英语","计算机","数学",1}
print(s,type(s),id(s))
s.add("体育")
print(s,type(s),id(s))
```

运行代码，结果为：

```
{'英语', 1, '计算机', '数学'} <class 'set'> 1759935671872
{1, '数学', '体育', '英语', '计算机'} <class 'set'> 1759935671872
```

可以发现，虽然集合数据发生改变，但是内存地址没有发生改变，那么集合就是可变数据类型。

常见数据类型的可变性总结如表 2.20 所示。

表 2.20　常见数据类型的可变性总结

数 据 类 型	可 变 性
数值型	不可变数据类型
字符串	不可变数据类型
元组	不可变数据类型
列表	可变数据类型
字典	可变数据类型
集合	可变数据类型

2.4　标识符与变量

2.4.1　标识符

程序中有许多对象，为了便于区分和使用，每种程序语言都规定了在程序中描述对象名字的规则，这些名字包括变量名、常数名、数组名、函数名等，这些为了标识对象而为对象取的名字通常被称为标识符。

Python 3.x 之后，全面支持 Unicode，对中文兼容性越来越好。标识符的命名需要遵循下面的规则。

① 可以由字母（大写 A～Z 或小写 a～z）、数字（0～9）和_（下画线）组合而成，但不能由数字开头；

② 不能包含除_以外的任何特殊字符，如%、#、&、逗号、空格等；

③ 不能包含空白字符（换行符、空格和制表符称为空白字符）；

④ 标识符不能是 Python 语言的关键字和保留字；

⑤ 标识符区分大小写，num1 和 Num1 是两个不同的标识符；

⑥ 标识符的命名要有意义，做到见名知意。

正确标识符的命名示例：

width、height、book、result、num、num1、num2、book_price。

错误标识符的命名示例：

123rate（以数字开头）、Book Author（包含空格）、Address#（包含特殊字符）、class（class是类关键字）。

Python 预先定义了一部分有特别意义的标识符，语言自身使用。这部分标识符称为关键字或保留字，不能用于其他用途，否则会引起语法错误。表 2.21 列出了 Python 的系统关键字。

表 2.21　Python 的系统关键字

and	exec	not	def	if	return
assert	finally	or	del	import	try
break	for	pass	elif	in	while
class	from	print	else	is	with
continue	global	raise	except	lambda	yield

2.4.2 变量

在程序运行中，值（指向或内容）允许改变的量称为变量。任何一个变量都具有 3 个基本要素：变量名、数据类型和值。

变量的变量名必须满足标识符的命名规则。Python 中的变量不需要声明，但每个变量在使用前都必须赋初值。变量赋初值以后，该变量才会被创建。

1. 变量赋值

变量赋值的基本规则如下：

规则：变量名=值。

赋值号（=）运算符左边是一个变量名，右边是存储在变量中的值。

（1）单个变量赋值

例如：

```
>>>a = 1
>>>m_007 = 'M007'
>>>Answer = True
```

说明：变量 a 存储一个整数。

变量 m_007 存储一个字符串。

变量 Answer 存储一个布尔值 True。

在 Python 中，可以把任意数据类型赋值给变量，同一个变量可以反复赋值，而且可以是不同类型的变量。例如：

```
>>> a = 123 # a 是整数
>>> a
123
>>> a = 'ABC' # a 变为字符串
>>> print(a)
ABC
```

我们将能够支持这种变量本身类型可以变化的语言称为动态类型语言，与之对应的是静态类型语言。静态类型语言在定义变量时必须指定变量类型，如果赋值的时候类型不匹配，就会报错。

例如，C 语言是静态类型语言，若有：

```
int a = 123; /* a 是整数类型变量*/
```

则下面的赋值语句是错误的。

```
a = "ABC";     /* 错误：不能把字符串赋给整型变量*/
```

（2）多个变量赋值

Python 允许同时为多个变量赋值。例如：

```
>>>a = b = c = 1
```

以上语句，创建一个整型对象，值为 1，从后向前赋值， 3 个变量被赋予相同的数值。

（3）为多个变量指定不同的值

可以为多个对象指定多个变量。例如：

```
>>>a,b,c = 1,2,"Python"
```

以上语句，两个整型对象 1 和 2 的赋值给变量 a 和 b，字符串对象"Python"赋值给变量 c。

2. 理解变量在计算机内存中的表示

理解变量在计算机内存中的表示非常重要。下面以 a = "NWU"为例来说明在 Python 中变量和数据的关系。

当用户给变量 a 赋值为"NWU"时，Python 解释器做两件事情：

① 在内存中创建了一个"NWU"的字符串；

② 在内存中创建了一个名为 a 的变量，并让它指向"NWU"。

存储过程如图 2.2 所示。

也可以把一个变量 a 赋值给另一个变量 b，这个操作实际上是让变量 b 指向变量 a 所指向的数据。例如，有如下的代码：

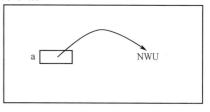

图 2.2　a="NWU"存储过程

```
a="NWU"
b=a
a="NPU"
print(a,b)
```

运行结果如下：

```
NPU NWU
```

程序执行过程如图 2.3 所示。

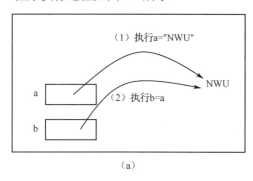

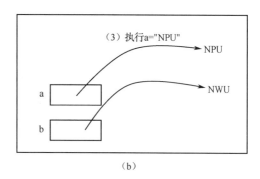

图 2.3　b=a 的执行过程

所以，print(a,b)的结果是 NPU NWU。

可以发现，在 Python 中，对于不可变类型，变量的值并不存储在变量对应的内存空间中，若修改，需要重新分配内存，存储新内容，然后让变量指向新内容所占的存储空间。

2.5　数据输出与数据输入

Python 提供相应的输出、输入函数用于数据的输出和输入。最常见的输出函数是 print()函数，最常见的输入函数是 input()函数。

2.5.1　数据输出

print()函数是最常见的输出函数，其可以向屏幕上输出指定的文字。print()函数中可以用逗号","隔开多个字符串。输出时，print()函数会依次打印每个字符串，遇到逗号","会输出一个空格。

1. print()函数的一般形式

例如：

```
>>> print("100+200=",100+200)
```

输出为：

100+200= 300

注意：

例中>>>是 Python 解释器的提示符，表示系统准备就绪，用户可以输入语句。

"100+200="中的内容原样输出。

对于表达式 100 + 200，则会计算其结果后输出。

2．字符串的格式化输出

在 Python 3.0 中，字符串格式化操作通过 str.format()函数实现。

format()函数与 print()函数结合使用将具备很强的格式化输出能力。而相比于早期版本的字符串格式化方式，format()方法拥有更多的功能，操作起来更加方便，可读性也更强。

str.format()函数的一般格式如下：

<模板字符串>.format(<逗号分隔的参数>)

说明：

模板字符串使用一对双引号（或单引号）括起来的字符串，由普通字符和格式字符构成。显示时，普通字符原样输出。格式字符由一对{ }及里面的格式控制标记构成，用于指明参数的显示格式。

要显示的数据作为 format()函数的参数，参数之间用逗号分隔。

● 通过变量格式化输出。

```
>>>print('{我}今天{action}'.format(我='拦路虎',action ='在编程序'))
```

结果如下：

拦路虎今天在编程序

● 通过位置格式化输出。

```
print('{}今天{}'.format('拦路虎','在学习'))     #通过位置
```

结果如下：

拦路虎今天在学习

【例 2.20】 分析程序，理解字符串的格式化输出。

程序如下：

```
#-*- coding: UTF-8 -*-
nums = [1, 3, 5, 7, 9, 0, 2, 4, 6, 8]
len,max,min = len(nums),max(nums),min(nums)
#1:字符串拼接
print("1: nums 有"+str(len)+"个元素,最大值"+str(max)+",最小值"+str(min))
#2: 使用 format 函数: 接受不限个参数, 位置可以不按顺序
#{0}指参数在参数列表中的位置
print("2: nums 有{0}个元素,最大值{1},最小值{2}".format(len,max,min))
#3 通过字典设置参数
dict = {"len":len,"max":max,"min":min}
print("3: nums 有{len}个元素,最大值{max},最小值{min}".format(**dict))
#4 通过列表索引设置参数
target = [len, max, min]
print("4: nums 有{0[0]}个元素,最大值{0[1]},最小值{0[2]}".format(target))
```

运行程序，结果如下：

1: nums 有 10 个元素,最大值 9,最小值 0
2: nums 有 10 个元素,最大值 9,最小值 0
3: nums 有 10 个元素,最大值 9,最小值 0
4: nums 有 10 个元素,最大值 9,最小值 0

可以发现，使用 format()函数进行格式化输出，美观简单。

3．数字的格式化输出

除可以进行字符串的格式化输出外，format()函数还可以进行数字的格式化输出。

在数字的格式化输出时，格式字符的结构如下：

`{<参数序号>: <格式控制标记>}`

其中，<格式控制标记>用来控制参数的显示格式，包括<填充><对齐><宽度>,<.精度><类型> 6 个字段，这些字段都是可选的，而且可以组合使用。格式控制标记各个字段的功能及含义见表 2.22。

表 2.22　格式控制标记各个字段的功能及含义

字　段	功能及含义	
填充	当显示宽度大于参数实际宽度时，用于占位的字符。只能写一个或不写。默认不指定，为空格字符	
对齐	> 左对齐，< 右对齐，^ 居中对齐	
宽度	指定内容输出所占宽度。如果参数长度比<宽度>设定值大，则使用参数实际长度；如果参数长度比<宽度>设定值小，则位数将被默认以空格字符补充	
,	数字的千分位分隔符。适用于整数和浮点数	
精度	指明浮点数的小数部分位数	
类型	指明数据以何种格式输出	对于整数来说，可用以下 6 种字符控制输出： ● b：输出整数的二进制方式 ● c：输出整数对应的 Unicode 字符 ● d：输出整数的十进制方式 ● o：输出整数的八进制方式 ● x：输出整数的十六进制方式（其中字母为小写） ● X：输出整数的十六进制方式（其中字母为大写）
		对于浮点数来说，可用以下 4 种字符控制输出： ● e：输出浮点数对应的小写字母 ● E：输出浮点数对应的大写字母 E 的指数形式 ● f：输出浮点数的标准浮点形式 ● %：输出浮点数的百分比形式

【例 2.21】　分析程序，理解数字的格式化输出。

程序如下：

```python
#例 2.21 理解数字的格式化输出
#-*- coding: UTF-8 -*-
import math
PI = math.pi
val = -2020.12297526
#保留小数点后两位
print("1: {0:.2f}    {1:.4f}".format(PI,val))

#带符号保留小数点后两位
print("2: {0:+.2f}    {1:+.3f}".format(PI,val))

#输出浮点数百分比格式{:.2%} 指数格式:{:.2e}
print("3: {1:.2%}    {0:.2e}".format(100000000,0.19876))
```

```
#指明对齐方式,填充
print("4: {0:*<10d}{1:+>10d}".format(2020,2019))

#按不同进制输出整数
#用 bin()转二进制会带有前缀 0b,但 format()不会
#{:#b}:带前缀二进制 0b
#{:#o}:带前缀八进制 0o
#{:#x}--> 带前缀十六进制 0x
#{:#X} --> 带前缀大写十六进制 0X
b = bin(520)
use_format = format(520,"b")
print("5: "+b +"          "+use_format)

print("6: {:d}".format(520))
print("7: {:b}".format(520))
print("8: {:#b}".format(520))
print("9: {:o}".format(520))
print("10: {:#o}".format(520))
print("11: {:x}".format(520))
print("12: {:#x}".format(520))
print("13: {:#X}".format(520))

#千位分隔符
print("13: {:,}".format(520520520))
```

运行程序，结果如下：

```
1: 3.14   -2020.1230
2: +3.14   -2020.123
3: 19.88%   1.00e+08
4: 2020******++++++2019
5: 0b1000001000          1000001000
6: 520
7: 1000001000
8: 0b1000001000
9: 1010
10: 0o1010
11: 208
12: 0x208
13: 0X208
13: 520,520,520
```

2.5.2 数据输入

Python 提供了 input()函数，其功能是让用户从键盘输入字符串，若要将输入的字符串变为用户所需要的类型，则需要进行强制类型转换。

1．input()函数的一般形式

例如：

```
>>> age=input()
18
>>> age
```

```
'18'
>>> age=int(age)
>>> age
18
```

说明：

当用户输 age=input()并按下回车键后，Python 交互式命令行就在等待用户输入。这时，输入字符串 18，然后按回车键完成输入。

输入完成后，Python 交互式命令行又回到>>>状态。可以直接输入 age 查看变量内容，结果为字符串 18。然后通过 age=int(age)进行强制类型转换，将其转换为整型。

2．一次输入多个内容

input()和 map()、split()结合使用，可以实现用 input()一次输入多个数据。

map()函数接收两个参数，第一个参数是一个函数，第二个参数是一个序列。map()函数的功能是将序列的每个元素依次传入函数进行运算，并把结果作为新的序列（list）返回。

split()函数的作用是拆分字符串，通过指定分隔符对字符串进行切分，并返回分割后的字符串序列。

【例 2.22】 分析程序，理解 input()函数。

程序如下：

```
#例 2.22  理解 input()函数
#-*- coding: UTF-8 -*-
# split(",")指明分隔符为逗号
a,b = (input("请输入两个单词,以逗号为分隔符:").split(","))
print(a,b)

# split()指明分隔符为空格
x,y= map(lambda x:int(x),input("请输入两个数,以空格为分隔符：").split())
print(type(x),x,y)

# 输入若干单词, 存入列表
m = (input("请输入若干个单词, 以#为分隔符：").split("#"))
#显示列表
print(m)
#显示列表中的每个元素
for x in m:
    print(x)

# 输入若干整数, 存入列表
n =list(map(lambda x:int(x),\
            input("请输入若干个数字, 以空格为分隔符：").split()))
#显示列表
print(n)
#显示列表中的每个元素
k=len(n)
i=0
while i<k:
    print(n[i])
    i=i+1
```

运行程序，结果如下：

```
请输入两个单词,以逗号为分隔符:hello,Python
```

```
hello Python
请输入两个数,以空格为分隔符: 520 118
<class 'int'> 520 118
请输入若干个单词,以#为分隔符: this#is#a#Python#input#program
['this', 'is', 'a', 'Python', 'input', 'program']
this
is
a
Python
input
program
请输入若干个数字,以空格为分隔符: 67 89 56 78 90 56
[67, 89, 56, 78, 90, 56]
67
89
56
78
90
56
```

说明:

程序中 lambda x:int(x)是一个 lambda 表达式。

lambda 表达式本质上是一个匿名函数,lambda 表达式基于数学中的 λ 演算得名。通过 lambda 表达式可以快速定义只有一行的最小函数,从而简化代码。

lamdba 表达式的语法非常的简单,格式如下:

```
lambda [arg1 [,arg2,.....argn]]:expression
```

【例 2.23】 两个参数的求和运算。

```
# 这是一个简单的 lambda 表达式
sum = lambda a,b: a+b
k=sum(5,3)
print(k)
```

运行程序,结果如下:

```
8
```

说明:

a,b 是传递的两个参数。

a+b 是一个表达式,是对参数 a 和 b 所要进行的运算。

可以认为 sum 是函数名。当把 a、b 两个参数传递给 sum 函数,会对 a 和 b 进行 a+b 运算,然后返回结果。最后,k 的值为 8。

2.6 基本运算

2.6.1 运算符与表达式

1. 运算符

Python 语言提供了丰富的运算符,从而保证各种操作的方便实现。但是在所提供的运算符中,有些不同功能的运算符使用了相同的符号。另外,运算符还具有优先级和结合性等。所以,在使用运算符时,需要掌握每个运算符的功能、优先级和结合性,以及使用时的格式规定。

2. 表达式

表达式是由运算符和运算对象组成的式子，运算对象就是在程序中要处理的各种数据。最简单的表达式就是一个常量或变量。在表达式中，可以使用圆括号来改变优先级，任何一个表达式经过计算都应有一个确定的值和类型。

在计算一个表达式时，要注意以下两点。

① 应首先确定运算符的功能，然后确定计算顺序。

一个表达式的计算顺序是由运算符的优先级和结合性决定的。优先级高的先计算，优先级低的后计算。在优先级相同的情况下，由结合性决定，在多数情况下，从左至右；在个别情况下，从右至左。

② 一个表达式的类型由运算符的种类和运算对象的类型决定。

Python 语言规定，只有同类型的数据才进行计算，不同类型的数据要先转换成同一类型的数据，然后才能进行计算。

2.6.2　常见运算符及其运算规则

1. 算术运算符

算术运算符用来对数据进行简单算术运算。算术运算符的运算对象及运算规则如表 2.23 所示。

表 2.23　算术运算符的运算对象及运算规则

对象数	名　称	运 算 符	示　例	结　果
单目	正	+	+5	5
	负	-	-5	−5
双目	加	+	3+5	8
	减	-	3-5	−2
	乘	*	8*-2	−18
	除	/	10/3	3.33333333333333335
	整除	//	10//3	3
	指数	**	10**2	100
	模（求余）	%	10%3	1

算术运算符的优先级规定如下：

① 单目运算符优先于双目运算符；

② *、/、//、%优先于+、-；

③ 同级单目运算符的结合性是自右向左；

④ 同级双目运算符的结合性是自左向右。

算术表达式由算术运算符连接数值型运算对象构成。表达式的值是一个数值，表达式的类型由运算符和操作数决定。当表达式中的操作数类型相同时，表达式结果的类型就是操作数的类型；若表达式中的操作数类型不相同，将自动进行隐含类型转换。在一个算术表达式中，运算顺序取决于运算符的优先级和结合性。

例如：

```
num=100+12.8
```

运算结果为 112.8，float 型。

【例 2.24】 阅读程序，理解算术运算。

```
# -*- coding: UTF-8 -*-
# 整除
# 输入被除数，除数，然后输出计算结果（显示整除结果和余数）
a = int(input("请输入被除数(整数)："))
b = int(input("请输入除数(整数)："))
print("{} // {} = {}……{}".format(a, b, a // b, a % b))
# 整除
a = 200
b = 100
c = 10
c = a + b
print ("1:c 的值为： ", c)
c = a - b
print ("2:c 的值为： ", c)
c = a * b
print ("3:c 的值为： ", c)
c = a / b
print ("4:c 的值为： ", c)
c = a % b
print ("5:c 的值为： ", c)
# 修改变量 a 、b 、c
a = 20
b = 4
c = a**b
print ("6:c 的值为： ", c)
a = 100
b = 5
c = a//b
print ("7:c 的值为： ", c)
```

运行程序，结果如下：

```
请输入被除数(整数)：28
请输入除数(整数)：12
28 // 12 = 2……4
1:c 的值为： 300
2:c 的值为： 100
3:c 的值为： 20000
4:c 的值为： 2.0
5:c 的值为： 0
6:c 的值为： 160000
7:c 的值为： 20
```

2．关系运算符

关系运算符也称比较运算符，用来判定某种关系是否成立。如果成立，则结果为逻辑值 True；如果不成立，则结果为逻辑值 False。

关系运算符的运算对象及运算规则如表 2.24 所示。

表中假设变量 a=100，变量 b=200。

表 2.24　关系运算符的运算对象及运算规则

运　算　符	描　　　　述	实　　例	结　　果
==	等于：比较两个对象是否相等	(a == b)	False
!=	不等于：比较两个对象是否不相等	(a != b)	True
>	大于：返回 x 是否大于 y	(a > b)	False
<	小于：返回 x 是否小于 y	(a < b)	True
>=	大于等于：返回 x 是否大于等于 y	(a >= b)	False
<=	小于等于：返回 x 是否小于等于 y	(a <= b)	True

3. 身份运算符

身份运算符用于比较两个对象的存储单元是否相同。身份运算符的运算对象及运算规则如表 2.25 所示。

表 2.25　身份运算符的运算对象及运算规则

运　算　符	描　　　　述	实　　　　例
is	is 用于判断两个标识符是不是引用自一个对象	x is y 如果引用的是同一个对象则返回 True，否则返回 False
is not	is not 用于判断两个标识符是不是引用自不同对象	x is not y 如果引用的不是同一个对象则返回结果 True，否则返回 False

在这里，需要注意 == 和 is 的区别。

is 用于判断两个变量引用对象是否为同一个（同一块内存空间），== 用于判断引用变量的值是否相等。

【例 2.25】　阅读程序，理解 == 和 is 的区别。

```
import time                #引入 time 模块
t1 = time.gmtime()         #gmtime()用来获取当前时间
t2 = time.gmtime()
print(t1.tm_year)
print(t2.tm_year)
print(t1 == t2)
print(t1 is t2)
```

运行程序，结果如下：

```
2020
2020
True
False
```

说明：

time 模块的 gmtime()方法用来获取当前的系统时间，精确到秒级，因为程序运行非常快，所以 t1 和 t2 得到的时间是一样的。

== 用来判断 t1 和 t2 的值是否相等，所以返回 True。

虽然 t1 和 t2 的值相等，但它们是两个不同的对象（每次调用 gmtime()都返回不同的对象），所以 t1 is t2 返回 False。

4. 自反赋值运算符

自反赋值运算是一种特殊的赋值运算，即：先运算再赋值。自反赋值运算符的运算对象及运算规则如表 2.26 所示。

表 2.26　自反赋值运算符的运算对象及运算规则

运　算　符	描　　述	实　　例
+=	加法赋值运算符	c += a 等效于 c = c + a
-=	减法赋值运算符	c -= a 等效于 c = c - a
*=	乘法赋值运算符	c *= a 等效于 c = c * a
/=	除法赋值运算符	c /= a 等效于 c = c / a
%=	取模赋值运算符	c %= a 等效于 c = c % a
**=	幂赋值运算符	c **= a 等效于 c = c ** a
//=	取整除赋值运算符	c //= a 等效于 c = c // a

5. 位运算符

位运算符把数字看作二进制数来位对位地进行计算。位运算符的运算对象及运算规则如表 2.27 所示。

假设变量 a = 60，b = 13。以 8 位二进制数为例，则 a 的 8 位二进制格式为 00111100，b 的 8 位二进制格式为 00001101。

表 2.27　位运算符的运算对象及运算规则

运　算　符	描　　述	实　　例	结　　果	解　　释
&	按位与运算符：参与运算的两个值，如果两个对应的二进制位都为 1，则该位的结果为 1，否则为 0	a & b	12	二进制结果 00001100
|	按位或运算符：只要两个对应的二进制位有一个为 1，结果就为 1	a | b	61	二进制结果 0011 1101
^	按位异或运算符：当两个对应的二进制位相异时，结果为 1	a ^ b	49	二进制结果 0011 0001
~	按位取反运算符：对数据的每个二进制位取反，即把 1 变为 0，把 0 变为 1	~a	-61	二进制结果 11000011（补码）
<<	左移动运算符：运算数的各二进制位全部左移若干位，<< 右边的数字指定了移动的位数，高位丢弃，低位补 0	a << 2	240	二进制结果 11110000
>>	右移动运算符：把 >> 左边的运算数的各二进制位全部右移若干位，>> 右边的数字指定了移动的位数	a >> 2	15	二进制结果 00001111

6. 逻辑运算符

Python 语言支持逻辑运算符，当数字参与运算时，非零值当 True 对待，零值当 False 对待。逻辑运算符的运算对象及运算规则如表 2.28 所示。

假设变量 a=10；b=20。

表 2.28　逻辑运算符的运算对象及运算规则

运　算　符	表 达 式	描　　述	实　　例	结　　果
and	x and y	与运算：如果 x 为 False，x and y 返回 False，否则它返回 y 的计算值	(a and b)	20
or	x or y	或运算：如果 x 是非 0，它返回 x 的值，否则它返回 y 的计算值	(a or b)	10
not	not x	非运算：如果 x 为 True，它返回 False；如果 x 为 False，它返回 True	not(a and b)	False

对于逻辑运算，需要注意以下几点：

（1）Python 逻辑运算符可以用来操作任何类型的表达式，不管表达式是不是布尔类型。同时，逻辑运算的结果也不一定是布尔类型，它可以是任意类型。

（2）在 Python 中，and 和 or 不一定会计算右边表达式的值，有时只计算左边表达式的值就能得到最终结果。

（3）and 和 or 运算符会将其中一个表达式的值作为最终结果，而不是将 True 或 False 作为最终结果。

（4）对于 and 运算符，按照下面的规则执行运算：

如果左边表达式的值为假，那么就不用计算右边表达式的值了，因为不管右边表达式的值是什么，都不会影响最终结果，最终结果都是假，此时 and 会把左边表达式的值作为最终结果；如果左边表达式的值为真，那么最终值是不能确定的，and 会继续计算右边表达式的值，并将右边表达式的值作为最终结果。

（5）对于 or 运算符，按照下面的规则执行运算：

如果左边表达式的值为真，那么就不用计算右边表达式的值了，因为不管右边表达式的值是什么，都不会影响最终结果，最终结果都是真，此时 or 会把左边表达式的值作为最终结果；如果左边表达式的值为假，那么最终值是不能确定的，or 会继续计算右边表达式的值，并将右边表达式的值作为最终结果。

（6）在 Python 中，a>b>c 等价于 a>b and b>c。

7. 成员运算符

除以上的一些运算符之外，Python 还支持成员运算符，成员运算符的运算对象及运算规则如表 2.29 所示。

表 2.29　成员运算符的运算对象及运算规则

运　算　符	描　　　　述
in	如果在指定的序列中找到值，则返回 True，否则返回 False
not in	如果在指定的序列中没有找到值，则返回 True，否则返回 False

【例 2.26】　阅读程序，理解成员运算。

```
# -*- coding: UTF-8 -*-
a = 100
b = 200
list = [1, 2, 3, 4, 5];
if ( a in list ):
    print ("1:变量 a 在给定的列表中 list 中")
else:
    print ("1:变量 a 不在给定的列表中 list 中")
if ( b not in list ):
    print ("2:变量 b 不在给定的列表中 list 中")
else:
    print ("2:变量 b 在给定的列表中 list 中")
# 修改变量 a 的值
a = 5
if ( a in list ):
    print ("3:变量 a 在给定的列表中 list 中")
else:
    print ("3:变量 a 不在给定的列表中 list 中")
```

结果如下：

1:变量 a 不在给定的列表中 list 中
2:变量 b 不在给定的列表中 list 中
3:变量 a 在给定的列表中 list 中

8．使用 if else 实现三目运算符

使用 if else 实现三目运算符（条件运算符）的格式如下：

exp1 if condition else exp2

其中：condition 是判断条件，exp1 和 exp2 是两个表达式。如果 condition 成立（结果为真），就执行 exp1，并将 exp1 的结果作为整个表达式的结果；如果 condition 不成立（结果为假），就执行 exp2，并将 exp2 的结果作为整个表达式的结果。

例如：求 a 和 b 的最大值。

max = a if a>b else b

该语句的含义是：

如果 a>b 成立，就把 a 作为整个表达式的值，并赋给变量 max；

如果 a>b 不成立，就把 b 作为整个表达式的值，并赋给变量 max。

Python 三目运算符支持嵌套，如此可以构成更加复杂的表达式。在嵌套时需要注意 if 和 else 的配对，例如：

a if a>b else c if c>d else d

应该理解为：

a if a>b else (c if c>d else d)

2.6.3 运算符的优先级与结合性

当一个表达式中出现多个运算符时，Python 会先比较各个运算符的优先级，按照优先级从高到低的顺序依次执行；当遇到优先级相同的运算符时，再根据结合性决定先执行哪个运算符：如果是左结合性就先执行左边的运算符，如果是右结合性就先执行右边的运算符。

1．优先级

所谓优先级，就是当多个运算符同时出现在一个表达式中时，先执行哪个运算符。

例如：对于表达式 6 + 5 * 2，Python 会先计算乘法再计算加法；5 * 2 的结果为 10，6 + 10 的结果为 16。先计算*再计算+，说明*的优先级高于+。

Python 支持几十种运算符，被划分成将近二十个优先级，有的运算符优先级不同，有的运算符优先级相同。表 2.30 按优先级从最高到最低列出了运算符的优先级。

表 2.30　运算符的优先级

运算符说明	运 算 符	结 合 性	优先级顺序（序号越小，优先级越高）
小括号	()	无	1
索引运算符	x[i]或 x[i1: i2 [:i3]]	左	2
属性访问	x.attribute	左	3
乘方	**	左	4
按位取反	~	右	5
符号运算符	+ （正号）、- （负号）	右	6
乘、除	*、/、//、%	左	7

续表

运算符说明	运 算 符	结 合 性	优先级顺序（序号越小，优先级越高）
加、减	+、-	左	8
位移	>>、<<	左	9
按位与	&	右	10
按位异或	^	左	11
按位或	|	左	12
比较运算符	==、!=、>、>=、<、<=	左	13
is 运算符	is、is not	左	14
in 运算符	in、not in	左	15
逻辑非	not	右	16
逻辑与	and	左	17
逻辑或	or	左	18
逗号运算符	exp1, exp2	左	19

　　虽然 Python 运算符存在优先级的关系，但不建议过度依赖运算符的优先级，这会导致程序的可读性降低。因此，不要把一个表达式写得过于复杂，如果一个表达式过于复杂，可以尝试将它拆分开书写。同时，应尽量使用()来控制表达式的执行顺序。

　　【例 2.27】　阅读程序，理解运算符优先级。

```
# -*- coding: UTF-8 -*-
a = 200
b = 100
c = 15
d = 55
e = 0
e = (a + b) * c | d
print ("(a + b) * c | d 运算结果为：", e)
e = ((a + b) * c) // d
print ("((a + b) * c) / d 运算结果为：", e)
e = (a + b) > c / d
print ("(a + b) >c / d 运算结果为：", e)
e = a + (b * c) / d and 100
print( "a + (b * c) / d and 100 运算结果为：", e)
```

　　运行结果：

```
(a + b) * c | d 运算结果为：4535
((a + b) * c) / d 运算结果为：81
(a + b) >c / d 运算结果为：True
a + (b * c) / d and 100 运算结果为：100
```

2. 结合性

　　所谓结合性，就是当一个表达式中出现多个优先级相同的运算符时，先执行哪个运算符。先执行左边的叫作左结合性，先执行右边的叫作右结合性。

　　例如：对于表达式 100 / 20 * 16，/和*的优先级相同，先执行哪一个运算符就不能只依赖运算符优先级，还要参考运算符的结合性。/和*都具有左结合性，因此，先执行左边的除法，再执行右边的乘法，最终结果是 80。

Python 中大部分运算符都具有左结合性，也就是从左到右执行；只有单目运算符（如 not 逻辑非运算符）、赋值运算符和三目运算符例外，它们具有右结合性，也就是从右向左执行。

习题 2

一、填空题

1. 书写 Python 语句时必须遵守特定的（　　　　　），否则，可能会出现语法错误。

2. Python 以（　　　　）为语句结束标志，一般一行即为一句。

3. Python 使用（　　　　）来确定代码块的范围，相同缩进构成一个代码块。

4. Python 支持丰富的数据类型，其中支持的标准数据类型有数字、字符串、列表、元组、（　　　　）及逻辑值。

5. 复数由实数部分和虚数部分构成，复数的实部 a 和虚部 b 都是（　　　　　）。

6. 序列中的每个元素都分配一个（　　　　　）来标明元素在列表中的位置。

7. 在 Python 中，元组是（　　　　）数据类型。

8. 字典是 Python 提供的一种常用的数据类型，用于存放具有（　　　　）关系的数据。

9. 表达式 2 and 3 的值是（　　　　）。

10. 表达式 9 or 5 的值是（　　　　）。

11. 表达式 2/3 的值是（　　　　）。

12. 表达式 3<5>2 的值是（　　　　）。

13. 表达式 3|9 的值是（　　　　）。

14. "is not"属于（　　　　）运算符。

15. 表达式 4 in [2,5,4]的返回结果是（　　　　）。

16. 执行语句 print("f:\\test.py")的输出结果是（　　　　）。

17. 表达式 9//5 的值是（　　　　）。

18. 下列语句是否都正确？写出输出结果。

```
value=9.88
print(int(value))
print(round(value))
print(eval("2*5+8"))
print(int("08"))
print(eval("0o6"))
print(eval("8.5"))
print(float(eval("2*5+8")))
```

19. 下列语句是否都正确？写出输出结果。

```
s="Hello"
print(len(s))
print(s.lower())
print(s.upper ())
print("100"+"200")
print("程序设计"+ "1")
```

20. 写出下列语句的输出结果。

```
print(format(86.458666,"9.2f"))
print(format(93.458666,"9.2e"))
print(format(0.00339865,"9.3%"))
```

```
print(format(68,"5d"))
print(format ("Python is fun","10s"))
```

21．写出下列程序的输出结果。

```
x="m"; y="M"
print (ord(x)-ord(y))
print(chr(ord(y)+ 1))
print(chr(ord(y)+ord(x)-ord(y)))
```

22．写出下列表达式的值。

（1）128.5/2+7

（2）2+2*(2*2-2)//82/2

（3）10+9*((8+7)%6)+5*4*3*2+1 and 1+2+(3+4)*((5+6%7*8)-9)-10

二、选择题

1．以下不属于 Python 关键字的是（　　）。

    A．if   B．and   C．import   D．int

2．Python 不支持的数据类型是（　　）。

    A．双精度   B．整型   C．列表   D．元组

3．下列关于字符串的说法中，错误的是（　　）。

    A．字符可以认为是长度为 1 的字符串

    B．可以有空字符串

    C．既可以用单引号，也可以用双引号创建字符串

    D．字符串不可以包含换行回车等特殊字符

4．下列哪个语句在 Python 中是非法的是（　　）。

    A．x=y=6   B．x=y+2   C．x=y="abc"   D．x=y=True

5．下列选项比较结果为 True 的是（　　）。

    A．3>2>2   B．"程序">"z"   C．"abc">"abf"   D．"m">"n"

6．下列选项中，不是合法标识符的是（　　）。

    A．身高   B．a1   C．f_name   D．a&b

7．能将其他进制的数转换成十六进制数的函数是（　　）。

    A．hex()   B．int()   C．otc()   D．hext()

8．下列选项的描述正确的是（　　）。

    A．条件 100<200<300 是合法的，且输出为 False

    B．条件 300>200>100 是合法的，且输出为 True

    C．条件 100>200<300 是不合法的。

    D．以上说法都不对

9．range(1,20,4)中包含整数的个数为（　　）。

    A．4   B．5   C．6   D．11

10．在 Python 中，空值用（　　）表示。

    A．NULL   B．null   C．None   D．none

11．创建一个列表，以下选项正确的是（　　）。

    A．classmates = ['Michael', 'Bob', 100]   B．classmates = ('Michael', 5, 'Tracy')

    C．classmates = {5, 'Bob', 'Tracy'}   D．var classmates = ['Michael', 'Bob', 'Tracy']

12. 在 Python 中'%d'表示需要替换的是（　　　）类型的数据。

    A．整数　　　　　　　B．浮点数　　　　　　　C．字符串　　　　　　　D．逻辑

13. 创建字典（Dictionary），下列选项正确的是（　　　）。

    A．d = {'Michael': 95, 'Bob': 75, 'Tracy': 85}

    B．d = {'Tracy': '85','Michael': 95, 'Bob': 75, 'Tracy': 85}

    C．d = ['Michael': 95, 'Bob': 75, 'Tracy': 85]

    D．d = <'Michael': 95, 'Bob': 75, 'Tracy': 85>

14. 有关数据类型的说法错误的是（　　　）。

    A．Python 数据类型只包括数字类型、字符串类型和布尔类型

    B．100 和-765 是整数类型也是数字类型

    C．"hello"是字符串类型

    D．布尔类型中只有 True 和 False 两种值

15. 下列代码的运行结果是（　　　）。

```
print(12//3 + 12%3 - 12/3/2)
```

    A．2.0　　　　　　　　B．6.0　　　　　　　　C．2　　　　　　　　D．4

16. 有 a=2；b=4，计算 2 的 4 次方，能实现该功能的代码是（　　　）。

    A．print(a*a*a)　　B．print(b*b*b)　　　　C．print(b**a)　　D．print(a**b)

17. 关于 Python 程序格式框架的描述，错误的是（　　　）。

    A．Python 语言的缩进可以采用 Tab 键实现

    B．Python 单层缩进代码属于之前最邻近的一行非缩进代码，多层缩进代码根据缩进关系决定所属范围

    C．判断、循环、函数等语法形式能够通过缩进包含一批 Python 代码，进而表达对应的语义

    D．Python 语言不采用严格的"缩进"来表明程序的格式框架

18. 以下选项中不符合 Python 语言变量命名规则的是（　　　）。

    A．I　　　　　　　B．3_1　　　　　　　C．_AI　　　　　　　D．TempStr

19. 以下关于 Python 字符串的描述中，错误的是（　　　）。

    A．字符串是字符的序列，可以按照单个字符或字符片段进行索引

    B．字符串包括两种序号体系：正向递增和反向递减

    C．Python 字符串提供区间访问方式，采用[N:M]格式，表示字符串中从下标 N 到下标 M 的索引子字符串（包含 N 和 M）

    D．字符串是用一对双引号" "或者单引号' '括起来的零个或者多个字符

20. 关于 Python 语言的注释，以下选项中描述错误的是（　　　）。

    A．Python 语言的单行注释以#开头

    B．Python 语言的单行注释以单引号 '开头

    C．Python 语言的多行注释以'''（三个单引号）开头和结尾

    D．Python 语言有两种注释方式：单行注释和多行注释

21. 关于 import 引用，以下选项中描述错误的是（　　　）。

    A．使用 import turtle 可以导入 turtle 库

    B．使用 from turtle import setup 可以导入 turtle 库

    C．使用 import turtle as t 引入 turtle 库，取别名为 t

D．import 保留字用于导入模块或者模块中的对象

22．下面代码的输出结果是（　　　）。

```
x = 12.34
print(type(x))
```

A．<class 'int'>   B．<class 'float'>

C．<class 'bool'>   D．<class 'complex'>

23．关于 Python 的复数类型，以下选项中描述错误的是（　　　）。

A．复数的虚数部分通过后缀"J"或者"j"来表示

B．对于复数 z，可以用 z.real 获得它的实数部分

C．对于复数 z，可以用 z.img 获得它的虚数部分

D．复数类型表示数学中的复数

24．关于 Python 字符串，以下选项中描述错误的是（　　　）。

A．可以使用 datatype()测试字符串的类型

B．要输出带有引号的字符串，可以使用转义字符实现

C．字符串是一个字符序列，字符串中的编号叫"索引"

D．字符串可以保存在变量中，也可以单独存在

25．以下选项中，不是 Python 语言的保留字的是（　　　）。

A．except   B．do   C．pass   D．while

26．有如下代码：

```
DictColor = {"seashell":"海贝色","gold":"金色","pink":"粉红色","brown":"棕色","purple":"紫色","tomato":"西
红柿色"}
```

以下选项中能输出"海贝色"的是（　　　）。

A．print(DictColor.keys())   B．print(DictColor["海贝色"])

C．print(DictColor.values())   D．print(DictColor["seashell"])

27．下面代码的输出结果是（　　　）。

```
s =["seashell","gold","pink","brown","purple","tomato"]
print(s[1:4:2])
```

A．['gold', 'pink', 'brown']

B．['gold', 'pink']

C．['gold', 'pink', 'brown', 'purple', 'tomato']

D．['gold', 'brown']

28．下面代码的输出结果是（　　　）。

```
d ={"大海":"蓝色", "天空":"灰色", "大地":"黑色"}
print(d["大地"], d.get("大地","黄色"))
```

A．黑色 灰色   B．黑色 黑色   C．黑色 蓝色   D．黑色 黄色

29．下列关于集合的说法中，错误的是（　　　）。

A．集合内的元素必须为不可变类型（数字、字符串、元组）

B．集合内的元素无序

C．集合内的元素可以重复

D．集合可用于与关系测试，如取交集、取并集、取差集等

30．pow(x, 0.5)能够计算 x 的平方根，计算负数的平方根将产生（　　　）。

A．程序崩溃   B．复数   C．ValueError 错误   D．无输出

31. 以下关于字符串.strip()方法功能说明正确的是（　　）。

    A．替换字符串中特定字符　　　　　　　　B．连接两个字符串序列

    C．按照指定字符分割字符串为数组　　　　D．去掉字符串两侧指定字符

32. 字符串是一个连续的字符序列，可以实现字符信息的换行的是（　　）。

    A．使用\n　　　　　　　　　　　　　　　B．使用"\换行"

    C．使用空格　　　　　　　　　　　　　　D．使用转义符\

33. val=pow(2,1000)，能返回 val 结果长度值的是（　　）。

    A．len(str(val))　　　　　　　　　　　　B．len(val)

    C．以后均不正确　　　　　　　　　　　　D．len(pow(2,1000))

34. 下列选项不是 Python 语言的整数类型的是（　　）。

    A．0B1010　　　　　　B．88　　　　　　C．0x9a　　　　　　D．0E99

35. 关于整数类型的 4 种进制表示，下列选项描述正确的是（　　）。

    A．二进制、四进制、八进制、十进制

    B．二进制、四进制、十进制、十六进制

    C．二进制、四进制、八进制、十六进制

    D．二进制、八进制、十进制、十六进制

36. 下列选项中，Python 语言%运算符的含义是（　　）。

    A．x 与 y 的整数商　　　　　　　　　　　B．x 的 y 次幂

    C．x 与 y 之商的余数　　　　　　　　　　D．x 与 y 之商

37. 下面代码的执行结果是（　　）。

```
name="Python 语言程序设计课程"
print(name[0],name[2:-2],name[-1])
```

    A．P thon 语言程序设计 课　　　　　　　B．P thon 语言程序设计课 程

    C．P thon 语言程序设计课 课　　　　　　　D．P thon 语言程序设计 程

38. 在 Python 中，用于获取用户输入的函数是（　　）。

    A．get()　　　　　B．print()　　　　　C．input()　　　　　D．eval()

39. 下列语句在 Python 中非法的是（　　）。

    A．x = y = z = 1　　　　　　　　　　　　B．x = (y = z + 1)

    C．x, y = y, x　　　　　　　　　　　　　D．x += y

40. 关于 Python 内存管理，下列说法错误的是（　　）。

    A．变量不必事先声明　　　　　　　　　　B．变量无须先创建和赋值而直接使用

    C．变量无须指定类型　　　　　　　　　　D．可以使用 del 释放资源

41. 下列选项中，不是 Python 合法的标识符的是（　　）。

    A．int32　　　　　B．40XL　　　　　C．self　　　　　D．__name__

42. 下列说法错误的是（　　）。

    A．除字典类型外，所有标准对象均可以用于布尔测试

    B．空字符串的布尔值是 False

    C．空列表对象的布尔值是 False

    D．值为 0 的任何数字对象的布尔值是 False

43. Python 不支持的数据类型有（　　）。

    A．char　　　　　B．int　　　　　C．float　　　　　D．list

44．以下不能创建一个字典的语句是（　　　）。

  A．dict1 = {}   B．dict2 = { 3 : 5 }

  C．dict3 = {[1,2,3]: "uestc"} D．dict4 = {(1,2,3): "uestc"}

45．Python 源程序执行的方式是（　　　）。

  A．编译执行 B．解释执行   C．直接执行 D．边编译边执行

46．Python 语言语句块的标记是（　　　）。

  A．分号   B．逗号   C．缩进   D．/

47．以下可实现字符转换成字节的方法是（　　　）。

  A．decode()   B．encode()   C．upper()   D．rstrip()

48．"ab"+"c"*2 的结果是（　　　）。

  A．abc2   B．abcabc   C．abcc   D．ababcc

49．以下会出现错误的是（　　　）。

  A．'北京'.encode()   B．'北京'.decode()

  C．'北京'.encode().decode()   D．以上都不会错误

50．以下代码的输出结果是（　　　）。

```
str1 = "Runoob example....wow!!!"
str2 = "exam";
Print(str1.find(str2, 5))
```

  A．6   B．7   C．8   D．−1

三、简答题

1．Python 中的标准数据类型有哪些？哪些是可变类型？哪些是不可变类型？

2．Python 中支持哪几种数字类型？

3．如何对字符串切片访问？

4．在 Python 中，变量中保存的是什么？

5．Python 中常用运算符有哪几种？

四、程序设计题

1．编写程序，输出"这是我的第一个 Python 程序"。

2．编写程序，输入一个数字作为圆的半径，计算并输出这个圆的面积。

3．编写程序，输入两个数字 A 和 B，求其四则运算结果。

4．编写程序，计算底半径为 5cm、高为 10cm 的圆柱体的体积。

5．编写程序，从键盘输入一个 5 位正整数（假设其个位数不为 0），将其按逆序转换为新的整数后输出。例如，输入 12345，输出 54321。

6．编写程序，输入存款（money）、存期（year）和年利率（rate），计算存款到期时的税前利息（Interest）。要求结果保留两位小数。计算公式如下：

$$interest = money*(1+rate)^{year}-money$$

7．构造两张登记表，表中登记学生的姓名。求所有的登记人员，求重复登记的人员。

8．有位顾客在商店里购买了 5 件商品。请编写一个程序，让用户输入每件商品的价格，然后计算消费总额、消费税和应付款。假设消费税率为 15%。

9．某小甜点的制作配方要求提供以下配料：

（1）1.5 杯的糖；

（2）1 杯的奶油；

（3）2.5 杯的面粉。

该配方用这些配料能够做出 48 块甜点。编写一个程序，请用户输入他想制作的甜点数量，然后显示对于指定的甜点数量所需的每种配料的杯数。

10．复利计算

按复利对银行账户计息时，银行不仅要为最初存入的本金付息，还要为随时间推移积累起来的利息付息。下面这个公式可以计算在指定的年份后一个按复利计息的账户的存款余额：$A=P*(1+r/n)^{mt}$。

公式中各项的含义如下：

A 是在指定的年份后某个账户的资金总额；

P 是最初存入该账户的本金；

r 是年利率；

m 是每年计算复利的次数；

t 是存款的指定年数。

编写一个程序完成计算。程序将请用户输入下列信息：

最初存入该账户的本金金额；

对应该存款账户的年利率；

每年计算复利的次数（例如，若按月计算复利，则输入 1；若按季度计算复利，则输入 4）；

不做任何支取只为获得利息的存款年份。

一旦数据输入完毕，程序将计算并显示在指定的年份后该账户的资金总额。

要求：用户需要以百分比的形式输入利率。例如，2%应输入 2，而不是.02。

第3章 程序基本控制结构

3.1 基本控制结构简介

程序是由多条语句组成的，描述了计算机的执行步骤。人们利用计算机解决一个问题时，必须预先将问题转化为用计算机语句描述的解题步骤，即程序。也就是说，当程序在计算机上执行时，程序中的语句用来完成具体的操作和控制计算机的执行流程。如果程序中的语句是按照书写顺序执行的，则称其为"顺序结构"；如果某些语句是按照当时的某个条件来决定是否执行的，则称其为"选择结构"；如果某些语句要反复执行多次，则称其为"循环结构"。

程序设计理论已经证明，任何程序均可由3种基本结构组成，这3种基本结构分别是顺序结构、选择结构和循环结构，如图3.1所示。

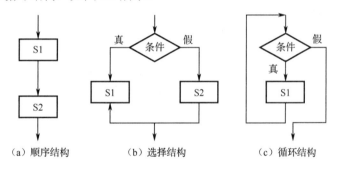

图3.1 程序的3种基本结构

① 顺序结构：从前向后顺序执行 S1 语句（或语句块）和 S2 语句（或语句块），当 S1 语句（或语句块）执行完后才执行 S2 语句（或语句块）。

② 选择结构：根据条件有选择地执行语句。当条件成立（真）时执行 S1 语句（或语句块），当条件不成立（假）时执行 S2 语句（或语句块）。

③ 循环结构：有条件地反复执行 S1 语句（或语句块），直到条件不成立时终止循环，控制转移到循环体外的后继语句。

以上3种结构是程序的基本结构。

顺序结构、选择结构和循环结构并不是彼此孤立的，在循环中可以有选择结构、顺序结构，选择结构中也可以有循环结构、顺序结构。其实不管哪种结构，我们均可广义地把它们看成顺序结构。

3.2 顺序结构

顺序结构的特点是所有语句从前向后依次执行，每个语句执行且仅执行一次。

【例 3.1】 从键盘输入两个整数，交换位置。

程序如下：

```
# -*- coding: UTF-8 -*-
#两个整数交换位置
a = int( input("请输入整数 a：") )
b = int( input("请输入整数 b：") )
print("a={},b={}".format(a,b))
t=a;a=b;b=t
print("a={},b={}".format(a,b))
```

运行程序，结果如下：

```
请输入整数 a：100
请输入整数 b：200
a=100,b=200
a=200,b=100
```

【例 3.2】 已知三角形的两边 a、b 和其夹角，计算第三边 c 的长度，并利用三边的长度求三角形的面积。

程序如下：

```
# -*- coding: UTF-8 -*-
#求三角形面积
import math
a = float( input("请输入边长 a：") )
b = float( input("请输入边长 b：") )
sita = float( input("请输夹角 sita：") )
c=math.sqrt(a*a+b*b-2*a*b*math.cos(math.pi*sita/180))
#使用三角函数时，须将角度转为弧度进行计算，公式为：弧度 = 圆周率 * 角度 / 180
s=(a+b+c)/2
area=math.sqrt(s*(s-a)*(s-b)*(s-c))
print("a={:.1f},b={:.1f},sita={:.1f},c={:.1f},area={:.2f}"\
        .format(a,b,sita,c,area))
```

可以发现，顺序结构其实就是让程序按照从头到尾的顺序依次执行每一条代码，不重复执行任何语句，也不跳过任何语句。

3.3 选择结构

对于很多情况，顺序结构是远远不够的，如输出成绩对应的等级，会因为成绩的不同而有不同的输出。在 Python 中，可以使用 if-else 语句对条件进行判断，然后根据不同的判断结果执行不同的代码，我们将其称为选择结构或分支结构。

【例 3.3】 计算函数 $y(x)$ 的值，函数表示如下：

$$y(x) = \begin{cases} 1 & x > 0 \\ 0 & x = 0 \\ -1 & x < 0 \end{cases}$$

可以发现，y 的取值会因为 x 的不同而变化。

程序如下：

```
# -*- coding: UTF-8 -*-
#if 语句举例
```

```
x = int( input("请输入 x： ") )
if x==0:
     y=0
elif x>0:
     y=1
else:
     y=-1
print("x={},y={}".format(x,y))
```

在程序中，y=0，y=1，y=-1 这 3 句代码不能全都执行，只能根据条件选择其中一句来执行，这就需要通过选择结构来控制程序的流程。

Python 中的选择结构有 3 种形式：单分支结构、双分支结构、多分支结构。分别通过 if 语句、if-else 语句和 if-elif-else 语句来实现。

3.3.1　选择控制语句

1. if 语句

if 语句用于实现单分支结构。所谓单分支，是指仅在条件成立时执行某些语句，条件不成立时不做任何处理。

（1）if 语句的语法格式

if 语句的语法格式如下：

```
if　表达式：
     语句块
```

说明：

① "表达式"的形式不限，其可以是单一的值或变量，也可以是由运算符组成的复杂表达式。表达式的结果类型不限，非零值当作 True 处理，零值当作 False 处理。

② "语句块"由具有相同缩进量的若干条语句组成。条件成立时，语句块中的所有语句都要执行，条件不成立时语句块中的所有语句都不执行。缩进应严格按照 Python 的习惯写法，不要混合 Tab 和空格，否则很容易造成缩进引起的语法错误。

③ 不要忘记冒号，其表示语句块开始。

④ 如果有多个条件须同时判断，则要使用逻辑运算符连接多个条件，同时可使用括号来区分判断的先后顺序。

（2）if 语句执行过程

if 语句执行过程如图 3.2 所示。

首先，计算表达式的值。当表达式的值为真时，执行内嵌语句块，否则什么也不做转而执行下一条语句。

【例 3.4】 从键盘输入 3 个整数，存储于 a、b、c 中，排序，使 a、b、c 中数字升序排列。

分析：输入 a、b、c 后，先比较 a 和 b 的大小，若 a>b，则交换；然后再比较 a 和 c 的大小，若 a>c，则交换。完成操作后，a 中便是最小数。最后再处理 b 和 c 即可。

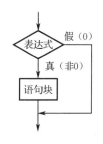

图 3.2　if 语句执行过程

程序如下：

```
# 简单的排序
a=int(input("输入数字 a:"))
b=int(input("输入数字 b:"))
```

```
c=int(input("输入数字 c:"))
if a>b:
    t=a;a=b;b=t
if a>c:
    t=a;a=c;c=t
if b>c:
    t=b;b=c;c=t
print("a={},b={},c={}".format(a,b,c))
```

运行程序，结果如下：

```
输入数字 a:900
输入数字 b:-200
输入数字 c:1300
a=-200,b=900,c=1300
```

【例 3.5】 从键盘输入一个整数，判断它是否能被 3、5 或 7 整除。

程序如下：

```
# -*- coding: UTF-8 -*-
#if 语句多条件举例
a = int(input("请输入一个整数："))
if a % 3 == 0 or a % 5 == 0 or a % 7 == 0:
    print("能被 3 或 5 或 7 整除")
else:
    print("不能被 3 或 5 或 7 整除")
```

2. if-else 语句

if-else 语句用于实现双分支结构。所谓双分支，是指条件成立时执行某些语句，条件不成立时执行另外的语句。两类语句只能选其一执行。

（1）if-else 语句的语法格式

if-else 语句的语法格式如下：

```
if 表达式:
    语句块 1
else:
    语句块 2
```

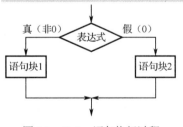

图 3.3 if-else 语句执行过程

（2）if-else 语句执行过程

if-else 语句执行过程如图 3.3 所示。

首先，计算表达式的值。若表达式的值为真（非 0 值），则执行语句块 1；为假（0 值）时，执行语句块 2。也就是说，if-else 语句中的语句块 1 和语句块 2 根据条件选择其一执行。

【例 3.6】 判断用户是否符合条件。

程序如下：

```
# -*- coding: UTF-8 -*-
import sys
age = int( input("请输入你的年龄: ") )
if age < 18 :
    print("警告：你还未成年，不建议使用该软件！")
    print("未成年人应该好好学习，读个好大学，报效祖国。")
    sys.exit()
else:
    print("你已经成年，可以使用该软件。")
```

```
        print("时间宝贵，请勿在该软件上浪费太多时间。")
print("软件正在使用中...")
```

运行程序，结果如下：

请输入你的年龄：20
你已经成年，可以使用该软件。
时间宝贵，请勿在该软件上浪费太多时间。
软件正在使用中...

注意：

① 程序中用到了 sys 模块的 exit()函数，用于退出程序。

② 书写时，不要忘记 else 后面有冒号。

【例 3.7】 判断某年某月有多少天。

程序如下：

```
# -*- coding: UTF-8 -*-
#闰年能被 4 整除不能被 100 整除，或者能被 400 整除
x={1,3,5,7,8,10,12}
y={4,6,9,11}
year = int(input("请输入年份："))
month = int(input("请输入月份："))
if month in x:
    print("该月有 31 天")
if month in y:
    print("该月有 30 天")
if month ==2:
    if (year % 4 == 0 and year % 100 != 0) or year % 400 == 0:
        print("该月有 29 天")
    else:
        print("该月有 28 天")
```

运行程序，结果如下：

请输入年份：2018
请输入月份：2
该月有 28 天

3．if-elif-else 语句

if 语句是单分支语句，仅在条件成立时进行处理；if-else 语句是双分支语句，依据条件从两种处理方法中选择其中一种。在实际中，多分支结构通过 if-elif-else 语句来实现。

（1）if-elif-else 语句的语法格式

if-elif-else 语句的语法格式如下：

```
if 表达式 1：
    语句块 1
elif 表达式 2：
    语句块 2
[elif 表达式 m：
    语句块 m]
else：
    语句块 n+1
```

（2）if-elif-else 语句执行过程

if-elif-else 语句执行过程如图 3.4 所示。

首先计算表达式 1，如果表达式 1 为 True，则执行语句块 1；如果表达式 1 为 False，则计算表达式 2。如果表达式 2 为 True，则执行语句块 2；如果表达式 2 为 False，则计算表达式 3，以此类推。

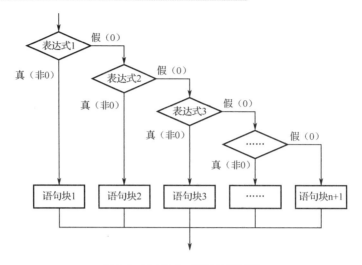

图 3.4 if-elif-else 语句执行过程

（3）说明

① 每个条件后面要使用冒号，表示接下来是满足条件后要执行的语句块。

② 使用缩进来划分语句块，相同缩进数的语句在一起组成一个语句块。

③ 语句块 1 到语句块 n+1 只能有一个被执行。

【例 3.8】 按照分数输出特定结果。输出规则是：90 分或以上输出"优秀"，80～90 分之间输出"良好"，60～80 分之间输出"及格"，60 分以下输出"不及格"。

程序如下：

```
# -*- coding: UTF-8 -*-
score = int(input("请输入成绩: "))
if score >100:
    print("成绩超过 100")
if score >= 90:
    print("优秀")
elif score >= 80:
    print("良好")
elif score >= 60:
    print("及格")
elif score >= 0:
    print("不及格")
else:
    print("成绩小于 0")
```

运行程序，结果如下：

```
请输入成绩: 69
及格
```

【例 3.9】 编写程序计算 BMI。BMI 指数（即身体质量指数，简称体质指数），是用体重千克数除以身高米数平方得出的数字。

程序如下：

```
# -*- coding: UTF-8 -*-
print("----欢迎使用 BMI 计算程序----")
name=input("请键入姓名:")
height=eval(input("请键入身高(m):"))
weight=eval(input("请键入体重(kg):"))
```

```
gender=input("请键入性别(F/M)")
BMI=float(float(weight)/(float(height)**2))
#公式
if BMI<=18.4:
    print("姓名:",name,"身体状态:偏瘦")
elif BMI<=23.9:
    print("姓名:",name,"身体状态:正常")
elif BMI<=27.9:
    print("姓名:",name,"身体状态:超重")
elif BMI>=28:
    print("姓名:",name,"身体状态:肥胖")
import time;
#time 模块
nowtime=(time.asctime(time.localtime(time.time())))
if gender=="F" or gender=="f":
    print("感谢",name,"女士在",nowtime,"使用本程序,祝您身体健康!")
if gender=="M" or gender=="m":
    print("感谢",name,"先生在",nowtime,"使用本程序,祝您身体健康!")
```

运行程序，结果如下：

```
----欢迎使用 BMI 计算程序----
请键入姓名:长河
请键入身高(m):1.76
请键入体重(kg):89
请键入性别(F/M)M
姓名: 长河 身体状态:肥胖
感谢 长河 先生在 Sat Jul 31 16:43:09 2021 使用本程序,祝您身体健康!
```

【例 3.10】 假设某个人所得税计算公式：个税=应纳税所得额*适应税率，应纳税所得额=月度收入−5000 元（起征点）−专项扣除（三险一金等）−专项附加扣除−依法确定的其他扣除，请编程实现该功能。

程序如下：

```
# -*- coding: UTF-8 -*-
print("----欢迎使用税率计算程序----")
x=eval(input("请键入您当月工资:"))
a=eval(input("请键入您的专项扣除:"))
b=eval(input("请键入您的专项附加扣除:"))
c=eval(input("请键入您的依法确定的其他扣除:"))
if x <= 5000:
    m=0
elif 5000 < x <= 8000:
    m=(x-5000-a-b-c)*0.03
elif 8000 < x <= 17000:
    m=(x-5000-a-b-c)*0.1
elif 17000 < x <= 30000:
    m=(x-5000-a-b-c)*0.2
elif 30000 < x <= 40000:
    m=(x-5000-a-b-c)*0.25
elif 40000 < x <= 60000:
    m=(x-5000-a-b-c)*0.30
elif 60000 < x <= 85000:
    m=(x-5000-a-b-c)*0.35
elif 85000 < x :
```

```
    m=(x-5000-a-b-c)*0.45
print("本月工资是{:.2f},应交税额是{:.2f}".format(x,m))
```

运行程序，结果如下：

```
----欢迎使用税率计算程序----
请键入您当月工资:15820
请键入您的专项扣除:3500
请键入您的专项附加扣除:1200
请键入您的依法确定的其他扣除:1000
本月工资是 15820.00,应交税额是 512.00
```

3.3.2 if 嵌套

if 语句、if-else 语句和 if-elif-else 语句之间可以相互嵌套。从而构成 if 嵌套结构。在编写程序时，应根据实际需要，选择合适的嵌套方式。

if 嵌套的常见格式如下：

```
if 条件 1:
    语句块 1-1          #条件 1 满足时的处理
    if 条件 2:
        语句块 2-1      #条件 2 满足时的处理
    else:
        语句块 2-2      #条件 2 不满足时的处理
else:
    语句块 1-2          #条件 1 不满足时的处理
```

在以上格式中，一个 if-else 语句作为另外一个 if-else 语句的语句块中的语句存在，其流程图如图 3.5 所示。

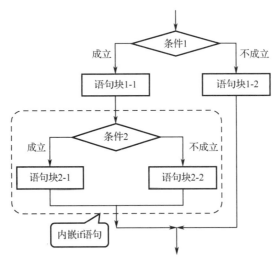

图 3.5 if 嵌套流程图

说明：

条件 1 满足时，执行语句块 1-1，然后判断条件 2，若条件 2 满足则执行语句块 2-1，若条件 2 不满足则执行语句块 2-2。条件 1 不满足时执行语句块 1-2。

需要注意的是：在相互嵌套时，一定要严格遵守不同级别语句块的缩进规范。

【例 3.11】 根据车辆驾驶员的血液酒精含量判断是否为酒后驾车。

假定酒驾的判定标准如下：

车辆驾驶员的血液酒精含量小于 20mg/100ml 的不构成酒驾；酒精含量大于或等于 20mg/100ml 的为酒驾；酒精含量大于或等于 80mg/100ml 的为醉驾。

程序如下：

```
# -*- coding: UTF-8 -*-
proof = int(input("输入驾驶员每 100ml 血液酒精的含量: "))
if proof < 20:
    print("驾驶员不构成酒驾")
else:
    if proof < 80:
        print("驾驶员已构成酒驾")
    else:
        print("驾驶员已构成醉驾")
```

程序也可以改写成如下形式：

```
# -*- coding: UTF-8 -*-
proof = int(input("输入驾驶员每 100ml 血液酒精的含量: "))
if proof >= 20:
    if proof >=80:
        print("驾驶员已构成醉驾")
    else:
        print("驾驶员已构成酒驾")
else:
    print("驾驶员不构成酒驾")
```

运行程序，结果如下：

```
输入驾驶员每 100ml 血液酒精的含量: 210
驾驶员已构成醉驾
```

可以发现，使用 if 进行条件判断时，如果希望在条件成立时执行的语句中再增加条件判断，就可以使用 if 嵌套。所以，if 嵌套的应用场景就是在当前条件满足的情况下，再增加额外的判断条件。

3.4　循环结构

循环结构是为在程序中反复执行某些语句而设置的一种程序结构。循环结构用来描述需要重复执行某段算法的问题，这是程序设计中最能发挥计算机特长的程序结构。

循环结构包含 3 个基本要素：循环变量、循环体和循环终止条件。

在 Python 中有两种循环结构，分别是 for 循环和 while 循环。

3.4.1　循环控制语句

1．for 循环

通过 for 循环可以依次访问序列的所有元素，并在访问最后一个元素后自动结束循环。

for 循环的一般格式如下：

```
for 循环变量 in 序列:
    语句块
```

for 循环的执行流程如图 3.6 所示。

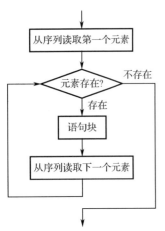

图 3.6 for 循环的执行流程

首先从序列中读取一个元素；若读取失败则循环结束，若读取成功则执行语句块；执行完语句块后再从序列中读取下一个元素进行判断和处理，以此类推，直到循环结束。

注意：

（1）for 循环可以遍历如列表、元组、字符串等序列成员（列表、元组、字符串也称为序列），也可以用在列表解析和生成器表达式中。

（2）for 循环应用 range 函数可以实现传统的 for 循环功能，实现循环从一个数字开始计数到另一个数字，一旦到达最后的数字或者某个条件不再满足就立刻退出循环。

【例 3.12】 显示列表的内容。

程序如下：

```
# -*- coding: UTF-8 -*-
L = ["张强","马霞","张翰","李响"]
for name in L:
    print(name)
```

运行程序，结果如下：

```
张强
马霞
张翰
李响
```

注意：

循环变量 name 是在 for 循环中定义的，其功能是依次取出列表中的每一个元素，并把元素赋值给 name，然后执行 for 循环体（就是缩进的语句块）。

【例 3.13】 求成绩列表中所列成绩的平均值、最大值和最小值。

程序如下：

```
# -*- coding: UTF-8 -*-
L = [75, 92, 59, 68,78,90,67,50,83,69]
max=0
min=100
sum = 0.0
for x in L:
    sum = sum + x
    if x>max:
        max=x
    if x<min:
        min=x
avg=sum / 10
print("avg={:.1f},max={},min={}".format(avg,max,min))
```

运行程序，结果如下：

```
avg=73.1,max=92,min=50
```

说明：程序中，sum 存储累加和，初值为 0，每循环一次，累加一次，循环结束后，得到累加和。

【例 3.14】 求 1+2+…+n。其中 n 从键盘输入。

可以使用内置 range()函数生成数列，range 函数的一般格式如下：

range(start, stop[, step])

说明：

（1）计数从 start 开始，默认从 0 开始。例如 range(5)等价于 range(0,5)。

（2）计数到 stop 结束，但不包括 stop。例如 range(0,4)是[0, 1, 2, 3]，没有 4。

（3）step 是步长，默认为 1。例如 range(0,5)等价于 range(0,5,1)。

程序如下：

```
# -*- coding: UTF-8 -*-
n=int(input("请输入整数 n:"))
sum=0
for i in range(n+1):
    sum=sum+i
print("sum=",sum)
```

运行程序，结果如下：

```
请输入整数 n:10000001
sum= 50000015000001
```

【例 3.15】　通过循环遍历序列。

可以结合 range()和 len()函数遍历一个序列。

程序如下：

```
# -*- coding: UTF-8 -*-
L = [75, 92, 59, 68,78,90,67,50,83,69]
for i in range(len(L)):
    print(L[i],end=" ")
```

运行程序，结果如下：

```
75 92 59 68 78 90 67 50 83 69
```

例中，通过序列的下标访问序列元素。

【例 3.16】　打印出所有的水仙花数。

所谓水仙花数，是指一个 3 位数，其各位数字立方和等于该数本身。例如，153 是一个水仙花数，因为 $153=1^3+5^3+3^3$。

程序分析：利用 for 循环控制数字 100～999，每个数分解出个位、十位、百位。

程序如下：

```
# -*- coding: UTF-8 -*-
for n in range(100,1000):
    i = n // 100
    j = n // 10 % 10
    k = n % 10
    if n==i**3+j**3+k**3:
        print(n)
```

输出结果为：

```
153
370
371
407
```

【例 3.17】　求 s=a+aa+aaa+aaaa+aa…a 的值。其中 a 是一个单位数字。例如 2+22+222+2222+22222（此时共有 5 个数相加），几个数相加由键盘控制。

程序分析：关键是计算出每一项的值，表达式 Tn = Tn*10 + a 用于求取每次的累加项，表达式 Sn=Sn+Tn 用于求累加和，Tn 和 Sn 的初值必须为 0。

程序如下：

```
# -*- coding: UTF-8 -*-
Tn = 0
Sn = 0
n = int(input("n = :"))
a = int(input("a = :"))
for count in range(n):
    Tn = Tn*10 + a
    Sn=Sn+Tn
print ("Sn=", Sn)
```

运行程序，结果如下：

```
n = :9
a = :8
Sn= 987654312
```

【例 3.18】 输入一行字符，分别统计出其中英文字母、空格、数字和其他字符的个数。

程序如下：

```
# -*- coding: UTF-8 -*-
import string
s = input("input a string:")
letters = 0
space = 0
digit = 0
others = 0
for c in s:
    if c.isalpha():
        letters += 1
    elif c.isspace():
        space += 1
    elif c.isdigit():
        digit += 1
    else:
        others += 1
print("char = {},space = {},digit = {},others = {}"\
      .format(letters,space,digit,others))
```

运行程序，结果如下：

```
input a string:This is a python program
char = 20,space = 4,digit = 0,others = 0
```

【例 3.19】 输入一行字符，分别统计出其中各个英文字母的个数（区分大小写统计）。

分析：英文字母区分大小写就会有 52 种可能，可以创建包含 52 个元素的列表来存放对应的数目。假定列表为 a，a[0]中存放字母 A 的个数，a[1]中存放字母 B 的个数，以此类推，a[25]中存放字母 Z 的个数。a[26]中存放字母 a 的个数，a[27]中存放字母 b 的个数，以此类推，a[51]中存放字母 z 的个数。

在解决问题时，列表和循环配合使用会极大地提高效率。列表和循环配合使用的关键在于找到问题的规律。现在来分析 s 中存放的内容，一般只有 3 种情况：大写字母、小写字母、非字母字符。假定 s 现在存储的是大写字母，则该字母的数目一定存放在 a[ord(s)-65]中。因为 ord(s)-65 正好为存放该字母数目的元素的下标。同理，假定 s 现在存储的为小写字母，则该字母的数目一定存放在 a[ord(s)-97+26]中。因为 ord(s)-97+26 正好为存放该字母数目的元素的下标。

程序如下：

```
# -*- coding: UTF-8 -*-
import string
s = input("input a string:")
a=[0]*52
m=0
for c in s:
    if c.isupper():        #字符是大写
        a[ord(c)-65]+=1
    else:
        if c.islower():     #字符是小写
            a[ord(c)-97+26]+=1
for i in range(52):
    if i<26:
        print(chr(i+65),":",a[i]," ",end="")
    else:
        print(chr(i+97-26),":",a[i]," ",end="")
    m=m+1
    if m%7==0:
        print()
```

运行程序，结果如下：

```
input a string:123412FKFCKSCKSaddbfgt
A : 0  B : 0  C : 2  D : 0  E : 0  F : 2  G : 0
H : 0  I : 0  J : 0  K : 3  L : 0  M : 0  N : 0
O : 0  P : 0  Q : 0  R : 0  S : 2  T : 0  U : 0
V : 0  W : 0  X : 0  Y : 0  Z : 0  a : 1  b : 1
c : 0  d : 2  e : 0  f : 1  g : 1  h : 0  i : 0
j : 0  k : 0  l : 0  m : 0  n : 0  o : 0  p : 0
q : 0  r : 0  s : 0  t : 1  u : 0  v : 0  w : 0
x : 0  y : 0  z : 0
```

2. while 循环

while 循环也可以解决程序中需要重复执行的操作。while 循环执行的次数由循环条件确定，当循环条件满足时，重复执行某程序段，直到循环条件不成立为止。反复执行的代码段称为循环体。循环条件必须在循环体中改变，否则可能出现死循环的结果。

while 循环的一般格式如下：

```
while 表达式:
    语句块
```

其中，表达式指明了循环的条件，表达式一般是关系表达式或逻辑表达式，也可以是数值表达式。当表达式的值非 0 时，表示条件成立，执行语句块（循环体）。

while 循环的执行流程如图 3.7 所示。先计算表达式的值；若值非 0，就执行循环体，执行循环体之后，再计算表达式的值，决定是否再次执行循环体；若值为 0，则跳出循环语句。

while 循环和 for 循环不同，while 循环不会迭代列表或元组的元素，而是根据表达式判断循环是否结束。

【例 3.20】利用 while 循环计算 n 以内奇数的和，n 从键盘输入。

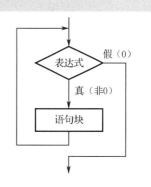

图 3.7 while 循环的执行流程

程序如下：

```
# -*- coding: UTF-8 -*-
import string
n = int(input("输入数字 n:"))
sum = 0
x = 1
if n<=0:
    print("input error")
else:
    while x <= n:
        sum = sum + x
        x = x + 2
    print("sum=",sum)
```

运行程序，结果如下：

```
输入数字 n:2021
sum= 1022121
```

说明：

while 循环的条件为 x<=n。

while 循环每次先判断 x<=n，如果为 True，则执行循环体的代码块，否则退出循环。

循环体内的 sum 中存储累加和，sum = sum + x 会不断进行累加；同时 x = x + 2 会让 x 不断增加，最终因为 x<=n 不成立而退出循环。

如果没有 x = x + 2 这一语句，while 循环在判断 x <= n 时总是为 True，就会无限循环下去，形成死循环。所以，在书写 while 循环时，要特别留意退出条件。

【例 3.21】 从键盘输入一个正整数，求其逆置整数。例如，输入 1234，输出 4321。

分析：要求一个整数的逆置数字，首先需要从后向前依次求出原来数字的所有位，再将这些位拼装成一个数字便可。

例如，整数 n=1234，a=n%10，得 4, s=s*10+a，得 4，n=n//10，得 123。再在执行 a=n%10，得 3，s=s*10+a，得 43，n=n//10，得 12。以此类推，直到 n 为 0。

程序如下：

```
# -*- coding: UTF-8 -*-
import string
n = int(input("输入数字 n:"))
s = 0
if n<=0:
    print("input error")
else:
    while n>0:
        a=n%10;s=s*10+a;n=n//10
    print("s=",s)
```

运行程序，结果如下：

```
输入数字 n:5678901
s= 1098765
```

【例 3.22】 取随机数直到两数相等，显示取数次数。

```
# -*- coding: UTF-8 -*-
import random
a = 0
while True:
```

```
        x = random.choice(range(100))
        y = random.choice(range(100))
        a = a+1
        if x > y:
            print(x,">",y)
        elif x < y:
            print(x,"<",y)
        else:
            print("x=y=", x, "total cal ", a, " times")
            break
```

若将 range(100)换为 range(10000)，运行时可以发现，系统将耗费很长的时间才能计算出结果。这就是程序设计中常说的问题规模，当问题规模很大时，系统需要花费更多的时间。

【例 3.23】 逆置列表，即将列表中的数据前后颠倒。

分析：假设列表 a=[1,2,3,4,5,6,7,8]。i=0，j=7，将 a[i]与 a[j]交换，然后 i=i+1,j=j+1。重新交换 a[i]与 a[j]，以此类推，直到 i>j。

程序如下：

```
# -*- coding: UTF-8 -*-
import random
n=int(input("请输入列表长度："))
a =[]
i=0
while i<n:
    x = random.randint(0,1000)
    a.append(x)
    i=i+1
# 显示列表初始内容
for   i in range(len(a)):
    print(a[i],end=" ")
# 逆置
i=0;j=len(a)-1
while i<j:
    t=a[i];a[i]=a[j];a[j]=t
    i+=1;j+=-1
# 显示列表逆置后内容
print()
for   i in range(len(a)):
    print(a[i],end=" ")
```

运行程序，结果如下：

```
请输入列表长度：10
12 214 80 880 558 859 114 904 714 10
10 714 904 114 859 558 880 80 214 12
```

3．循环中的 else 子句

循环语句可以有 else 子句，它在穷尽列表（for 循环时）或条件变为 False（while 循环时）导致循环终止时被执行。但循环若被 break 终止，则 else 子句不执行。

（1）for-else 语句的语法格式如下：

```
for 循环变量 in 序列:
    语句块 1
else:
    语句块 2
```

for-else 语句的执行流程如图 3.8 所示。

（2）while-else 语句的语法格式如下：

```
while 表达式:
    语句块 1
else:
    语句块 2
```

while-else 语句的执行流程如图 3.9 所示。

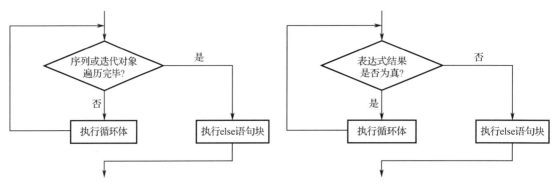

图 3.8   for-else 语句的执行流程   图 3.9   while-else 语句的执行流程

可以发现：

（1）如果 else 子句和 for 循环语句一起使用，则 else 语句块会在 for 循环正常终止时执行。

（2）如果 else 子句和 while 循环语句一起使用，则当条件变为 False 时，执行 else 语句块。

【例 3.24】 判断某个数是否为素数。

分析：素数是指仅能被 1 和其自身整除的数。对 n 而言，让 i 从 2 到 n-1 逐个测试 n%i==0 是否成立，若有一次出现，则该数不是素数。

【程序一】

程序如下：

```
# -*- coding: UTF-8 -*-
import random
n=int(input("请输入整数 n："))
for i in range(2,n):
    if n%i==0:
        print(n,"不是素数")
        break
else:    #循环中没有找到元素
    print(n, "是素数")
```

用 while 循环改写该程序。

【程序二】

程序如下：

```
# -*- coding: UTF-8 -*-
import random
n=int(input("请输入整数 n："))
i=2
while i<n:
    if n%i==0:
        print(n,"不是素数")
        break
```

```
        i+=1
    else:      #循环中没有找到元素
        print(n, "是素数")
```

再分析：在程序中，n%i==0 中 i 要测试到 n-1，显然，其中有大量的无效测试。因为数学的因数都是成对出现的，如果出现一个大于 sqrt(x)的因数，则必然有一个小于 sqrt(x)的因数存在，因此遍历到 sqrt(x)就可以判定一个数是不是素数。

【程序三】

程序如下：

```
# -*- coding: UTF-8 -*-
import random
n=int(input("请输入整数 n: "))
m=int(n**0.5)+1
for i in range(2,m):
    if n%i==0:
        print(n ,"不是素数")
        break
    else:      #循环中没有找到元素
        print(n, "是素数")
```

运行程序，结果如下：

```
请输入整数 n: 1091
1091 是素数
```

4．break 与 continue 语句

在循环控制结构中，经常会用到另外两个控制语句：break 和 continue，这两个语句用于控制程序的流程。

（1）break 语句

使用 for 循环或 while 循环时，如果要在循环体内直接退出循环，可以使用 break 语句。

【例 3.25】　利用公式 $\frac{\pi}{2} \approx \frac{2}{1} \times \frac{2}{3} \times \frac{4}{3} \times \frac{4}{5} \times \frac{6}{5} \times \frac{6}{7}\cdots$，计算π的近似值。

分析：计算的项数越多，结果越接近π。该公式可写为：(2/1*2/3)*(4/3*4/5)*（6/5*6/7）*…，其中每项可写为(2*i/(2*i-1)*2*i/(2*i+1))，i 从 1 开始，直到达到项数要求。

程序如下：

```
# -*- coding: UTF-8 -*-
n=int(input("请输入计算项数 n: "))
s = 1
i=1
while True:
    if i<=n:
        s=s*(2*i/(2*i-1)*2*i/(2*i+1))
        i+=1
    else:
        break
s=s*2
print("pi=",s)
```

运行程序，结果如下：

```
请输入计算项数 n: 1000000
pi= 3.14159186819188
```

虽然循环条件是 True，循环将永远无法因为循环条件不成立而终止，但是在循环体内，当

i<=n 条件不成立时，执行 break 语句，即可直接退出循环。

（2）continue 语句

在循环过程中，可以用 break 语句退出当前循环，而 continue 语句则是跳过本次循环的后续循环代码，继续下一次循环。

【例 3.26】 输出一个字符串中除某个字符外的其余字符，并统计该字符出现的次数。若字符串为 computer，字符为 o，则输出为 cmputer,1。

程序如下：

```
# -*- coding: UTF-8 -*-
str=input("请输入字符串：")
t=input("请输入字符：")
n=0
for c in str:
    if c==t:
        n+=1
        continue
    print(c,end="")
print(",",n)
```

运行程序，结果如下：

```
请输入字符串：computer-computer
请输入字符：o
cmputer-cmputer, 2
```

3.4.2 循环嵌套

循环嵌套也称为多重循环，是指在循环内部嵌套另外的循环。

【例 3.27】 利用多重循环显示出所有的水仙花数。

程序如下：

```
# -*- coding: UTF-8 -*-
for a in range(1,10):
    for b in range(0,10):
        for c in range(1,10):
            if a**3+b**3+c**3==a*100+b*10+c:
                print(a*100+b*10+c)
```

循环嵌套时，外循环走一步，内循环走一圈。

运行程序，结果如下：

```
153
371
407
```

【例 3.28】 打印九九乘法法则表。

程序如下：

```
# -*- coding: UTF-8 -*-
#外边一层循环控制行数
#i 是行数
i=1
for i in range(1,10):
    #里面一层循环控制每一行中的列数
    j=1
    while j<=i:
```

```
                    mut =j*i
                    print("{}*{}={}".format(j,i,mut), end="   ")
                    j+=1
            print()
```

运行程序，结果如下：

```
1*1=1
1*2=2   2*2=4
1*3=3   2*3=6   3*3=9
1*4=4   2*4=8   3*4=12  4*4=16
1*5=5   2*5=10  3*5=15  4*5=20  5*5=25
1*6=6   2*6=12  3*6=18  4*6=24  5*6=30  6*6=36
1*7=7   2*7=14  3*7=21  4*7=28  5*7=35  6*7=42  7*7=49
1*8=8   2*8=16  3*8=24  4*8=32  5*8=40  6*8=48  7*8=56  8*8=64
1*9=9   2*9=18  3*9=27  4*9=36  5*9=45  6*9=54  7*9=63  8*9=72  9*9=81
```

3.5　程序设计举例

【例 3.29】 将一个正整数分解质因数。例如：输入 90，打印出 90=2*3*3*5。

分析：对 n 进行分解质因数，应先找到一个最小的质数 k，然后按下述步骤完成。

（1）如果这个质数恰等于 n，则说明分解质因数的过程已经结束，输出即可。

（2）如果 n!=k，但 n 能被 k 整除，则应打印出 k 的值，并用 n 除以 k 的商，作为新的正整数 n，重复执行第一步。

（3）如果 n 不能被 k 整除，则用 k+1 作为 k 的值，重复执行第一步。

程序如下：

```
# -*- coding: UTF-8 -*-
n=int(input("请输入数字 n: "))
print("{} = ".format(n),end="")
if not isinstance(n, int) or n <= 0 :
        print("请输入一个正确的数字 !")
        exit(0)
elif n in [1]:
    print("{}".format(n))
while n not in [1] : #循环保证递归
    for i in range(2,n+1):
        if n % i == 0:
            n //= i     # n 等于 n/index
            if n == 1:
                print(i)
            else : # index 一定是素数
                print("{} *".format(i),end="")
            break
```

运行程序，结果如下：

```
请输入数字 n: 1800
1800 = 2 *2 *2 *3 *3 *5 *5
```

【例 3.30】 求 n 到 m 之间的所有素数。

分析：在例 3.24 中，已解决了如何判断某个数是素数，现在，只需引入外循环，让该数从 n 变到 m 即可。

程序如下：

```
# -*- coding: UTF-8 -*-
import random
n=int(input("请输入整数 n："))
m=int(input("请输入整数 m："))
for j in range(n,m+1):
    k=int(j**0.5)+1
    for i in range(2,k):
        if j%i==0:
            break
    else:        #循环中没有找到元素
        print(j, "是素数")
```

使用 while 循环改写该程序，程序如下：

```
# -*- coding: UTF-8 -*-
import random
n=int(input("请输入整数 n："))
m=int(input("请输入整数 m："))
if (m<1) or (n>m) or ( n<1):
    print("input error")
else:
    j=n
    while j<m:
        k=int(j**0.5)+1
        i=2
        while i<k:
            if j%i==0:
                break
            i+=1
        else:
            print(j,"是素数")
        j+=1
```

运行程序，结果如下：

```
请输入整数 n: 211
请输入整数 m: 231
211  是素数
223  是素数
227  是素数
229  是素数
```

【例 3.31】 编写程序实现十进制整数到 R 进制的转化。

分析：十进制整数到 R 进制的转换规则是"除以 R 取余，直到商为 0"。

程序如下：

```
# -*- coding: UTF-8 -*-
num1 = int(input("输入十进制的数："))
num2 = int(input("输入进制(不大于 36)："))
# 进制转化中可能出现的数字
lt = ['0', '1', '2', '3', '4', '5', '6', '7', '8', '9',
      'A', 'B', 'C', 'D', 'E', 'F', 'G', 'H', 'I', 'J',
      'K', 'L', 'M', 'N', 'O', 'P', 'Q', 'R', 'S', 'T',
      'U', 'V', 'W', 'X', 'Y', 'Z']
# 根据 num2 确定使用的数字
```

```
    lt_use = lt[0:num2]
    # 进行除法运算，并将结果放入 lt_result 中
    lt_result = []
    while num1 >= num2:
        num = num1 % num2
        num1 = num1//num2
        lt_result.append(lt_use[num])
    lt_result.append(lt_use[num1])
    lt_result = lt_result[::-1]   # 逆置元素
    for i in range(len(lt_result)):
        print(lt_result[i], end = "")
```

　　运行程序，结果如下：

```
输入十进制的数：180
输入进制(不大于36)：16
B4
```

【例 3.32】　数据排序。

【程序一】　使用交换排序方法。

　　解析：交换排序是很经典的排序方式，在交换排序中，最常见的就是冒泡排序。冒泡排序的基本思想是：从待排序列中的第 0 个元素开始，将其与后面的一个元素进行比较，如果前面的元素大于后面的元素，就调换位置，循环到最后（即：a[0]与 a[1]比较，得到结果后，a1 与 a2 比较……），最大的元素最后被换到数组末尾。剔除最后一个元素，在余下的元素中进行上述操作。n 个元素，进行 n-1 趟上述操作后，整个序列呈现从小到大的排序。

　　程序如下：

```
# -*- coding: UTF-8 -*-
import random
n=int(input("请输入列表长度："))
a =[]
i=0
while i<n:
    x = random.randint(0,1000)
    a.append(x)
    i=i+1
# 显示列表初始内容
print("列表初始内容")
for   i in range(len(a)):
    print(a[i],end=" ")
for i in range(len(a)-1):
    print()
    print("第{}趟排序结果".format(i+1))
    #一趟排序结果
    for j in range(len(a)-1-i):
        if a[j]>a[j+1]:
            t=a[j];a[j]=a[j+1];a[j+1]=t
    # 显示一趟排序结果
    for   i in range(len(a)):
        print(a[i],end=" ")
```

　　运行程序，结果如下：

```
请输入列表长度：10
列表初始内容
```

```
190 594 706 306 355 831 285 339 897 134
第 1 趟排序结果
190 594 306 355 706 285 339 831 134 897
第 2 趟排序结果
190 306 355 594 285 339 706 134 831 897
第 3 趟排序结果
190 306 355 285 339 594 134 706 831 897
第 4 趟排序结果
190 306 285 339 355 134 594 706 831 897
第 5 趟排序结果
190 285 306 339 134 355 594 706 831 897
第 6 趟排序结果
190 285 306 134 339 355 594 706 831 897
第 7 趟排序结果
190 285 134 306 339 355 594 706 831 897
第 8 趟排序结果
190 134 285 306 339 355 594 706 831 897
第 9 趟排序结果
134 190 285 306 339 355 594 706 831 897
```

【程序二】 使用选择排序方法。

解析：另外一种常见的排序方法是选择排序。选择排序的基本思想是：第一次从待排序的数据元素中选出最小（或最大）的一个元素，存放在序列的起始位置，然后从剩余的未排序元素中寻找到最小（或最大）元素，然后放到已排序的序列的末尾。以此类推，直到全部待排序的数据元素的个数为零。

程序如下：

```python
# -*- coding: UTF-8 -*-
import random
n=int(input("请输入列表长度："))
a =[]
i=0
while i<n:
    x = random.randint(0,1000)
    a.append(x)
    i=i+1
# 显示列表初始内容
print("列表初始内容")
for   i in range(len(a)):
    print(a[i],end=" ")
for i in range(len(a)-1):
    print()
    print("第{}趟排序结果".format(i+1))
    # 一趟排序结果
    min=i   # 存放最小值的下标
    for j in range(i+1,len(a)):
        if a[j]<a[min]:
            min=j
    if i!=min:
        t=a[i];a[i]=a[min];a[min]=t
    # 显示一趟排序结果
    for   i in range(len(a)):
```

```
        print(a[i],end=" ")
```

运行程序，结果如下：
请输入列表长度：9
列表初始内容
481 819 947 414 62 333 322 932 482
第 1 趟排序结果
62 819 947 414 481 333 322 932 482
第 2 趟排序结果
62 322 947 414 481 333 819 932 482
第 3 趟排序结果
62 322 333 414 481 947 819 932 482
第 4 趟排序结果
62 322 333 414 481 947 819 932 482
第 5 趟排序结果
62 322 333 414 481 947 819 932 482
第 6 趟排序结果
62 322 333 414 481 482 819 932 947
第 7 趟排序结果
62 322 333 414 481 482 819 932 947
第 8 趟排序结果
62 322 333 414 481 482 819 932 947

【例 3.33】 猜拳小游戏。

模拟剪刀、石头、布猜拳，计算机随机产生剪刀、石头、布中的一项，和用户的输入进行比对，判断输赢，直到用户输入 end，结束猜拳游戏。

程序如下：

```python
# -*- coding: UTF-8 -*-
import random
while True:
    s=int(random.randint(1,3))
    if s==1:
        ind="石头"
    elif s==2:
        ind="剪刀"
    elif s==3:
        ind="布"
    m=input('输入石头，剪刀，布，输入 end 结束游戏：')
    blist=['石头','剪刀','布']
    if(m not in blist) and (m!='end'):
        print("输入错误，重试：")
    elif(m=='end')and(m not in blist):
        print("游戏退出")
        break
    elif m==ind:
        print("平")
    elif (m ='石头' and ind =='剪刀') or (m ='剪刀' and ind =='布') \
        or (m == '布' and ind =='石头'):
        print ("电脑出了：" + ind +"，你赢了！")
    else:
        print ("电脑出了：" + ind +"，你输了！")
```

运行程序，结果如下：

输入石头，剪刀，布，输入 end 结束游戏：剪刀
电脑出了：石头，你输了！
输入石头，剪刀，布，输入 end 结束游戏：剪刀
平
输入石头，剪刀，布，输入 end 结束游戏：布
平
输入石头，剪刀，布，输入 end 结束游戏：石头
电脑出了：布，你输了！
输入石头，剪刀，布，输入 end 结束游戏：end
游戏退出

【例 3.34】 彩票游戏。

分析：当用户余额足够时，输入由 0 和 1 构成的 6 位彩票号码，和系统随机产生的 6 位号码比对。若相同，则以 100 赔率给予用户奖励；若不同，则扣除用户购买彩票的费用。余额不足 2 元时，用户可以充值。

程序如下：

```
# -*- coding: UTF-8 -*-
import random
t1="开始游戏"
t2="结束游戏"
print(t1.center(50,"*"))
data1=[]
money=int(input("输入投入的金额："))
print("你现在余额为：%d 元"%money)
while 1:
    for i in range(6):
        n = random.choice([0, 1])
        data1.append(n)
    if money<2:
        print("你的余额不足，请充值")
        m=input("输入投入的金额：")
        if int(m)==0:
            break
        else:
            money=int(m)
    while 1:
        j=int(input("输入购买彩票数量"))
        if money-j*2<0:
            print("购买后余额不足，请重新输入")
        else:
            money = money - j * 2
            print("你现在余额为：%d 元" % money)
            break
    print("提示：中奖数据有六位数，每位数为 0 或者 1")
    n2=input("请输入所选彩票号码：（输入的数字为 0 或 1）")
    print(str(data1))
    f=[]
    for x in n2:
        f.append(x)
    f1 = str(f)
    f2 = f1.split("")
```

```
        f3 = "".join(f2)
        print("你猜测的数据为：", f3)
        if f3==str(data1):
            print("中奖数字为：",data1)
            print("恭喜你中大奖啦")
            money=money+j*100
            print("你现在余额为：%d 元" % money)
        else:
            print("中奖数字为：", data1)
            print("没有中奖，请继续加油")
        con = input("结束请输入 no,继续请任意输入字符：")
        if con=="no":
            break
        data1=[]
print(t2.center(50,"*"))
print("你的余额为：%d 元"%money)
```

运行程序，结果如下：

```
**********************开始游戏**********************
输入投入的金额：100
你现在余额为：100 元
输入购买彩票数量 5
你现在余额为：90 元
提示：中奖数据有六位数，每位数为 0 或者 1
请输入所选彩票号码：（输入的数字为 0 或 1）101011
[1, 1, 0, 1, 0, 1]
你猜测的数据为：[1, 0, 1, 0, 1, 1]
中奖数字为：[1, 1, 0, 1, 0, 1]
没有中奖，请继续加油
结束请输入 no,继续请任意输入字符：
输入购买彩票数量 20
你现在余额为：50 元
提示：中奖数据有六位数，每位数为 0 或者 1
请输入所选彩票号码：（输入的数字为 0 或 1）110010
[1, 1, 0, 0, 1, 0]
你猜测的数据为：[1, 1, 0, 0, 1, 0]
中奖数字为：[1, 1, 0, 0, 1, 0]
恭喜你中大奖啦
你现在余额为：2050 元
结束请输入 no,继续请任意输入字符：no
**********************结束游戏**********************
你的余额为：2050 元
```

如果自己测试，可以发现，中奖其实是一个小概率事件。

【例 3.35】 编写程序，模拟用户登录系统。

分析：将用户名和用户密码分别存放在 users 和 passwds 两个列表里。用 admin 超级用户登录后（用户名和密码均为 admin），可以进行添加、删除、查看用户的操作。

程序如下：

```
# -*- coding: UTF-8 -*-
inuser = input('UserName: ')
inpasswd = input('Password: ')
users = ["Tom", "Pandan"]
```

```
passwds = ["T93086", "zhang7908"]
if inuser == 'admin' and inpasswd == 'admin':
    while True:
        print("""
        系统功能：
        1.添加会员信息
        2.删除会员信息
        3.查看会员信息
        4.退出
        """)
        choice = input('请输入选择：')
        if choice == '1':
            Add_Name = input('要添加的会员名:')
            Add_Passwd = input('设置会员的密码为：')
            users = users + [Add_Name]
            passwds = passwds + [Add_Passwd]
            print('添加成功！')
        elif choice == '2':
            Remove_Name = input('请输入要删除的会员名：')
            if Remove_Name in users:
                Remove_Passwd = input('请输入该会员的密码：')
                SuoYinZhi = int(users.index(Remove_Name))
                if Remove_Passwd == passwds[SuoYinZhi]:
                    users.remove(Remove_Name)
                    passwds.pop(SuoYinZhi)
                    print('成功删除！')
                else:
                    print('用户密码错误,无法验证身份,删除失败')
            else:
                print('用户错误！请输入正确的用户名')
        elif choice == '3':
            print('查看会员信息'.center(50,'*'))
            print('\t 用户名\t 密码')
            usercount = len(users)
            for i in range(usercount):
                print('\t%s\t%s' %(users[i],passwds[i]))
        elif choice == '4':
            exit()
        else:
            print('请输入正确选择！')
```

运行程序，结果如下：

```
UserName: admin
Password: admin


        系统功能：
        1.添加会员信息
        2.删除会员信息
        3.查看会员信息
        4.退出
请输入选择：
```

现在，可以完成用户的添加、删除和查看操作。

【例 3.36】　用 Python 列表实现栈操作。

分析：栈是很常见的数据结构，常用于处理先进后出问题。对于栈，一般要进行入栈、出栈、获取栈顶元素、求栈长度及判断栈是否为空等操作。在这里，对出栈操作进行扩展，即可以将栈中任意一个元素出栈。

程序如下：

```python
# -*- coding: UTF-8 -*-
Zhan = []    ##定义栈列表
t = []    ##定义出栈临时栈列表
while True:
    print("""
        菜单
        1.入栈
        2.出栈
        3.查看栈顶元素
        4.查看栈长度
        5.查看栈中元素
        6.退出
        """)
    choice = input('请输入选择: ')
    if choice == '1':
        Aim_Name = input('请输入要入栈的元素名：')
        Zhan = Zhan+[Aim_Name]
        print('入栈成功!')
    elif choice == '2':
        Del_Name = input('请输入要出栈的元素名：')
        if Del_Name in Zhan:
            Length = len(Zhan)
            if Zhan.index(Del_Name) == Length-1:    #如果为栈顶元素
                Zhan.pop()
            else:    #不为栈顶元素
                SuoYin = Zhan.index(Del_Name)
                for i in range(Length-1-SuoYin):    #将要出栈元素后面的元素先保留
                    t.append(Zhan.pop())
                    #原栈中最后一个元素变为了第一个，顺序颠倒
                Zhan.pop()    #目标元素出栈
                Zhan = Zhan+t[::-1]    #将目标元素后的其他元素移回栈中
        else:
            print('栈中没有%s' %Del_Name)
    elif choice == '3':
        Zhan_Top = Zhan[-1]
        print('栈顶元素为：%s' %Zhan_Top)
    elif choice == '4':
        Length = len(Zhan)
        print('栈的长度为%s' %Length)
    elif choice == '5':
        print(Zhan)
    elif choice == '6':
        break
    else:
        print('请输入正确的选项！')
```

```
    print('\n')
```

运行程序，结果如下：

```
        菜单
        1.入栈
        2.出栈
        3.查看栈顶元素
        4.查看栈长度
        5.查看栈中元素
        6.退出
请输入选择: 1
请输入要入栈的元素名：张明
入栈成功!

        菜单
        1.入栈
        2.出栈
        3.查看栈顶元素
        4.查看栈长度
        5.查看栈中元素
        6.退出
请输入选择:
```

用户输入相应菜单的序号，按照提示就可以完成栈的基本操作。

3.6　疑难辨析

编写 Python 程序时，经常会出现语法错误，了解 Python 的错误信息的含义有助于快速修改错误。下面列出了一些常见的运行错误。

1. "SyntaxError：invalid syntax"

原因 1：忘记在 if、elif、else、for、while、class、def 声明的末尾添加冒号。

例如，下面的书写格式是错误的：

```
if score>=60
    print('及格')
```

原因 2：条件语句中使用= 而不是==。

注意：=是赋值操作符，而 ==是等于比较操作。

例如，下面的书写格式是错误的：

```
if score=60
    print('刚好及格')
```

原因 3：试图使用 Python 关键字作为变量名。

例如，下面的书写格式是错误的：

```
for=12
```

原因 4：试图使用++、--等 Python 不提供的运算符。

例如，下面的书写格式是错误的：

```
age=18
age++
```

在 C、C++、Java、PHP 等语言中，可以使用++或者--自增、自减一个变量。Python 不提供++、--运算。

2．错误地使用缩进量

错误地使用缩进量会导致"IndentationError：unexpected indent"、"IndentationError：unindent does not match any outer indetation level"及"IndentationError：expected an indented block"等错误。

注意：缩进增加只用在以冒号结束的语句之后，语句块结束后必须恢复到之前的缩进格式。

例如，下面的书写格式是错误的：

```
print('Hello!')
    print('Python')
```

下面的书写格式也是错误的：

```
if score==60：
print('刚好及格')
```

3．在 for 循环语句中忘记调用 len()

在 for 循环语句中忘记调用 len()会导致"TypeError: 'list' object cannot be interpreted as an integer"错误。

如果想通过索引来迭代一个 list 或 string 的元素，就需要调用 range()函数。而 range()函数的参数应该是表长，返回 len 值而不是这个列表。

例如，下面的书写格式是错误的：

```
spam = ['cat', 'dog', 'mouse']
for i in range(spam):
    print(spam[i])
```

正确的书写格式如下：

```
spam = ['cat', 'dog', 'mouse']
for i in range(len(spam)):
    print(spam[i])
```

4．尝试修改 string 的值

尝试修改 string 的值会导致"TypeError: 'str' object does not support item assignment"错误。

string 是一种不可变的数据类型，如下代码是错误的：

```
str= "I like Python"
str[2] = "L"
print(str)
```

若要完成修改，则可通过连接来实现。

```
str= "I like Python"
str = str[:2]+"L"+str[3:]
print(str)
```

5．试图连接非字符串值与字符串

试图连接非字符串值与字符串会导致"TypeError: Can't convert 'int' object to str implicitly"错误。

例如，下面的书写格式是错误的：

```
numBooks = 20
print('I have ' + numBooks + 'books')
```

正确的书写格式如下：

```
numBooks = 20
print('I have ' +str(numBooks) + 'books')
```

6．忘记在字符串首尾加引号

忘记在字符串首尾加引号会导致"SyntaxError: EOL while scanning string literal"错误。

例如，下面的书写格式是错误的：

```
spam = [cat', 'dog', 'mouse']
```

7．变量或函数名拼写错误

变量或函数名拼写错误会导致"NameError: name 'xxxxxx' is not defined"错误。

例如，下面的书写格式是错误的：

```
name = "张强"
print("姓名是:" + neme)
x=Round(4.38)
```

8．方法名拼写错误

方法名拼写错误会导致"AttributeError: 'xxxxxx' object has no attribute 'xxxxxx'"错误。

例如，下面的书写格式是错误的：

```
str = "THIS IS IN LOWERCASE."
str = str.low()
```

9．list 索引越界

list 索引越界会导致"IndexError: list index out of range"错误。

例如，下面的书写格式是错误的：

```
str = "THIS IS IN LOWERCASE."
print(str[0.5])
print(str[100])
```

10．使用不存在的字典键值

使用不存在的字典键值会导致"KeyError：'xxxxxx'"错误。

例如，下面的书写格式是错误的：

```
Adict = {"Zhang": 95, "Li": 80,"Wu": 92}
print("The code is " + Adict["zhang"])
```

11．变量没有初值

变量没有初值会导致诸如"NameError: name 'foobar' is not defined"的错误。

例如，下面的书写格式是错误的：

```
str+="zhang"
a+=100
```

12．试图使用 range()创建整数列表

试图使用 range()创建整数列表会导致"TypeError: 'range' object does not support item assignment"错误。有时想要得到一个有序的整数列表，range() 看上去是生成此列表的不错方式。然而，需要记住 range()返回的是"range object"，而不是实际的 list 值。

例如，下面的书写格式是错误的：

```
m=range(10)
m[4]=1
```

正确的格式如下：

```
m=list(range(10))
m[4]=1
```

习题 3

一、填空题

1．在（　　　　）循环中，程序判断某个条件是否成立，以决定是否重复执行某部分代码。

2．在 Python 中，适合访问序列或迭代对象的循环是（　　　　）循环。

3．Python 中用于跳出循环的语句是（　　　　）。

4．Python 中用于跳出本次循环的语句是（　　　　）。

5．已知 x=5;y=6，执行语句 z=x if x>y else y 后，z 的值是（　　　　）。

6．循环语句 for i in range(-1,11,2):pass 的循环次数为（　　　　）。

7．写出下列程序的输出结果。（　　　）

```
a,b,c=3,6,9
if a <=b or c<0 or b< c:
    s=b+ c
else:
    s-a+ b+ c
print(s)
```

8．写出下列程序的输出结果。（　　　　）

```
counter=0
for i in range(10):
    for j in range(20):
        if i==j:
            continue
        counter+=1
print(counter)
```

9．写出下列程序的输出结果。（　　　　）

```
x=15
while 10<x<18:
    x+=1
    if x//3:
        x+=1
        break
    else:
        continue
print(x)
```

10．若 k 为整数，下述 while 循环执行的次数为（　　　　）。

```
k=1000
while  k>1:
    print(k)
    k=k//2
```

11．下列程序的执行结果是（　　　　）。

```
s = 0
for  i in  range(1,101):
    s += i
else:
    print(1)
```

二、选择题

1．Python 中没有的语句是（　　　）。

    A．if 语句　　　　　　B．switch 语句　　　　　C．while 语句　　　　　D．for 语句

2．执行语句 x=3;x*=x+1 后，x 的值是（　　　）。

    A．9　　　　　　　　B．10　　　　　　　　C．11　　　　　　　　D．12

3．与 if 语句中的表达式 x==0 等价的表达式是（　　　）。

  A．not x   B．x   C．x=0   D．x!=0

4．以下关于 Python 的控制结构，错误的是（　　　）。

  A．每个 if 条件后都要使用冒号（：）

  B．在 Python 中，没有 switch-case 语句

  C．Python 中的 pass 是空语句，一般作为占位语句

  D．elif 可以单独使用

5．关于 range()，下列说法错误的是（　　　）。

  A．range 可以用来产生一个不变的数值序列，这个序列通常用在循环中

  B．range(101)可以产生一个 1 到 100 的整数序列

  C．range(1, 100)可以产生一个 1 到 99 的整数序列

  D．range(1, 100, 2)可以产生一个 1 到 99 的奇数序列，其中的 2 是步长

6．关于分支结构，以下选项中描述不正确的是（　　　）。

  A．if 语句中条件部分可以使用任何能够产生 True 和 False 的语句和函数

  B．二分支结构有一种紧凑形式，使用保留字 if 和 elif 实现

  C．多分支结构用于设置多个判断条件及对应的多条执行路径

  D．if 语句中语句块执行与否依赖于条件判断

7．下列循环结构用法错误的是（　　　）。

  A．for __count in range(20):pass

  B．for i in range(0,10): pass

  C．for i in range(10,0,2): pass

  D．while s<50: pass

8．关于 for 嵌套循环，说法正确的是（　　　）。

  A．一个循环的循环结构中含有另外一个条件判断

  B．一个循环的循环结构中含有另外一个不完整的循环

  C．一个条件判断结构中包含一个完整的循环

  D．一个循环的循环结构中含有另外一个完整的循环

9．关于下列代码，说法正确的是（　　　）。

```
for i in range(10):
    for j in range(5):
        print("#",end=" ")
print()
```

  A．语句 print("#",end=" ")总共会运行 50 次

  B．语句 print()总共会运行 50 次

  C．语句 print("#",end=" ")总共会运行 15 次

  D．因为 print()没有打印任何东西，所以可以省略，运行结果不会发生任何改变

10．以下关于 Python 循环结构的描述中，错误的是（　　　）。

  A．continue 只结束本次循环

  B．遍历循环中的遍历结构可以是字符串、组合数据类型和 range()函数

  C．Python 通过 for、while 等保留字构建循环结构

  D．break 用来结束当前次语句，但不跳出当前的循环体

11．下列有关 break 语句与 continue 语句的说法，不正确的是（　　）。

A．当多个循环语句彼此嵌套时，break 语句只适用于最里层的语句

B．continue 语句执行后，继续执行循环语句的后续语句

C．continue 语句类似于 break 语句，也必须在 for、while 循环中使用

D．break 语句结束循环，继续执行循环语句的后续语句

12．下列语句执行后的结果是（　　）。

```
if-1: print("成功!")
else: print("失败!")
```

A．成功　　　　　B．失败　　　　　C．运行错　　　　　D．没有输出

13．下列语句执行完成后，n 的值为（　　）。

```
n=0
for i in range(1,100,3):
    n=n+1
print(n)
```

A．31　　　　　B．34　　　　　C．33　　　　　D．32

14．下列选项中，能用来判断一个整数 n 是偶数的是（　　）。

A．n%2==0　　　B．n%2==1　　　C．n/2！=n // 2　　　D．n/2=0

15．关于多分支结构，哪个选项的描述是正确的？（　　）

A．多分支结构是使用最广泛的程序控制结构，可替代任何分支结构

B．多分支结构是二分支结构的扩展

C．多分支结构仅用来根据完全不相关的多种判断条件设置多条执行路径

D．多分支结构采用 if-elif-else 描述，其中 elif 和 else 都是可选的

16．下列哪个选项是实现多路分支的最佳控制结构？（　　）

A．if　　　　　B．if-elif-else　　　　　C．try　　　　　D．if-else

17．下列哪个选项能够实现 Python 循环结构？（　　）

A．loop　　　　　B．while　　　　　C．if　　　　　D．do…for

18．对于程序段：

```
for var in ___:
    print(var)
```

哪个选项不符合上述程序空白处的语法要求？（　　）

A．range(0,10)　　B．{1;2;3;4;5}　　　C．"Hello"　　　D．(1,2,3)

19．关于程序的控制结构，哪个选项的描述是错误的？（　　）

A．流程图可以用来展示程序结构

B．顺序结构有一个入口

C．控制结构可以用来更改程序的执行顺序

D．循环结构可以没有出口

20．关于条件循环（即 while 循环），哪个选项的描述是错误的？（　　）

A．条件循环也叫无限循环

B．条件循环使用 while 语句实现

C．条件循环不需要事先确定循环次数

D．条件循环一直保持循环操作直到循环条件满足才结束

21．有下面的程序段，k 取哪组值时 x 为 3？（　　）

```
if k<=10 and k >0:
```

```
if k >5:
    if k>8:
        x=0
    else:
        x=1
else:
    if k>2:
        x=3
    else:
        x=4
```

　　A．3,4,5　　　　　　B．3,4　　　　　　　　C．5,6,7　　　　　D．4,5

三、程序设计题

1．从键盘输入一个整数，判断该数字：能否被 2 和 3 同时整除；能否被 2 整除；能否被 3 整除；不能被 2 和 3 整除。输出相应的信息。

2．输出 1～100 之间不能被 7 整除的数，每行输出 10 个数字，要求应用字符串格式化方法（任何一种均可）美化输出格式。

3．企业根据利润提成发放奖金问题。

　　提成标准如下：利润（I）低于或等于 10 万元时，奖金可提 10%；利润高于 10 万元且低于 20 万元时，低于 10 万元的部分按 10%提成，高于 10 万元的部分可提成 7.5%；利润在 20 万到 40 万之间时，高于 20 万元的部分可提成 5%；利润在 40 万到 60 万之间时，高于 40 万元的部分可提成 3%；利润在 60 万到 100 万之间时，高于 60 万元的部分可提成 1.5%；利润高于 100 万元时，超过 100 万元的部分按 1%提成。

　　从键盘输入当月利润I，求应发放奖金总数。

4．一个整数，它加上 100 和加上 268 后都是一个完全平方数，求这个整数。

5．一小球以 5 米/秒的水平速度平抛，重力加速度取 9.8 米每秒的平方，在忽略空气阻力的情况下，求经过时间 t 秒后（t 是获取的输入值），小球所在位置与抛出点之间的距离（假设小球距地面足够高，t 应大于 0）。

　　如果 t>0，则输出格式为："经过 t 秒后，小球与原点的距离为 d 米"。

　　如果 t<0，则输出格式为："t<0，不合法"。

6．根据输入的选项，完成从摄氏度到华氏度或从华氏度到摄氏度的转换。输入数据包括温度的单位、待转换的温度值，温度值为浮点型。

　　摄氏度的单位可能为摄氏度，也可能为 C；华氏度的单位可能为华氏度，也可能为 F。

　　输出格式为："C 摄氏度转换为 F 华氏度"。

7．求解一元二次方程 $ax^2+bx+c=0$ 的根，系数 a、b、c 的值以输入方式获取。

8．最大公约数计算。从键盘接收两个整数，编写程序求出这两个整数的最大公约数和最小公倍数。（提示：求最大公约数可用辗转相除法，求最小公倍数则用两数的积除以最大公约数即可。）

　　辗转相除法：

　　（1）用一个整数去除另一个整数，得到它们的余数；

　　（2）如果余数为 0，则除数就是最大公约数，结束运算；

　　（3）如果余数不为 0，则计算除数和余数的最大公约数即可（舍去被除数）。

　　（4）重新转向（1）。

　　例如，设 a=48，b=18，a%b=12，余数不为 0。

取 a=18，b=12，a%b=6，余数不为 0。

取 a=12，b=6，a%b=0，余数为 0。

则最大公约数为 6，结束运算。

9．输入 3 个数，判断它们能否组成三角形。若能，则输出三角形是等腰三角形、等边三角形、直角三角形，还是普通三角形；若不能，则输出"不能组成三角形"提示信息。

10．有一个数，被 3 除余 2，被 5 除余 3，被 7 除余 2，问该数至少应多大。

11．求 1!+3!+5!+…+11!的值。

12．利用 $\dfrac{\pi}{2} \approx \dfrac{2}{1} \times \dfrac{2}{3} \times \dfrac{4}{3} \times \dfrac{4}{5} \times \dfrac{6}{5} \times \dfrac{6}{7} \cdots$ 前 100 项之积计算π的值。

13．有一个序列：2/1, 3/2, 5/3, 8/5, 13/8, 21/13, …。求这个序列前 20 项之和。

提示：后一项的分母为前一项的分子，后一项的分子为前一项分子与分母之和。

14．编写程序，要求用户在键盘上输入一个整数，并把每位数字转换为英文。例如：若输入 1024，则输出 One Zero Two Four。

15．找出 1 与 100 之间的全部"同构数"。"同构数"是这样一种数，它出现在它的平方数的右端。例如，5 的平方是 25，5 是 25 中右端的数，5 就是同构数。25 也是一个同构数，它的平方是 625。

16．输入一个字符串，然后依次显示该字符串的每个字符及该字符的 ASCII 码。

17．打印由*构成的 n 行空心菱形。

第4章 函数的使用

4.1 理解函数

函数是能完成特定功能的代码段。可以把函数看成一个"黑盒子",只要输入数据就能得到结果,而函数内部究竟是如何工作的,外部程序无须知道。外部程序所知道的仅限于给函数传递什么数据,以及会得到什么结果。

可从不同的角度对函数分类。

(1)从函数定义的角度划分

从函数定义的角度,函数可分为非用户自定义函数和用户自定义函数两种。

① 非用户自定义函数。

非用户自定义函数由系统或第三方库提供,用户无须定义,在程序中调用便可。例如,input()、print()、range()、len()都是系统提供的函数。

② 用户自定义函数。

Python 提供了一个功能,允许将常用的代码以固定的格式封装(包装)成一个独立代码段,这个代码段就叫作函数(Function)。

在编写程序时,如果某个功能经常用到,就可以将实现该功能的代码定义成一个函数,以后当程序需要实现该功能时,只要调用该函数即可。因此,函数的本质就是一段有特定功能的、可以重复使用的代码。

(2)从数据传送的角度划分

从主调函数和被调函数之间数据传送的角度,函数又可分为无参函数和有参函数两种。

① 无参函数。

定义的函数不带参数就是无参函数。主调函数和被调函数之间不进行参数传送。此类函数通常用来完成某个特定的功能,可以返回函数值也可不返回函数值。

② 有参函数。

有参函数也称带参函数,在函数定义和调用时都有参数。函数定义时所带的参数称为形式参数(简称"形参"),调用有参函数时传递的参数称为实际参数(简称"实参")。

【例 4.1】 求字符串的串长。

分析:可以使用内置函数 len(),len()函数的功能是获得一个字符串的长度。

程序如下:

```
# -*- coding: UTF-8 -*-
str="this is python program"
b=len(str)
print(b)
```

运行程序,结果如下:

当然，也可以自己编写一段程序，求一个字符串的长度。

分析：核心思想就是从前向后查看字符串中的字符，出现一个字符计数器加 1 即可。

程序如下：

```
# -*- coding: UTF-8 -*-
str="this is python program"
n=0
for c in str:
    n = n + 1
print(n)
```

其中，n 是计数器。

获取一个字符串长度是常用的功能，一个程序中可能用到多次，如果每次都写这样一段重复的代码，费时费力，容易出错。可以将其以固定的格式封装（包装）成一个函数。

【例 4.2】 编写函数，求字符串长度。

程序如下：

```
# -*- coding: UTF-8 -*-
#自定义函数
def my_len(str):
    length = 0
    for c in str:
        length = length + 1
    return length
#调用自定义的 my_len()函数
str="this is python program"
length = my_len(str)
print(length)
#再次调用 my_len()函数
length = my_len(str+",it is very simple")
print(length)
```

运行程序，结果如下：

```
22
40
```

4.2 非用户自定义函数的使用

4.2.1 Python 内置函数的使用

Python 提供了很多有用的函数，这些函数称为内置函数，系统提供的常见内置函数及功能见附录 A。

1. 内置函数的调用

内置函数由系统提供，用户只需调用即可。要调用一个内置函数，需要知道函数的名称和参数。例如，求绝对值的函数 abs()，它接收一个参数，可以在交互式命令行通过 help(abs) 查看 abs()函数的帮助信息。

【例 4.3】 利用 sum()函数求 1*1 + 2*2 + 3*3 +…+ 100*100。

分析：可以先构造一个序列，元素构成为 1*1、2*2、3*3、……、100*100，然后调用内置函数 sum()求和。sum()函数可以接受一个 list 作为参数，并返回 list 中所有元素之和。

程序如下：

```
# -*- coding: UTF-8 -*-
#用 while 循环构造出 list
L = []
x = 1
while x <= 100:
    L.append(x * x)
    x = x + 1
print("sum=",sum(L))
```

运行程序，结果如下：

```
sum= 338350
```

2．内置函数的使用问题

使用内置函数时参数个数要够，参数类型要匹配。

例如，调用 abs 函数，传递了两个参数，将出错。

```
>>> abs(100,200)
Traceback (most recent call last):
    File "<stdin>", line 1, in <module>
TypeError: abs() takes exactly one argument (2 given)
```

由于传递的参数数量不对，会报 TypeError 的错误，并且 Python 会明确地告诉用户：abs() 有且仅有 1 个参数，但给出了 2 个。

例如，调用 abs 函数，传递的参数是一个字符串，将出错。

```
>>> abs('abs')
Traceback (most recent call last):
    File "<stdin>", line 1, in <module>
TypeError: bad operand type for abs(): 'str'
```

传递的参数数量是对的，但参数类型不匹配，也会报 TypeError 的错误，并且给出错误信息：str 是错误的参数类型。

4.2.2　Python 标准库的使用

Python 拥有一个强大的标准库。Python 语言的核心只包含数字、字符串、列表、字典、文件等常见类型和函数，而 Python 标准库提供了系统管理、网络通信、文本处理、数据库接口、图形系统、XML 处理等额外的功能。Python 标准库无须安装，只需先通过 import 方法导入，即可使用其中的方法。

Python 标准库常见组件见附录 B。标准库提供了日常编程中许多问题的标准解决方案。其中有些模块经过专门设计，通过将特定平台的功能抽象化为平台中立的 API 来加强 Python 程序的可移植性。

Windows 版本的 Python 安装程序通常包含整个标准库，往往还包含许多额外组件。对于诸如 UNIX 操作系统，Python 通常会将标准库分成一系列的软件包，需要使用操作系统提供的包管理工具来获取部分或全部可选组件。

【例 4.4】　使用 os 标准库提供的方法进行目录管理。

分析：程序中定义了函数 getdirlist()，该函数用来显示特定目录中的内容和文件数量。

程序如下：

```
# -*-coding:UTF-8-*-
import os
```

```
#获得目录中的内容
path = "c:\\"
def getdirlist():
    a = os.listdir(path)
    print (a)
    print (len(a))
#显示特定目录的内容和文件数量
getdirlist()
#获取当前路径
b = os.listdir(os.getcwd())
print( os.getcwd())
#显示当前路径内容
print (b)
#显示当前路径文件数量
print (len(b))
#创建目录
path="f:\\pyapp\\temp"
os.mkdir(path )
#显示新目录的内容和文件数量
getdirlist()
```

运行程序，结果如下：

```
['$Recycle.Bin', 'AppData', 'Apps', 'bcd_bak', 'Dell', 'dell.sdr', 'diskconfig.ini', 'Documents and Settings', 'Drivers',
'hiberfil.sys', 'HP_LaserJet_Pro_MFP_M125-M126', 'InstallConfig.ini', 'Intel', 'LocalLow', 'pagefile.sys', 'PerfLogs',
'Program Files', 'Program Files (x86)', 'ProgramData', 'Python', 'Recovery', 'swapfile.sys', 'System Volume Information',
'tmp', 'Users', 'Windows', 'zte_tmp']
27
f:\pyapp
['data', 'login.txt', 'myapp1-2.py', 'myapp1-2.pyo', 'myapp1-2.pyw', 'myapp1-4.py', 'myapp1-5.py', 'Myapp1.py',
'myapp2-10.py', 'myapp2-2.py', 'myapp2-3.py', 'myapp2-4.py', 'myapp2-5.py', 'myapp2-6.py', 'myapp2-7.py',
'myapp2-9.py', 'myapp2.py', 'myapp3-31.py', 'myapp3-32.py', 'myapp3-34.py', 'myapp3-35.py', 'myapp3-36.py',
'myapp3-x.py', 'myapp3-x2.py', 'myapp3-x3.py', 'myapp3.py', 'myapp4-4.py', 'mystugl', 'my_figure.png', 'test.csv',
'test.py', 'testfile', 'tt.py', '__pycache__']
34
[]
0
```

程序首先显示了 c:\下的所有内容、c:\所包含的文件和文件夹数量（27 个）；然后获取并显示了当前文件夹的名称（f:\pyapp）、该文件夹下的内容及该文件夹所包含的文件和文件夹数量（34 个）；程序最后创建了一个新的文件夹 f:\pyapp\temp，并显示了该文件夹的内容。

【例 4.5】　编写程序实现数据压缩。

分析：假设在当前文件夹下有 3 个文件，即 1.docx、2.pptx、3.pptx，现在压缩这 3 个文件，将形成的压缩文件保存在当前文件夹下，文件名为 z1。压缩时使用 zipfile 包提供的方法。

程序如下：

```
# -*-coding:UTF-8-*-
import zipfile
f = zipfile.ZipFile('z1.zip', 'w',zipfile.ZIP_DEFLATED)
f.write("1.docx")   #压缩文件 1.docx
f.write("2.pptx")   #压缩文件 2.pptx
f.write("3.pptx")   #压缩文件 3.pptx
# z1.zip 中有 3 个文件
f.close()
```

解压缩程序如下：

```
# -*-coding:UTF-8-*-
import zipfile
f=zipfile.ZipFile("z1.zip")
#创建压缩文件对象，后 2 个参数均使用默认值（读+不压缩数据）
f.extractall("z1")   #解压到当前文件夹
f.close()
```

在压缩程序中，调用 zipfile 包中 ZipFile 类的构造函数创建了一个压缩文件对象。

```
f = zipfile.ZipFile('z1.zip', 'w',zipfile.ZIP_DEFLATED)
```

构造函数有 3 个参数，分别是压缩文件的文件名、读写方式、压缩类型。压缩要有写的权限，解压要有读的权限。压缩类型有两个常量值：ZIP_STORE（默认值，不压缩数据，文件大小不变）和 ZIP_DEFLATED（要压缩数据，文件变小）。

4.2.3　第三方库的使用

强大的标准库是 Python 发展的基石，丰富的第三方库是 Python 不断发展的保证。第三方库需要先进行安装（部分可能需要配置），然后才可使用其提供的方法。常见的第三方库及外部工具见附录 C。

下面以 requests 库的使用为例来说明第三方库的使用。

requests 是用 Python 语言编写的基于 urllib 的、采用 Apache2 Licensed 开源协议的 HTTP 库。它比 urllib 更加方便，可以节约大量的工作，完全满足 HTTP 测试需求。

1．requests 库简介

（1）requests 库的安装

首先下载对应版本的库文件。假定下载的对应版本的文件是 requests-2.23.0-py2.py3-none-any.whl。

然后运行 pip 命令安装。命令格式如下：

```
pip install requests-2.23.0-py2.py3-none-any.whl
```

安装成功后，就可以使用 requests 库提供的方法。

（2）requests 库中的基本方法

requests 库中的基本方法见表 4.1。

表 4.1　requests 库中的基本方法

方　法　名	功　　　能
requests.request()	构造函数
requests.get()	获取 HTML 网页的主要方法，对应 HTTP 的 GET
requests.head()	获取 HTML 网页的头信息
requests.post()	向 HTML 网页提交 POST 请求，对应 HTTP 的 POST
requests.put()	向 HTML 网页提交 PUT 请求，对应 HTTP 的 PUT
requests.patch()	对应 HTTP 的 PATCH
requests.delete()	向 HTTP 网页提交删除请求，对应 HTTP 的 DELETE

（3）response 对象的属性

使用 requests 库中方法后，会返回一个 response 对象，其存储了服务器响应的内容。

执行 r=requests.get()后，r 对象的基本属性及含义见表 4.2。

表4.2 r 对象的基本属性及含义

属 性	含 义
r.status_code	HTTP 请求的返回状态码
r.text	HTTP 响应内容的字符串形式，即 url 对应的页面内容
r.encoding	从 HTTP header 中猜测的响应内容的编码方式
r.apparent_encoding	从内容中分析出的响应内容的编码方式
r.content	HTTP 响应内容的二进制形式，会自动解码 gzip 和 deflate 压缩

（4）requests 库的异常

requests 库的异常及含义见表 4.3。

表4.3 requests 库的异常及含义

异 常 名 称	含 义
requests.ConnectionError	网络连接异常，如 DNS 查询失败、拒绝连接
requests.HTTPError	HTTP 错误异常
requests.URLRequired	URL 缺失异常
requests.TooManyRedirects	超过最大重定向次数产生的重定向异常
requests.ConnectTimeout	连接远程服务器超时异常
requests.Timeout	请求 URL 超时产生的超时异常
raise_for_status	如果返回的 status_code 不是 200，则产生 requests.HTTPError

2．requests 库的使用

【例 4.6】 使用 get()方法获取资源信息。

例如，获取百度的资源信息。

程序如下：

```
# -*-coding:UTF-8-*-
import requests
url='http://www.bai**.com'
#使用 try...except 捕捉异常
try:
#请求 url
    r=requests.get(url)
    #请求状态码不是 200，则产生异常
    r.raise_for_status()
    #设置显示的编码为 apparent_encoding 检测到的编码格式
    r.encoding=r.apparent_encoding
    print (type(r))
    print (r.status_code)
    print (r.encoding)
    print(r.text[:200]) #输出前 200 个字符
    print (r.cookies)
except:
    print("ERROR!!!")
```

运行程序，结果如下：

```
<class 'requests.models.Response'>
200
utf-8
<!DOCTYPE html>
<!--STATUS OK--><html> <head><meta http-equiv=content-type content=text/html;charset= utf-8><meta
http-equiv=X-UA-Compatible content=IE=Edge><meta content=always name=referrer><link re
<RequestsCookieJar[<Cookie BDORZ=27315 for .baidu.com/>]>
```

【例 4.7】 克隆百度主页。

程序如下：

```
# -*-coding:UTF-8-*-
import requests
#BeautifulSoup 库简写为 bs4，从 bs4 库中导入 BeautifulSoup 类
from bs4 import BeautifulSoup
r=requests.get("http://www.bai**.com")
r.encoding=r.apparent_encoding
demo=r.text
#使用 html.parser 解析器解析得到的 html 页面
soup=BeautifulSoup(demo,"html.parser")
#输出解析的结果
print(soup.prettify())
demo=soup.prettify()
#创建 MyNet.html 文件，设置文件编码为目标网页的编码
fn=open("MyNet.html",'w',encoding=r.encoding)
#写入 demo
fn.write(demo)
fn.close()
```

运行程序，便可得到网页文件 MyNet.html。

BeautifulSoup 是一个可以从 HTML 或 XML 文件中提取数据的第三方库。

BeautifulSoup 提供一些简单的、Python 式的函数用来处理导航、搜索、修改分析树等功能。它是一个工具箱，通过解析文档为用户提供需要抓取的数据，因为简单，所以不需要多少代码就可以写出一个完整的应用程序。BeautifulSoup 自动将输入文档转换为 Unicode 编码，将输出文档转换为 UTF-8 编码。

4.2.4 模块的使用

1. 模块的概念

一个复杂的功能可能需要多个函数才能完成（函数又可以在不同的.py 文件中），n 个.py 文件组成的代码集合就称为模块，如 os 是系统相关的模块，file 是文件操作相关的模块。引入模块最大的好处是大大提高了代码的可维护性。其次，编写代码不必从零开始。当一个模块编写完毕后，就可以被其他地方引用。

另外，使用模块还可以避免函数名和变量名冲突。相同名字的函数和变量可以分别存在于不同的模块中，因此在编写模块时，不必考虑本模块中的函数名和变量名会与其他模块冲突。但是也要注意，尽量不要与内置函数的名字冲突。

2. 模块的导入

要使用模块中的函数，必须先导入，再使用。

模块导入的相关方法有两种。

（1）import 语句

import 语句会将整个模块导入到当前命名空间中。

import 语句的格式如下：

```
import module1[, module2[, ...... , moduleN]
```

例如：

```
# -*-coding:UTF-8-*-
import datetime
print(datetime.datetime.now())
```

运行程序，结果如下：

```
2020-02-11 19:29:11.133957
```

该方法导入整个 datetime 包，可以使用模块中提供的所有方法。例中调用 datetime 的 now() 方法。

（2）from…import 语句

有时，只想使用一个模块中的某个或部分内容，则可以使用 from…import 语句导入特定的方法。

from…import 语句的格式如下：

```
from  modname  import  name1[, name2[, ...... , nameN]]
```

例如：

```
# -*-coding:UTF-8-*-
from datetime import datetime
print(datetime.now())
```

例中从 datetime 包中只导入 datetime 这个类，然后再调用 datetime 的 now()方法。因为例中只导入了 datetime 这个类，所以只能使用 datetime 类提供的所有方法，别的类的方法是不能使用的。

4.3　自定义函数

编写程序时遇到的问题往往是多种多样的，内置函数及第三方库提供的函数常常无法满足用户的特殊要求。此时，用户需要根据具体问题自行设计可以完成某种功能的函数。一般来说，使用自定义函数时要完成两项任务：一是函数的定义，二是函数的调用。

函数的定义就是确定该函数完成什么功能及怎么运行。内置函数已经由系统定义，而用户自定义函数必须由用户自己定义。

定义了一个函数后，只有调用该函数，才能执行该函数的功能；否则，该函数在程序中只是一段静态的代码，永远不可能被执行。

4.3.1　函数的定义

定义函数，也就是创建一个函数。定义函数需要用 def 关键字实现，具体的语法格式如下：

```
def 函数名(参数列表):
    代码段
    [return [返回值]]
```

说明：

① 函数代码块以 def 关键词开头，后接函数名和圆括号，任何传入的参数都必须放在圆括号中间。在创建函数时，即使函数不需要参数，圆括号也不能省略，否则 Python 解释器将提示"invalid syntax"错误。

② [] 括起来的为可选部分，既可以使用，也可以省略。

③ 函数内容以冒号起始，并且缩进。

④ 下面给出各部分含义。

● 函数名。

函数名是一个符合 Python 语法的标识符，但不建议使用 a、b、c 这类简单的标识符作为函数名。函数名不仅要满足 Python 标识符的要求，最好还能够体现出函数的功能（做到见名知意，如例 4.2 中的 my_len，表示求长度）。

● 形参列表。

形参列表用于指明该函数可以接收多少个参数，参数之间用逗号","分隔。

● return [返回值]。

该部分用于指明该函数的返回值，为可选内容。也就是说，一个函数，可以有返回值，也可以没有返回值，是否需要返回值须根据实际情况而定。

【例 4.8】 定义一个没有任何功能的空函数。

定义空函数时，可以使用 pass 语句作为占位符。

```
#定义一个空函数，没有实际意义，仅是语法上没有错误
def pass_dis():
    pass
```

【例 4.9】 定义一个求较小字符串的函数。

函数如下：

```
def str_min(str1,str2):
    str = str1 if str1 < str2 else str2
    return str
```

函数中的 return 语句可以直接返回一个表达式的值。

可以修改上面的 str_min()函数，修改后的函数如下：

```
def str_min(str1,str2):
    return str1 if str1 < str2 else str2
```

该函数的功能和上面的 str_min()函数是完全一样的，只是省略了创建 str 变量，因此函数代码更加简洁。

【例 4.10】 编写函数，计算某个元素在列表中出现的次数。

分析：该函数需要两个形参，一个是所要统计的列表，另一个是所要统计的内容。统计时，从前向后遍历列表，若发现所要统计的内容，则计数器加 1，最后返回计数器的内容即可。

程序如下：

```
def countX(lst, x):
    count = 0
    for ele in lst:
        if (ele == x):
            count = count + 1
    return count
```

其中，lst, x 为形参列表；count 为计数器，存储统计后的数目；最后通过 return count 语句返回结果。

4.3.2　函数的调用

一个函数只有被调用后才能够执行，在函数调用时，被调用的函数称为被调函数，调用被调函数的函数称为主调函数。

1．函数调用的一般格式

函数调用的基本语法格式如下：

```
[变量] =函数名([实参])
```

说明：

① 函数名指的是要调用的函数的名称。

② 实参指的是函数调用时，主调函数传递给被调函数的运算对象。如果该函数有返回值，则可以通过一个变量来接收该值，当然也可以不接收。

③ 定义函数时有多少个形参，调用时就需要传入多少个实参，且实参顺序必须和定义函数时的形参顺序一致。

④ 即便该函数没有参数，函数名后的小括号也不能省略。

例如，调用例 4.9 创建的 str_min()函数：

```
strmin = str_min("zhang qiang","wang gang");
print(strmin)
```

运行程序，结果如下：

```
wang gang
```

调用 str_min()函数时，因为当初定义该函数时为其设置了两个形参，所以必须传入两个实参。同时，因为该函数内部还使用了 return 语句，可以使用变量 strmin 来接收 str_min()函数的返回值。

例如，调用例 4.10 创建的 countX()函数：

```
L1=[12,56,78,12,34,56,7,9,12]
x=12
num=countX(L1,x)
print(num)
x=56
print(countX(L1,x))
```

运行程序，结果如下：

```
3
2
```

统计出"12"在列表中出现了 3 次，"56"在列表中出现了 2 次。

2．参数传递

Python 中，根据实际参数的类型不同，函数参数的传递方式有两种，分别为值传递和引用（地址）传递。值传递适用于实参类型为不可变类型（字符串、数字、元组），引用（地址）传递适用于实参类型为可变类型（列表、字典）。

因为 Python 中的参数都是对象，所以严格意义上不能说是值传递还是引用传递，应该说是传递不可变对象还是传递可变对象。

需要注意的是，在 Python 中，函数调用时，具体采用值传递还是引用传递不由程序员控制，而是 Python 解释器根据实参对象的数据类型自动识别。

（1）实参的对象类型

需要注意的是，在 Python 中，类型属于对象，变量是没有类型的。

例如：

```
a=[1,2,3,4,5,6,7,8,9]
b="Run Program"
```

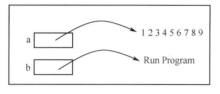

图 4.1 a 和 b 的存储示意

以上代码中，[1,2,3,4,5,6,7,8,9]是列表类型；"Run Program"是字符串类型；而变量 a 和变量 b 没有类型，它们仅仅是一个对象的引用（一个指针），可以指向列表类型对象，也可以指向字符串类型对象，如图 4.1 所示。

Python 的函数在其内部仅能调用参数对象本身具有的方法。若参数对象具有改变自身的方法（如列表、字典对象具有改变自己内容的方法），则参数对象有可能在函数内部被改变；若参数对象没有改变自身的方法，则函数无法修改参数对象的值。

换句话说，可变对象类型的参数对象有改变自身的方法，不可改变对象类型的参数对象没有改变自身的方法。在 Python 中，字符串、数字、元组是不可变对象，而列表、字典是可变对象。

【例 4.11】 分析程序，理解参数传递。

【程序一】列表作参数，通过函数修改列表的内容。

```
# -*-coding:UTF-8-*-
def exchange(lst, x):
    i = 0
    for ele in lst:
        if (ele == x):
            lst[i]=0
        i+=1
L1=[12,56,78,12,34,56,7,9,12]
print(L1)
x=12
exchange(L1,x)
# 将 12 修改为 0
print(L1)
x=56
exchange(L1,x)
# 将 56 修改为 0
print(L1)
```

运行程序，结果如下：

```
[12, 56, 78, 12, 34, 56, 7, 9, 12]
[0, 56, 78, 0, 34, 56, 7, 9, 0]
[0, 0, 78, 0, 34, 0, 7, 9, 0]
```

可以发现，通过 exchange()函数修改了列表的内容。

【程序二】数值作参数。

```
def exchange(a,b):
    t=a;a=b;b=t
    print("a=",a,"b=",b)
x=100;y=200
print("x=",x,"y=",y)
exchange(x,y)
print("x=",x,"y=",y)
```

运行程序，结果如下：

```
x= 100 ,y= 200
```

```
a= 200 ,b= 100
x= 100 ,y= 200
```

可以发现，在 exchange()函数中，完成了形参 a 和 b 内容的互换，但其对实参 x 和 y 没有任何影响。

【程序三】字符串、字典和元组作参数。

```python
# -*-coding:UTF-8-*-
def change_str(str1,str2):
    str1=str2
def change_dic(dic,num1,num2):
    dic["a"]=num1
    dic["b"]=num2
def change_tup(t1,t2):
    t1=t1+t2
print("原始数据")
s1="123"
s2="python"
d={"a":0,"b":1,"c":2,"d":3}
t1=(1,2,3,4)
t2=(5,6,7,8,9)
print(s1)
print(d)
print(t1)
print(t2)
print("函数调用后结果")
change_str(s1,s2)
change_dic(d,100,200)
change_tup(t1,t2)
print(s1)
print(d)
print(t1)
```

运行程序，结果如下：

```
原始数据
123
{'a': 0, 'b': 1, 'c': 2, 'd': 3}
(1, 2, 3, 4)
(5, 6, 7, 8, 9)
函数调用后结果
123
{'a': 100, 'b': 200, 'c': 2, 'd': 3}
(1, 2, 3, 4)
```

可以发现：通过函数不能修改字符串的内容，字符串的构成元素也不可修改（字符串对象不提供修改成员的功能）；通过函数不能修改元组，元组的构成元素也不可修改（元组对象不提供修改成员的功能）；通过函数可以修改字典的元素。

（2）值传递和引用传递的区别

● 对值传递而言，被调函数在执行时首先生成对象的一个副本，并在执行过程中对副本进行操作，而没有对实参对象进行任何操作。因此执行结束后，实参对象不发生改变。

● 对引用传递而言，被调函数在执行时不会生成对象副本。如果在函数中使用了对象自身提供的成员引用函数对实参对象进行修改，那么在执行结束后，实参对象的内容会发生变化。如果被调函数执行时，在函数中没有使用对象自身提供的成员引用函数对实参对象进行修改，那么在执行结束后，实参对象的内容也不会发生变化。

3. 参数类型

在定义函数时，参数有 5 种不同的形式，分别是必选参数、默认参数、可变参数（不定长参数）、关键字参数和命名关键字参数，这 5 种参数均可以组合使用。但要注意，参数定义的顺序必须是必选参数、默认参数、可变参数、命名关键字参数和关键字参数。虽然可以进行多类参数的组合，但不要同时使用太多，否则函数接口的可理解性会很差。

（1）必选参数

所谓必选参数，就是在函数调用时必须选择的参数。而且必选参数须以正确的顺序传入被调函数，实参的数量必须和形参一致。

【例 4.12】 计算字典的数据和。

程序如下：

```
# -*-coding:UTF-8-*-
def dicSum(myDict):
    sum = 0
    for i in myDict:
        sum = sum + myDict[i]
    return sum
dict = {"计算机导论": 180, "数据库原理":210, "C 语言程序设计":130}
print("Sum :", dicSum(dict))
```

运行程序，结果如下：

```
Sum : 520
```

定义函数时，myDict 就是必选参数。在调用函数时，必须有与之对应的实参；否则会出现语法错误。

（2）默认参数

默认参数是指在定义函数时，为参数指定默认内容。若在调用函数时，没有与之对应的实参存在，则按默认内容处理；若在调用函数时，有与之对应的实参存在，则按实参数据处理。使用默认参数的最大好处是能降低调用函数的难度。

设置默认参数时，应注意以下方面：

① 顺序问题。

必选参数在前，默认参数在后；否则 Python 的解释器会报错。

② 设置默认参数的方法。

当函数有多个参数时，把变化大的参数放前面，变化小的参数放后面。变化小的参数就可以作为默认参数。

【例 4.13】 显示学生信息。

程序如下：

```
# -*-coding:UTF-8-*-
def stu_disp(name,gender,age=18,city="西安"):
    #name,gender 是必选参数；age=18,city="西安"是默认参数，且已指定默认值
    print("姓名：",name,end="   ")
    print("性别：",gender,end="   ")
    print("年龄：",age,end="   ")
    print("城市：",city)
stu1=("张敏","女",20,"北京")
```

```
stu_disp("张敏","女",20,"北京")
stu_disp("常江雪","女")
```

运行程序，结果如下：

姓名：张敏　性别：女　年龄：20　城市：北京
姓名：常江雪　性别：女　年龄：18　城市：西安

其中，age 和 city 就是默认参数，其默认值分别为 18 和"西安"。

【例 4.14】　分析以下程序，正确使用空列表作为默认参数。

程序如下：

```
# -*-coding: UTF -8-*-
def add_end(L=[]):
    L.append("END")
    return L
print(add_end())
print(add_end())
print(add_end())
```

运行程序，结果如下：

```
['END']
['END', 'END']
['END', 'END', 'END']
```

这是因为被调函数在定义时，默认参数 L 的值就已经存在了，即[]。因为默认参数 L 也是一个变量，它指向对象[]，每次调用被调函数时，如果改变了 L 的内容，则下次调用时，默认参数的内容就变了，不再是函数定义时的[]了。

可以用 None 这个不变对象来实现解决问题，修改程序，代码如下：

```
# -*-coding:UTF-8-*-
def add_end(L=None):
    if L == None:
        L = []
    L.append("END")
    return L
print(add_end())
print(add_end())
print(add_end())
```

运行程序，结果如下：

```
['END']
['END']
['END']
```

可以发现，问题得到解决。

（3）不定长参数

不定长参数也称为可变参数。意思就是传入参数的个数是可变的，可以是 1 个、2 个等有限个，传入参数类型为列表或者元组。

不定长参数的基本语法如下：

```
def functionname([formal_args,] *var_args_tuple ):
    函数体
    return [expression]
```

说明：

加了星号（*）的变量名会存放所有未命名的变量参数（所谓的不定长）。

在函数调用时，实参必须是内容确定的列表或者元组。

例如，给定一组数字 a, b, c, ⋯，计算 $a^3 + b^3 + c^3 + \cdots$。因为参数个数不确定，所以在定义函数时，不可能指明所有参数。此时，就可以使用不定长参数来解决此问题。

【例 4.15】 不定长参数应用举例。

【程序一】列表作参数，程序如下：

```
# -*-coding:UTF-8-*-
def calc(*numbers):
    sum = 0
    for n in numbers:
        sum = sum + n**3
    return sum
a1=[1,2,3,4,5,6,7,8,9]
a2=[2,4,6,8,10]
s1=calc(*[1,2,3,4,5,6,7,8,9])
s2=calc(*a2)
s3=calc(1,3,5,7,9)
print(s1)
print(s2)
print(s3)
```

运行程序，结果如下：

```
2025
1800
1225
```

【程序二】元组作参数，程序如下：

```
# -*-coding:UTF-8-*-
def calc(*numbers):
    sum = 0
    for n in numbers:
        sum = sum + n**3
    return sum
a1=(1,2,3,4,5,6,7,8,9)
a2=(2,4,6,8,10)
s1=calc(*(1,2,3,4,5,6,7,8,9))
s2=calc(*a2)
s3=calc(1,3,5,7,9)
print(s1)
print(s2)
print(s3)
```

运行程序，结果如下：

```
2025
1800
1225
```

说明：调用被调函数时，列表或元组作实参时前面的星号不可省略，星号的含义是把列表或元组中的所有元素作为可变参数传进去。

（4）关键字参数

关键字参数和函数调用关系紧密，函数调用时通过关键字参数来确定传入的参数值。使用关键字参数允许函数调用时实参和形参的顺序不一致，因为 Python 解释器能够用参数名匹配参数值。关键字参数允许用户传入 0 个或任意个含参数名的参数，这些关键字参数在函数内部自动组装为一个字典。

【例 4.16】　分析程序，理解关键字参数。

程序如下：

```
# -*-coding:UTF-8-*-
def person(name, age, **kw):
    if "job" in kw:
        print(name,"有兼职工作")
    else:
        print(name,"没有兼职工作")
    print("姓名：", name, "年龄：", age, "其他：", kw)
person("张强",20,city = "西安",university="西北大学",job="助理实验员")
extra = {"city": "北京", "university":"北京大学"}        #事先定义一个字典
person("章雨",19,**extra)
```

运行程序，结果如下：

```
张强 有兼职工作
姓名：张强 年龄：20 其他：{'city': '西安', 'university': '西北大学', 'job': '助理实验员'}
章雨 没有兼职工作
姓名：章雨 年龄：19 其他：{'city': '北京', 'university': '北京大学'}
```

说明：定义函数时，关键字参数前必须有两个星号，如例中**kw。

例中函数 person 除了必选参数 name 和 age 外，还接受关键字参数 kw。

可以通过关键字参数扩展函数的功能，例如，编写一个用户注册函数，除用户名和年龄是必填项外，其他都是可选项，这时利用关键字参数来解决非必选参数的输入问题。

对于关键字参数，主调函数可以传入任意个不受限制的关键字参数。至于到底传入了哪些，可以在函数内部通过 kw 检查。

（5）命名关键字参数

关键字参数无法限制传入的参数名。如果想对参数名有限制，就要用到命名关键字参数。命名关键字参数需要一个特殊分隔符*，*后面的参数被视为命名关键字参数。

【例 4.17】　分析程序，理解命名关键字参数。

程序如下：

```
# -*-coding:UTF-8-*-
def person(name, age, *, university,city, job):
    #和关键字参数**kw 不同，命名关键字参数需要一个特殊分隔符*
    #*后面的参数被视为命名关键字参数
    print(name,age,university,city,job)
person("张强",20,city = "西安",university="西北大学",job="助理实验员")
#命名关键字参数必须传入参数名，这和位置参数不同
#如果没有传入参数名，调用将报错
```

运行程序，结果如下：

```
张强 20 西北大学 西安 助理实验员
```

在程序中，如果函数定义时，形参中已有一个可变参数，则后面跟着的命名关键字参数就不需要特殊分隔符*了。这就是为什么说参数顺序很重要，参数定义的顺序必须是必选参数、默认参数、可变参数、命名关键字参数和关键字参数。

例如，有如下程序：

```
# -*-coding:UTF-8-*-
def person(name, age, *args, city, university):
    print(name, age, args, city, university)
person("章雨",19,["2020 级","计算机科学与技术"],\
        university="北京大学",city="北京")
```

运行程序，结果如下：

章雨 19 (['2020 级','计算机科学与技术'],) 北京 北京大学

可以发现，对于命名关键字参数而言，调用函数时，实参前后次序的变换不影响程序的结果。使用命名关键字参数时，如果没有可变参数，就必须加一个*作为特殊分隔符；如果有可变参数，则可变参数可代替特殊分隔符*。

4．参数使用小结

函数具有非常灵活的参数形态，既可以简单调用，又可以传入非常复杂的参数。

① 默认参数一定要用不可变对象，如果是可变对象，程序运行时会有逻辑错误。

② 要注意定义可变参数和关键字参数的语法。

- *args 是可变参数，args 接收的是一个列表或元组；
- **kw 是关键字参数，kw 接收的是一个 dict。

③ 要注意调用函数时传入可变参数和关键字参数的语法。

- 可变参数既可以直接传入，如 func(1, 2, 3)，又可以先组装列表或元组，再通过 args 传入，如 func((1, 2, 3))；
- 关键字参数既可以直接传入，如 func(a=1,b=2)，又可以先组装字典，再通过 kw 传入，如 func({'a': 1, 'b': 2})；
- 使用*args 和**kw 是 Python 的习惯写法，当然也可以用其他参数名，但最好使用习惯用法。

④ 使用命名关键字参数的目的是限制调用者可以传入的参数名，同时可以提供默认值。定义命名关键字参数时，在没有可变参数的情况下不要忘记分隔符*，否则系统会认为用户定义的是必选参数。

5．函数的返回值

对于自定义函数而言，能够接收多个（≥0）参数，也能够带回多个（≥0）值。

用 def 语句创建函数时，可以用 return 语句指定返回值，且返回值可以是任意类型。需要注意的是，return 语句在同一函数中可以出现多次，但只要其中任意一个得到执行，就会直接结束函数的执行，并且函数返回值是最先执行的（注意，不是书写最靠前的）return 语句的返回结果。

return 语句的语法格式如下：

return [返回值]

其中，返回值参数可以指定，也可以省略不写（将返回空值 None）。

注意：在 Python 中，当程序执行到 return 时，程序将停止执行函数体内余下的语句。当没有 return，或者 return 后面没有返回值时，函数将自动返回 None。None 是 Python 中的一个特别的数据类型，用来表示什么都没有。

（1）返回一个值

【例 4.18】 求两个数的最大公约数和最小公倍数。

分析：求最大公约数的基本方法是首先判断两个数字的大小，然后遍历 1 到 smaller 的数字，通过判断哪个数字能够同时满足两个数字取模都为 0，遍历范围结束时返回的值就是能同时满足条件的最大值，这个值就是两个数字的最大公约数。

求最小公倍数的基本方法是从最大数开始判断该数是否能被两个数整除。若能，该数就是最小公倍数；若不能则加 1 后继续判断。

程序如下：

```
# -*-coding:UTF-8-*-
# 定义一个函数
def hcf(x, y):
    #该函数返回两个数的最大公约数
    #获取最小值
    if x > y:
        smaller = y
    else:
        smaller = x
    for i in range(1,smaller + 1):
        if((x % i == 0) and (y % i == 0)):
            m = i
    return(m)
def lcm(x, y):
    #该函数返回两个数的最小公倍数
    #获取最大的数
    greater=x if x>y else y
    while(True):
        if((greater % x == 0) and (greater % y == 0)):
            n = greater
            break
        greater += 1
    return(n)
#用户输入两个数字
num1 = int(input("输入第一个数字: "))
num2 = int(input("输入第二个数字: "))
h=hcf(num1, num2)
print( num1,"和", num2,"的最大公约数为",h)
print( num1,"和", num2,"的最小公倍数为", lcm(num1, num2))
```

运行程序，结果如下：

```
输入第一个数字: 121
输入第二个数字: 55
121 和 55 的最大公约数为 11
121 和 55 的最小公倍数为 605
```

例中，hcf(x, y)函数的功能是求 x 和 y 的最大公约数，最后求取的结果由 return(m)带回。lcm(x, y)函数的功能是求 x 和 y 的最小公倍数，最后求取的结果由 return(n)带回。通过 return 语句指定返回值后，在调用函数时，既可以将该函数赋值给一个变量，用变量保存函数的返回值，也可以将函数再作为某个函数的实际参数。

（2）返回多个值

使用 return 语句也可以返回多个值。

格式如下：

```
return(表达式 1, 表达式 2, 表达式 3, …)
```

在调用函数时，要有对应的变量接收相应的返回值。

返回多个值的另一种有效方法是通过返回一个列表类型间接达到返回多项内容的目的。宏观上仍旧是返回了一个值（只不过该值是列表类型），微观上可以返回多个结果（每个返回结果其实是返回值的一个构成元素）。

【例 4.19】　求成绩列表中成绩的平均值及大于平均值的成绩。

程序如下：

```
# -*-coding:UTF-8-*-
def caculate(*args):
    avg = sum(args) / len(args)
```

```
        up_avg = []
        for item in args:
            if item > avg:
                up_avg.append(item)
        return (avg,up_avg)
score=[65,87,50,49,90,89,65,78,65,32,97]
r = caculate(*score)
print(r,type(r))          #显示 r 及其数据类型
print("{:.1f}".format(r[0]),type(r[0]))   #显示 r[0]及其数据类型
print(r[1],type(r[1]))     #显示 r[1]及其数据类型
```

运行程序，结果如下：

```
(69.72727272727273, [87, 90, 89, 78, 97]) <class 'tuple'>
69.7 <class 'float'>
[87, 90, 89, 78, 97] <class 'list'>
```

可以发现，所谓通过 return 返回多个值，其实是通过 return 返回了一个元组型的数据 (avg,up_avg)，该数据包含两个元素 avg 和 up_avg，第一个构成元素 avg 为数值型，第二个构成元素 up_avg 为列表。

4.3.3 匿名函数

在 Python 中，不仅可以定义普通的函数，还可以定义匿名函数。

1．概念

所谓匿名函数，就是没有名字的函数。因为匿名函数没有名字，所以不必担心函数名冲突。

2．定义

定义匿名函数的语法格式：

```
lambda 参数列表：表达式
```

说明：

① 关键字 lambda 表示匿名函数，冒号前面是参数列表，可以有多个参数。

② 匿名函数冒号后面的表达式有且只能有一个（是表达式，而不是语句），匿名函数将表达式的计算结果作为匿名函数的返回值。

【例 4.20】 定义匿名函数，求两个数的最大值。

程序如下：

```
# -*- coding: UTF-8 -*-
max=lambda x,y: x if x>y else y     #定义匿名函数
k=max(1000,900) # 调用匿名函数
m=max(-389,96)
print(k,m)
```

运行程序，结果如下：

```
1000 96
```

其中，max 为匿名函数的别名，x 和 y 为参数。通过别名可以多次调用匿名函数。

注意：只有通过 def 定义的函数才是真正有名称的，匿名函数的名称永远是 lambda。

3．使用

匿名函数最主要的用法是与其他函数联合使用，可以使程序简洁明了。

【例 4.21】 匿名函数作参数，进行排序。

程序如下：

```
# -*- coding: UTF-8 -*-
studentInfo = [
```

```
            {"name":"张江", "age":18},
            {"name":"周雪", "age":19},
            {"name":"马敏", "age":17},
            {"name":"董云", "age":20},
            {"name":"赵宇", "age":21}
]
#按年龄排序
studentInfo.sort(key=lambda x:x["age"])
#也可使用 sorted(studentInfo,key=lambda x:x["age"])
#若使用 studentInfo.sort()，则会报错，字典无法直接排序
print(studentInfo)
```

运行程序，结果如下：

```
[{'name': '马敏', 'age': 17}, {'name': '张江', 'age': 18}, {'name': '周雪', 'age': 19}, {'name': '董云', 'age': 20}, {'name':
'赵宇', 'age': 21}]
```

sorted()函数是内置的排序函数，接收一个 key 函数来实现对可迭代对象进行自定义的排序，可迭代对象主要包括列表、字符串、元组、集合和字典等。

4．匿名函数和 map()函数、reduce()函数、filter()函数的结合使用

map()函数、reduce()函数、filter()函数是 Python 中经常使用的函数。

（1）map()函数

一般格式：

```
map(function,sequence)
```

功能：把 sequence 中的值当作参数逐个传给 function，返回一个包含函数执行结果的列表。即 map()函数能够遍历序列，对序列中每个元素进行函数操作，最终获取新的序列。

（2）reduce()函数

一般格式：

```
reduce(function,sequence)
```

功能：function 接收的参数有两个，先把 sequence 中第一个值和第二个值当作参数传给 function，再把 function 的返回值和第三个值当作参数传给 function，以此类推，最后只返回一个结果。

（3）filter()函数

一般格式：

```
filter(function,sequence)
```

功能：对 sequence 中的 item 依次执行 function(item)，将执行结果为 True 的 item 组成一个对象返回（list 或 string 或 tuple，具体是哪种类型取决于 sequence 的类型），即 filter()函数能够对序列中的元素进行筛选，最终获取符合条件的序列。

【例 4.22】 阅读程序，分析结果。

程序如下：

```
# -*- coding: UTF-8 -*-
from functools import reduce
L1 = [1,2,3,4,5,6,7,8,9]
print("初始列表")
print(L1)
#求新列表，元素为原来元素的平方
L2=list(map(lambda x:x*x,L1))
print("新列表")
print(L2)
m=reduce(lambda x,y:x*2+y*2,L1)
```

```
print("m=",m)
print("删掉偶数，只保留奇数")
L3=list(filter(lambda x:x % 2==1,L1))
print(L3)
# 回数是指从左向右读和从右向左读都一样的数，例如 12321，909，利用 filter()筛选回数
L4 = list(range(1, 200))
print("1-199 中的回数： ")
L5=list(filter(lambda x:int(str(x))==int(str(x)[::-1]),L4))
print(L5)
L6 = [("Bob", 95), ("Adam", 92), ("Bart", 66), ("Lisa", 88),("Rose",78),("Tom", 87)]
print("初始学生表")
print(L6)
print("按名字排序")
L7=sorted(L6, key = lambda x : x[0])
print(L7)
L8=sorted(L6, key = lambda x : x[1], reverse=True)
print("按成绩从高到低排序")
print(L8)
```

运行程序，结果如下：

```
初始列表
[1, 2, 3, 4, 5, 6, 7, 8, 9]
新列表
[1, 4, 9, 16, 25, 36, 49, 64, 81]
m= 1770
删掉偶数，只保留奇数
[1, 3, 5, 7, 9]
1-199 中的回数：
[1, 2, 3, 4, 5, 6, 7, 8, 9, 11, 22, 33, 44, 55, 66, 77, 88, 99, 101, 111, 121, 131, 141, 151, 161, 171, 181, 191]
初始学生表
[('Bob', 95), ('Adam', 92), ('Bart', 66), ('Lisa', 88), ('Rose', 78), ('Tom', 87)]
按名字排序
[('Adam', 92), ('Bart', 66), ('Bob', 95), ('Lisa', 88), ('Rose', 78), ('Tom', 87)]
按成绩从高到低排序
[('Bob', 95), ('Adam', 92), ('Lisa', 88), ('Tom', 87), ('Rose', 78), ('Bart', 66)]
```

4.3.4　变量作用域

提到函数就必须介绍变量的作用域。

1．理解作用域

在一个程序中使用变量名时，Python 创建、改变或者查找变量名都是在所谓的命名空间中进行的。作用域指的是命名空间。Python 中的变量名在第一次赋值时已经创建，并且必须经过赋值后才能使用。由于变量名最初没有声明，Python 将一个变量名被赋值的地点关联为一个特定的命名空间。也就是说，在代码中给一个变量赋值的地方决定了这个变量将存在于哪个命名空间，也就是它可见的范围，即作用域。

变量的作用域共有 4 种，分别是局部作用域（Local，简写为 L）、作用于闭包函数外的函数中的作用域（Enclosing，简写为 E）、全局作用域（Global，简写为 G）和内置作用域（即内置函数所在模块的范围，Built-in，简写为 B）。

通常，函数内部的变量无法在函数外部访问，仅在内部可以访问。简单来讲，就是内部代

码可以访问外部变量，而外部代码通常无法访问内部变量。如果出现本身作用域没有定义的变量，则 Python 以 L–>E–>G–>B 的顺序查找变量，即：在局部找不到，便会去局部外的局部找（如闭包），再找不到就会去全局找，最后去内置中找。如果这样还找不到，那就提示变量不存在的错误。

2．局部变量与全局变量

（1）局部变量

局部变量是指在函数内部定义的普通变量，只在函数内部起作用，函数执行结束变量会自动删除。需要注意的是，函数的形参也属于局部变量，只能在函数内部使用。

（2）全局变量

全局变量是指在函数外部定义的变量（没有定义在某一个函数内），所有函数内部都可以使用这个变量，程序执行期间，全局变量一直存在，只有程序终止，全局变量才被回收。和局部变量不同，全局变量的默认作用域是整个程序，即全局变量既可以在各个函数的外部使用，又可以在各函数内部使用。

定义全局变量的方式有两种：

① 在函数体外定义的变量，一定是全局变量。

② 在函数体内使用 global 关键字声明全局变量。

在函数体内，使用 global 关键字对变量进行修饰后，该变量就会变为全局变量。需要注意的是，在使用 global 关键字修饰变量时，不能直接给变量赋初值，否则会引发语法错误。

【例 4.23】　分析程序，理解全局变量与局部变量。

```
# -*- coding: UTF-8 -*-
def sum(s):
    L[0]=10
    sum=1
    for x in s:
        sum=sum*x
    return(sum)
L=[1,2,3,4,5]
m=sum(L)
print("m=",m)
```

运行程序，结果如下：

```
m= 1200
```

程序中，sum()函数中定义的变量 s、sum、x 均是局部变量，只能在 sum()函数中使用。而变量 L 是在函数之外定义的，因而 L 是全局变量，可以在程序的任何地方使用。

【例 4.24】　分析程序，理解全局变量和局部变量同名时变量的作用域。

程序如下：

```
# -*- coding: UTF-8 -*-
def test_scope():
    sum=100    # 局部变量
    print ("fun_test_variable+sum=",variable+sum)  #使用局部变量 sum
    def func():
        print("fun_fun_local variable=",variable)
    func()
variable = 100   #全局变量
sum=200          #全局变量
print("调用前 sum=",sum)
```

```
test_scope()
print("global variable=",variable)
print("调用后 sum=",sum)
```

运行程序，结果如下：

```
调用前 sum= 200
fun_test_variable+sum= 200
fun_fun_local variable= 100
global variable= 100
调用后 sum= 200
```

Python 允许函数的嵌套定义和调用，也就是说，可以在一个函数的内部定义另外一个函数。例中，在 test_scope()函数中嵌套定义了 func()函数。当全局变量和局部变量同名时，定义同名局部变量的函数体内同名局部变量有效，在函数体外同名全局变量有效。

sum 是全局变量，初值是 200。在 test_scope()函数中，也有 sum，为局部变量，其值为 100，调用 test_scope()函数后，全局变量 sum 的值仍为 200。

4.4 异常处理

4.4.1 程序中的常见错误

宏观上，程序错误主要分为 3 类：语法错误、逻辑错误和运行时错误。

1．语法错误

语法错误也称解析错误，是指不遵循语言的语法结构引起的错误，此时程序无法正常编译。在编译性语言（如 C 语言）中，语法错误只在编译期出现，编译器要求所有的语法都正确，这样才能正常编译。对解释性语言（如 Python）来说，语法错误可能在运行期才会出现。

常见的 Python 语法错误有以下 4 类：

① 遗漏了某些必要的符号（冒号、逗号或括号）；

② 关键字拼写错误；

③ 缩进不正确；

④ 空语句块的不正确使用（需要用 pass 语句）。

2．逻辑错误

逻辑错误也称语义错误，是指程序的执行结果与预期不符。

与语法错误不同的是，逻辑错误从语法上来说是正确的，但会产生意外的输出或结果，并不一定会被立即发现。逻辑错误的唯一表现就是错误的运行结果。

常见的逻辑错误有以下 5 种：

① 运算符优先级考虑不周；

② 变量名使用不正确；

③ 语句块缩进层次不对；

④ 在布尔表达式中出错；

⑤ 算法设计方面的错误。

3．运行时错误

运行时错误是指程序可以运行，但是在运行过程中遇到错误，导致意外退出。当程序由于运行时错误而停止时，通常会说程序崩溃了。在 Python 中，这种运行时错误被称为异常。例如，

使用未定义的标识符（Name Error）、除数为 0（ZeroDivision Error）、打开的文件不存在
（FileNotFound Error）、导入的模块没被找到（Import Error）等都会导致运行过程出错，使程序
终止。

4.4.2 异常的概念

Python 解释器检测到错误，就会触发异常，异常触发后且没被处理，程序就在当前异常处
终止，后面的代码不会运行。因此，程序员需要编写特定的代码，专门用来捕捉异常（这段代
码与程序逻辑无关，与异常处理有关）。如果捕捉成功则进入另外一个处理分支，执行为处理这
个异常而专门编写的程序段，使程序不至于崩溃，这就是异常处理。

提供异常处理可以增强程序的健壮性与容错性。良好的容错能力，能够有效提高用户的体
验感，维持业务的稳定性。

Python 是面向对象语言，因而程序抛出的异常也是类。Python 常见标准异常见表 4.4。

表 4.4 Python 常见标准异常

异 常 名 称	描　　述
BaseException	所有异常的基类
SystemExit	解释器请求退出
KeyboardInterrupt	用户中断执行（通常是输入^C）
Exception	常规错误的基类
StopIteration	迭代器没有更多的值
GeneratorExit	生成器（Generator）发生异常来通知退出
SystemExit	Python 解释器请求退出
StandardError	所有的内建标准异常的基类
ArithmeticError	所有数值计算错误的基类
FloatingPointError	浮点计算错误
OverflowError	数值运算超出最大限制
ZeroDivisionError	除（或取模）零（所有数据类型）
AssertionError	断言语句失败
AttributeError	对象没有这个属性
EOFError	没有内建输入，到达 EOF 标记
EnvironmentError	操作系统错误的基类
IOError	输入/输出操作失败
OSError	操作系统错误
WindowsError	系统调用失败
ImportError	导入模块/对象失败
LookupError	无效数据查询的基类
IndexError	序列中没有此索引（Index）
KeyError	映射中没有这个键
MemoryError	内存溢出错误（对于 Python 解释器不是致命的）

异 常 名 称	描　述
NameError	未声明/初始化对象（没有属性）
UnboundLocalError	访问未初始化的本地变量
ReferenceError	弱引用（Weak Reference）试图访问已经垃圾回收的对象
RuntimeError	一般的运行时错误
NotImplementedError	尚未实现的方法
SyntaxError	Python 语法错误
IndentationError	缩进错误
TabError	Tab 和空格混用
SystemError	一般的解释器系统错误
TypeError	对类型无效的操作
ValueError	传入无效的参数
UnicodeError	Unicode 相关错误
UnicodeDecodeError	Unicode 解码时错误
UnicodeEncodeError	Unicode 编码时错误
UnicodeTranslateError	Unicode 转换时错误
Warning	警告的基类
DeprecationWarning	关于被弃用的特征的警告
FutureWarning	关于构造将来语义会有改变的警告
OverflowWarning	旧的关于自动提升为长整型（long）的警告
PendingDeprecationWarning	关于特性将会被废弃的警告
RuntimeWarning	可疑的运行时行为（Runtime Behavior）的警告
SyntaxWarning	可疑的语法的警告
UserWarning	用户代码生成的警告

4.4.3　异常的基本处理方法

1．使用 if 判断进行异常处理

在程序设计时，常用 if 做一些简单的异常处理。

【例 4.25】　对输入合法性进行判断。

程序如下：

```
num1=input("输入数据:") #输入数据
if num1.isdigit():
    int(num1) #正常程序在这里,其余的都属于异常处理范畴
    print("程序继续处理")
elif num1.isspace():
    print("输入的是空格,执行空格处理逻辑")
elif len(num1) == 0:
    print("输入的是空,执行空处理逻辑")
else:
    print("其他情况,执行其他情况处理逻辑")
```

使用 if 判断可以进行异常处理，但 if 判断的异常处理只能针对某一段代码，对于不同代码段的相同类型的异常则需要编写重复的 if 语句来进行处理。而且在程序中频繁地编写与程序本身无关的但与异常处理有关的 if 语句，会使代码可读性变差。

2．使用 try…except 捕捉异常

在使用 try…except 语句处理异常时，有多种使用方式。

（1）try…except 语句的简单格式

try…except 语句的简单格式是单分支结构，单分支只能用来处理指定的异常情况，如果未捕获到异常，则报错。单分支处理异常的基本语法结构如下：

```
try:
        被检测的代码块
except [异常类型]:
        异常处理逻辑
```

在执行被检测代码块时，try…except 语句将检测是否发生某个特定异常（在 except 子句后面指明异常，若没有指明则表示任意异常），若发生就执行异常处理逻辑。except 子句后面的参数其实是一个异常类的实例，包含来自异常代码的诊断信息。

【例 4.26】　阅读程序，理解 try...except 语句。

【程序一】

```
try:
        floatnum = float(input("Please input a float:"))
        intnum = int(floatnum)
        print (100/intnum)
except ZeroDivisionError:
        print ("Error: must input a float num which is large or equal then 1!")
```

当发生除数为 0 异常时，触发异常处理。当出现别的异常时，程序出错。

例如，运行程序，输入 100 时，结果如下：

```
Please input a float:100
1.0
```

运行程序，输入 0 时，对异常进行了处理，程序正常执行，结果如下：

```
Please input a float:0
Error: must input a float num which is large or equal then 1!
```

运行程序，若输入字符串 we，则程序出错，结果如下：

```
Please input a float:we
Traceback (most recent call last):
    File "F:/PyApp/myapp6-1.py", line 2, in <module>
        floatnum = float(input("Please input a float:"))
ValueError: could not convert string to float: 'we'
```

【程序二】

```
try:
        floatnum = float(input("Please input a float:"))
        intnum = int(floatnum)
        print (100/intnum)
except:
        print ("input error!")
```

程序中，except 子句后面没有参数，则对所有异常进行统一处理。但这不是一个很好的方式，无法通过该程序识别出具体的异常信息。由于其捕获所有的异常，该方式不利于检错。

（2）try…except 语句的完整格式

try…except 语句的完整格式如下：

```
try:
    代码段                      #可能发生异常的代码
except 异常类型 1 as 变量名:
    print(变量名)               # 变量名存储的是具体的错误信息
except 异常类型 2 as 变量名:
    print(变量名)               # 变量名存储的是具体的错误信息
except Exception as 变量名:
    print(变量名)               # 变量名存储的是具体的错误信息
finally:
    print('不管代码是否有异常都会执行，即使在函数中遇到 return 仍然会执行')
    print('一般情况下在这里用于代码段中资源的回收')
```

try 的工作过程如下：

① 首先执行 try 子句（在关键字 try 和关键字 except 之间的语句），接下来会发生什么依赖于执行时是否出现异常。

② 如果没有异常发生，则忽略所有 except 子句。

③ 如果在执行 try 子句的过程中发生了异常，那么 try 子句余下的部分将被忽略。Python 转而执行第一个匹配该异常的 except 子句，进行异常处理。

④ 如果存在 finally 子句，则不管代码是否有异常都会执行该子句。

注意：

① 一个异常可以存储到对象中，该对象可作为输出的异常信息参数。

② 无论是否发生异常都将执行 finally 子句。

③ 一个 try 语句可能包含多个 except 子句，分别用来处理不同的特定异常，而最多只有一个分支会被执行。

④ 处理程序将只针对对应的 try 子句中的异常进行处理，而不是其他 try 的处理程序中的异常。

【例 4.27】 阅读程序，理解 try...except 语句应用。

【程序一】

```
# 定义函数
def my_convert(var):
    try:
        return int(var)
    except ValueError as Argument:
        print("参数没有包含数字\n", Argument)
# 调用函数
print(my_convert("989"))
print(my_convert("python"))
```

运行程序，结果如下：

```
989
参数没有包含数字
 invalid literal for int() with base 10: 'python'
None
```

其中，print(my_convert("989"))语句正常执行，得到结果 989。

而执行 print(my_convert("python"))语句时，检测到 ValueError 异常，并将异常存储到对象 Argument 中。若使用语句 print(type(Argument))，则可以看到，Argument 的类型为 ValueError。

【程序二】

```
try:
    fh = open("testfile", "r")
    try:
        fh.write("这是一个测试文件，用于测试异常!!")
    finally:
        print ("关闭文件")
        fh.close()
except IOError:
    print ("Error: 没有找到文件或读取文件失败")
```

如果打开的文件没有可写权限，输出以下内容：

Error: 没有找到文件或读取文件失败

在程序二中，若在 try 块中抛出一个异常，则立即执行 finally 块代码。

finally 块中的所有语句执行后，异常被再次触发，并执行 except 块代码。

【程序三】

```
M1 = [("电脑",9898),("鼠标",159),("手机",7800)]
while 1:
    for key,value in enumerate(M1,1):
        print(key,value[0])
    try:
        num = input(">>>")
        price = M1[int(num)-1][1]
        print(price)
    except ValueError:
        print("请输入一个数字")
    except IndexError:
        print("请输入一个有效数字")
#这样通过异常处理可以使得代码更人性化，用户体验感更好
```

运行程序，结果如下：

```
>>>we
请输入一个数字
1 电脑
2 鼠标
3 手机
>>>10
请输入一个有效数字
1 电脑
2 鼠标
3 手机
>>>1
9898
1 电脑
2 鼠标
3 手机
>>>
```

当用户输入 we 时，触发 ValueError 异常，执行语句 print("请输入一个数字")。当用户输入 10 时，触发 IndexError 异常，执行语句 print("请输入一个有效数字")。当用户输入 1 时，没有异常发生，显示 9898。

【程序四】

```
def dealwith_file():
    try:
        f = open("mydata","r")
        for line in f:
            int(line)
        return True
    except Exception as e:
        print(e)
        return False
    finally:
        #不管 try 语句中的代码是否报错,都会执行 finally 分支中的代码
        #主要完成一些收尾工作
        print("finally  被执行了")
ret = dealwith_file()
print(ret)
```

运行程序，结果如下：

```
[Errno 2] No such file or directory: 'mydata'
finally  被执行了
False
```

在 Python 的异常中，Exception 称为万能异常，它可以捕获任意异常，要视情况使用。如果想使用同一段代码逻辑去处理任意异常，那么只用一个 Exception 就足够了。如果需要对于不同的异常使用不同的处理逻辑，那就需要用到多分支。在实际中，可以使用多分支+万能异常来处理异常。使用多分支优先处理能预料到的错误类型，而一些预料不到的错误类型应该被最终的万能异常捕获。需要注意的是，万能异常一定要放在后面，否则就没有意义了。

3．抛出异常

如果想要在编写的程序中主动抛出异常，则可以使用 raise 语句。

raise 语句的基本语法如下：

```
raise [SomeException [, args [,traceback]]
```

说明：

参数 SomeException 必须是一个异常类，或异常类的实例。

参数 args 是传递给 SomeException 的参数，必须是一个元组。这个参数用来传递关于这个异常的有用信息。

参数 traceback 很少用，主要用于提供一个跟踪记录对象（traceback）。

在实际中，最常用的还是只传入第一个参数来指出异常类型，最多再传入一个元组来给出说明信息。

【例 4.28】 阅读程序，理解 raise 语句。

```
def input_password():
    # 提示用户输入密码
    pwd = input("请输入密码: ")
    # 判读密码长度大于等于 8, 返回用户输入的密码
    if len(pwd) >= 8:
        return pwd
    # 如果小于 8，则抛出异常
    print("主动抛出异常")
    #创建异常对象
```

```
        ex = Exception("密码长度不够")
        # 抛出异常对象
        raise ex
# 提示用户输入密码
try:
    print(input_password())
except Exception as result:
    print(result)
```

运行程序，结果如下：

```
请输入密码：131412442355
131412442355
请输入密码：12
主动抛出异常
密码长度不够
```

4.5 应用举例

【例 4.29】 编写函数，计算传入字符串中数字、字母、空格及其他字符的个数。

程序如下：

```
def nummber(user_str):
    num=0
    alpha=0
    space=0
    other=0
    for v in user_str:
        if v.isdigit():
            num+=1
        elif v.isalpha():
            alpha+=1
        elif v.isspace():
            space+=1
        else:
            other+=1
    return num,alpha,space,other
st=input("请输入字符串：")
a,b,c,d=nummber(st)
print("数字的总数为：%s,字母的总数为：%s，空格的总数为：%s, \
其他的总数为：%s" %(a,b,c,d))
```

运行程序，结果如下：

```
请输入字符串：这是一个关于 python 函数的简单程序。
数字的总数为：0,字母的总数为：19，空格的总数为：0，其他的总数为：1
```

【例 4.30】 编写函数，获取列表或元组对象的所有奇数位索引对应的元素，并将其作为新列表返回。

程序如下：

```
#方法一：
def element(user_list):
    result=[]
    for i in range(0,len(user_list)):
```

```
        if i%2==1:
                result.append(user_list[i])
    return result
a=(1,2,3,4,5,6)
print(element(a))
#方法二：（推荐）
def element(user_list):
    result=user_list[1::2]
    return result
a=(1,2,3,4,5,6)
print(element(a))
```

运行程序，结果如下：

```
[2, 4, 6]
(2, 4, 6)
```

【例 4.31】 用 Python 实现一个简单的加密解密过程。

使用 Python 做一个简单的加密解密程序，实现输入任意字母和汉字都可以加密成对应的 ASCII 码，然后还能解密成最初输入的内容。仔细阅读程序，理解基本思想。

程序如下：

```
# 输入要加密的内容
message = input("请输入要加密的内容:")
# 存储加密后的结果
result = ""

# 加密过程
# 遍历字符串，转换成数字
for char in message:
    num = ord(char)
    result += str(num) + "|" # 结果用竖线分割
print("加密后的数据:" + result)

# 解密过程
# 把加密后的数据转换成列表
result_list = result.split("|")
# 移除列表中最后一个空字符
result_list.remove("")
print("密文列表:" + str(result_list))

# 遍历列表，转换成字符
# 存储解密后的数据
after_message = ""
for index in result_list:
    int_index = int(index)
    after_message += chr(int_index) #将字符链接成字符串
print("解密后的结果： " + after_message)
```

运行程序，结果如下：

```
请输入要加密的内容:python 程序设计
加密后的数据:112|121|116|104|111|110|32|31243|24207|35774|35745|
密文列表:['112', '121', '116', '104', '111', '110', '32', '31243', '24207', '35774', '35745']
解密后的结果： python 程序设计
```

【例 4.32】 编写函数，输出 n 以内不包含 2 的素数。

程序如下：

```
def sushu02(a):
    j=1
    list=[]
    for i in range(3,a):
        for j in range(2,i):
            if(i%j==0):
                break
        if j==i-1:
            # print(i)
            list.append(i)
    return list


            # print(i,'\t')
if __name__=="__main__":
    x=input("please input number:",)
    t=int(x)
    su=sushu02(t)
    print(su)
```

运行程序，结果如下：

```
please input number:89
[3, 5, 7, 11, 13, 17, 19, 23, 29, 31, 37, 41, 43, 47, 53, 59, 61, 67, 71, 73, 79, 83]
```

【例 4.33】　编写一个函数，判断 3 个数是否能构成一个三角形。

程序如下：

```
import sys
def triangle(a,b,c):
    if(a+b>c and a+c>b and b+c>a):
        print('组成三角形' ,a,b,c)
        if(a==b==c):
            print("等边三角形")
        elif (a == b or a == c or b == c):
            print("等腰三角形")
        elif(a**2+b**2==c**2 or a**2+c**2==b**2 or c**2+b**2==a**2):
            print("直角三角形")
        else:
            print("普通三角形")
    else:
            print("不能组成三角形")
if __name__=="__main__":
    print("please input three number:")
    x=input("first number a=:",)
    y=input("second number b=:",)
    z=input("thrid number c=:",)
    triangle(int(x),int(y),int(z))
```

运行程序，结果如下：

```
please input three number:
first number a=:100
second number b=:200
thrid number c=:180
组成三角形  100 200 180
普通三角形
```

【例 4.34】 编写一个函数，计算传入的列表的最大值、最小值和平均值，并以元组的方式返回，然后调用该函数。

程序如下：

```
import math
def deal_num(li):
    list=[]
    list.append(float(max(li)))
    list.append(float(min(li)))
    sum=0
    for i in li:
        sum=sum+float(i)
    aver=float(sum)/li.__len__()
    list.append(aver)
    print("list:",list)
    return tuple(list)
if __name__=="__main__":
    # print("请输入一个序列：")
    # while
    ll=input("please input a list,just contain number:",)
    lll=ll.split(',')
    # print(type(lll))
    deal=deal_num(lll)
    print("tuple contain max_number,min_number and average_number:",deal)
```

运行程序，结果如下：

```
please input a list,just contain number:99,87,67,100,-20
list: [99.0, -20.0, 66.6]
tuple contain max_number,min_number and average_number: (99.0, -20.0, 66.6)
```

习题 4

一、填空题

1．当修改形参时，会影响函数外面的实参，这种参数是（　　　　　）。（可变参数/不可变参数）

2．在 Python 中，使用关键字（　　　　　）来创建匿名函数。

3．在 Python 中，（　　　　　）在一个函数内部定义另外一个函数。（允许/不允许）

4．函数的返回语句为 return 1,[2],3，则函数返回结果为（　　　　　）。

5．已知 f= lambda x,y:x**y，则 print(f(**{"x":3,"y":4}))的结果为（　　　　　）。

6．写出下列程序的输出结果。

```
def fun(x, y, z):
    return x+5//y + z
print (fun(1,3,4))
print(fun(2, y=3, z=4))
print(fun(x =3, y =3, z=4))
print(fun(y =4, z=5, x= 2))
```

7．写出下列程序的输出结果。

```
a,b=1,2
def fun():
```

```
        a=100
        b=200
def main():
    a,b=5,8
fun()
main()
print (a, b)
```

8．写出下列程序的输出结果。

```
def fun(x):
    print (x)
    x=7.4
    y=9.5
    print(y)
x=1
y=2
fun(x)
print (x)
print(y)
```

9．写出下列程序的输出结果。

```
def fun(x,*y,**z):
    print(x)
    print(y)
    print (z)
fun(1,2,3,4,a=1,b=2,c=3)
```

10．下面程序运行的结果为（　　　　　）。

```
def demo(lst, k):
    if k<len(lst):
        return lst[k:]+lst[:k]
lst=[1,2,3,4,5,6]
print(demo(lst,4))
```

11．阅读程序，打印结果是（　　　　　）。

```
def demo(newitem,old_list=[]):
    old_list.append(newitem)
    return old_list
def main():
    print(demo("a"))
    print(demo("b"))
main()
```

12．阅读程序，写出结果。

```
def f(w=1,h=2):
    print(w,h)
f()
f(w=3)
f(h=7)
f(a=3)
```

二、选择题

1．在程序中用于执行特定任务的一组语句是（　　　　　）。

　　A．语句块　　　　　　B．参数　　　　　　　C．函数　　　　　　D．表达式

2．有效减少程序中重复代码的一种设计技术，也是使用函数的优点的是（　　　　　）。

    A．代码重用   B．分而治之   C．调试   D．团队合作

3．函数定义的第一行称为（   ）。

    A．函数体   B．介绍   C．初始化   D．函数头

4．在函数内部创建的变量是（   ）。

    A．全局变量   B．局部变量   C．隐藏变量

    D．以上都不是，在函数内部不能创建变量

5．（   ）是发送到被调函数的数据。

    A．实参   B．形参   C．报文   D．头部

6．（   ）是在函数调用时用来接收数据的特殊变量。

    A．实参   B．形参   C．报文   D．头部

7．对程序中所有函数可见的变量是（   ）。

    A．局部变量   B．通用变量   C．全局变量   C．程序内变量

8．如果可能，应当避免在程序中使用（   ）变量。

    A．局部   B．全局   C．引用   D．参数

9．（   ）是指预先编写的内置于编程语言中的函数。

    A．标准函数   B．库函数   C．定制函数   D．自定义函数

10．以下关于函数的描述，错误的是（   ）。

    A．函数是一种功能抽象

    B．使用函数的目的只是增加代码复用

    C．函数名可以是任何有效的 Python 标识符

    D．使用函数后，代码的维护难度降低了

11．要求函数调用时传入的实参个数、顺序和函数定义时形参的个数、顺序完全一致，这种参数是（   ）。

    A．必需参数   B．关键字参数   C．不定长参数   D．默认参数

12．在 Python 中定义一个新函数必须以（   ）关键字开头。

    A．class   B．def   C．global   D．import

13．关于程序的异常处理，以下选项中描述错误的是（   ）。

    A．程序异常经过妥善处理后，程序可以继续执行

    B．异常语句可以与 else 和 finally 保留字配合使用

    C．编程语言中的异常和错误是完全相同的概念

    D．Python 通过 try、except 等保留字提供异常处理功能

14．关于函数，以下选项中描述错误的是（   ）。

    A．函数能完成特定的功能，对函数的使用不需要了解函数内部实现原理，只要了解函数的输入和输出方式即可

    B．使用函数的主要目的是降低编程难度和代码重用

    C．Python 使用 del 保留字定义一个函数

    D．函数是一段具有特定功能的、可重用的语句组

15．调用以下函数，返回的值为（   ）。

```
def myfun():pass
```

    A．0   B．出错不能运行   C．空字符串   D．None

16. 对于如下函数，下面在调用函数时会报错的是（　　　）。

```
def showNumber(numbers):
    for n in numbers:
        print(n)
```

  A．showNumber([2,4,5])   B．showNumber("abcesf")

  C．showNumber(3.4)   D．showNumber((12,4,5))

17. 函数如下，输出结果正确的是（　　　）。

```
def chanageInt(number2):
    number2 = number2+1
    print("changeInt: number2= ",number2)
number1 = 2
chanageInt(number1)
print("number:",number1)
```

  A．
```
changeInt: number2= 3
number: 3
```

  B．
```
changeInt: number2= 3
number: 2
```

  C．
```
number: 2
changeInt: number2= 2
```

  D．
```
number: 2
changeInt: number2= 3
```

18. 执行以下程序，输入 a，输出结果是（　　　）。

```
a="python"
try:
    s=eval(input("请输入整数："))
    ms=s*2
    print(ms)
except:
    print("请输入整数")
```

  A．a   B．请输入整数   C．pythonpython D．python

19. 以下程序的输出结果是（　　　）。

```
s=0
def fun(num):
    try:
        s+=num
        return s
    except:
        return 0
    return 5
print(fun(2))
```

  A．0   B．2   C．UnboundLocalError   D．5

20. 以下程序的输出结果是（　　　）。

```
def hub(ss, x=2.0,y=4.0):
    ss+=x*y
```

```
ss=10
print(ss,hub(ss,3))
```

   A. 22.0 None B. 10 None   C. 22 None   D. 10.0 22.0

21. 以下程序的输出结果是（ ）。

```
def test( b = 2, a = 4):
    global z
    z += a * b
    return z
z = 10
print(z, test())
```

   A. 18None   B. 10 18   C. UnboundLocalError   D. 18 18

三、程序设计题

1. 编写函数，统计输入的字符串中大写字母的个数。

2. 编写函数，求 1!+2!+3!+4!+5!+…+n!，n 由键盘输入。

3. 编一个函数，函数的功能是把字符串中的内容逆置。

4. 输入 10 个学生的有关数据（即学号、姓名、性别、年龄、成绩），分别统计其中的男、女生人数，计算平均年龄和平均成绩，最后按成绩由高到低的顺序输出各项数据。

5. 编写匿名函数，判断 x 是否为数字。若是，得 1；否则，得 0。

6. 利用条件编译方法实现以下功能：输入一行电报文字，可以任选两个输出：

（1）原文输出；

（2）将原文变成密文后输出。方法是将字母变成其下一个字母（如将 a 变成 b，将 b 变成 c，……，将 z 变成 a），其他字符不变。

7. 编写函数判断闰年。

8. 编写函数判断某个字符串是不是回文。

第 5 章　文件读写与管理

5.1　文件读写

5.1.1　文件的存储格式

数据只有以永久性的方式存放，才能在需要时被方便地访问。存储数据是为了以后能够读取，所以系统允许用户为所分配的存储区域指定名字（文件名），并将数据写入此区域中，这些存储在存储介质特定区域里的信息的集合就是文件。

从文件编码的方式来看，文件可分为文本文件和二进制文件两种。

1．文本文件

简单地说，文本文件是基于字符编码的文件，常见的编码有 ASCII 编码、UNICODE 编码等。例如，数 5678 的存储方式为：

ASCII 码：00110101 00110110 00110111 00111000

十进制码：　　5　　　　6　　　　7　　　　8

可以发现数字 5678 按文本文件格式以 ASCII 码形式存储时共占用 4 字节。

2．二进制文件

二进制文件就是把内存中的数据按其在内存中存储的形式原样输出到外存中存放，即存放的是数据的原始格式。二进制文件一般用于存储可执行程序、图形、图像和声音等。

例如，数 5678 的二进制文件存储形式为 00010110 00101110，只占 2 字节。二进制文件虽然也可在屏幕上显示，但其内容无法读懂。

3．文本文件和二进制文件的优缺点

一般认为，文本文件编码基于字符定长，译码较容易；二进制文件编码基于字符变长，所以灵活、存储利用率高、译码更难（不同的二进制文件格式，有不同的译码方式）。

在空间利用率方面，二进制文件可以用一个比特来代表一种状态（位操作），而文本文件任何一种状态至少需要 1 字节。

在 Windows 中，文本文件不一定以 ASCII 码来存储，因为 ASCII 码只能表示 128 个标识。打开一个 txt 文档，然后选择"另存为"命令，这时会出现编码选项，可以选择存储格式，一般来说 UTF-8 编码格式兼容性较好，而二进制文件用的计算机原始语言，则不存在兼容性。

如果存储的是字符数据，无论采用文本文件还是二进制文件都没有任何区别；如果存储的是非字符数据，则要根据使用情况决定：

（1）需要频繁保存和访问的数据，应采取二进制文件进行存放，这样可以节省存储空间和转换时间。

（2）如果需要频繁地向终端显示数据或从终端读入数据，则采用文本文件进行存放，以节省转换时间。

5.1.2 file 对象

在 Python 语言中，文件对象负责文件操作，文件对象不仅可以访问存储在外存中的文件，还可以访问网络文件。文件对象提供了必要的函数和方法进行默认情况下的文件基本操作。使用 file 对象可以完成大部分的文件操作。

1. file 对象的属性

通过 file 对象，可以获取该文件的有关信息。file 对象的基本属性见表 5.1。

表 5.1 file 对象的基本属性

属　　性	描　　述
file.closed	如果文件已关闭则返回 True，否则返回 False
file.mode	返回被打开文件的访问模式
file.name	返回文件名称

2. file 对象的方法

表 5.2 列出了 file 对象常用的方法。

表 5.2 file 对象常用的方法

方　　法	功　　能
file.close()	关闭文件。关闭文件后不能再进行读写操作
file.flush()	刷新文件内部缓冲，把内部缓冲区的数据立刻写入文件，而不是被动地等待输出缓冲区写入
file.fileno()	返回一个整型的文件描述符，可以用在如 os 模块的 read 方法等一些底层操作上
file.isatty()	如果文件连接到一个终端设备则返回 True，否则返回 False
file.next()	返回文件下一行
file.read([size])	从文件读取由 size 指定字节的字符。如果未给定或为负数则读取所有字符
file.readline([size])	读取整行内容，包括"\n"字符
file.readlines([sizeint])	读取所有行并返回列表。若给定 sizeint>0，则是设置一次读多少字节
file.seek(offset[,whence])	设置文件当前位置
file.tell()	返回文件当前位置
file.truncate([size])	截取文件。截取的字节通过 size 指定，默认为当前文件位置
file.write(str)	将字符串写入文件，返回写入的字符长度
file.writelines(sequence)	向文件写入一个序列字符串列表，如果需要换行则加入每行的换行符

5.1.3 打开和关闭文件

要读写文件时，须先打开文件再操作文件；操作完毕时，须关闭文件，以便释放和文件操作相关的系统资源。因此，文件操作主要包括以下 3 步：

（1）打开文件；

（2）读取或写入数据；

（3）关闭文件。

1．打开文件

打开文件时，必须使用 Python 内置的 open()函数建一个 file 对象，然后通过对象的相关方法进行文件相关操作。

open()函数的语法格式如下：

```
file object = open(file_name [,access_mode][,buffering])
```

参数的含义如下：

① file_name：file_name 变量是一个包含要访问的文件名称的字符串。

② access_mode：access_mode 决定了打开文件的模式，即如只读、写入和追加等。这个参数是非强制的，默认文件访问模式为只读（r）。文件的打开模式及含义如表 5.3 所示。

③ buffering：如果 buffering 的值被设为 0，则不会寄存；如果 buffering 的值取 1，则访问文件时会寄存行；如果将 buffering 的值设为大于 1 的整数，表示这是用户指定的寄存区的缓冲大小；如果取负值，寄存区的缓冲大小则为系统默认。

表 5.3　文件的打开模式及含义

模　　　式		描　　　述
文本文件打开模式	r	以只读方式打开文件。文件指针将会放在文件的开头，这是默认模式
	w	以写入方式打开文件。如果该文件已存在，则打开文件，并从开头开始编辑（原有内容会被删除）；如果该文件不存在，则创建新文件
	a	以追加方式打开文件。如果该文件已存在，文件指针则放在文件的结尾（新的内容会被写入到已有内容之后）；如果该文件不存在，则创建新文件写入
	r+	以读写方式打开文件。文件指针将会放在文件的开头
	w+	以读写方式打开文件。如果该文件已存在，则打开文件，并从开头开始编辑（原有内容会被删除）；如果该文件不存在，则创建新文件
	a+	以追加方式打开文件。如果该文件已存在，文件指针则放在文件的结尾；如果该文件不存在，则创建新文件用于读写
二进制文件打开模式	rb	以二进制格式打开一个文件用于只读。文件指针将会放在文件的开头，这是默认模式。二进制格式一般用于非文本文件，如图片等
	wb	以二进制格式打开一个文件只用于写入。如果该文件已存在，则打开文件，并从开头开始编辑（原有内容会被删除）；如果该文件不存在，则创建新文件
	ab	以二进制格式打开一个文件用于追加。如果该文件已存在，文件指针则放在文件的结尾（新的内容会被写入到已有内容之后）；如果该文件不存在，则创建新文件写入
	rb+	以二进制格式打开一个文件用于读写。文件指针将会放在文件的开头
	wb+	以二进制格式打开一个文件用于读写。如果该文件已存在，则打开文件，并从开头开始编辑（原有内容会被删除）；如果该文件不存在，则创建新文件
	ab+	以二进制格式打开一个文件用于追加。如果该文件已存在，文件指针则放在文件的结尾；如果该文件不存在，则创建新文件用于读写

几种读写模式的特点如表 5.4 所示。

表 5.4　几种读写模式的特点

模式	r	r+	w	w+	a	a+
读	√	√		√		√

续表

		√	√	√	√	√
写		√	√	√	√	√
创建			√	√	√（文件不存在时）	√（文件不存在时）
覆盖			√	√		
指针在开始	√	√	√	√		
指针在结尾					√	√

说明：

（1）追加模式和写入模式的区别。

以写入模式打开一个文件时，无论这个文件是否有内容，都会被清空再写入；使用追加模式时，若文件存在，则在原有的内容上继续进行写入。

（2）文本模式和二进制模式的区别。

采用文本模式读取时，操作系统的换行符（UNIX 中使用'\n'，而 Windows 中使用'\r\n'，Mac 中使用'\r'）会被转换成 Python 的默认换行符'\n'，写入时会将默认的换行符转换为操作系统的换行符；采用二进制模式进行读写时，换行符不会进行转换。这个转化对文本文件没有影响，但是对二进制数据会有影响，如图像文件或 EXE 文件等。因此，读写图像文件、EXE 文件时，一般使用二进制模式。

2．关闭文件

关闭文件要使用 file 对象的 close()方法。

file 对象的 close()方法刷新缓冲区里任何还没写入的信息，然后关闭该文件。当一个文件对象的引用被重新指定给另一个文件时，Python 会关闭之前的文件。

close()方法的基本语法：

```
fileObject.close()
```

【例 5.1】 打开一个文本文件，显示其基本属性。

程序如下：

```
# -*- coding: UTF-8 -*-
# 打开一个文件
fo = open("tt.py", "w")
print ("文件名: ", fo.name)
print ("是否已关闭 : ", fo.closed)
print ("访问模式 : ", fo.mode)
fo.close()
```

运行程序，结果如下：

```
文件名:  tt.py
是否已关闭 :  False
访问模式 :  w
```

5.1.4 文件的读写

file 对象提供了一系列方法，可以让用户方便地访问文件。其中 read()和 write()方法是最常用的读取和写入文件的方法。

1．写文件

将文本文件的内容写入文件非常容易，文件对象提供了两个写入方法：write()和 writelines()。

（1）write()方法

写文件最常见的方法是 write()方法 。write()方法可将任何字符串写入一个打开的文件。需要注意的是，Python 字符串可以是文字也可以是二进制数据。

write()方法不会在字符串的结尾添加换行符（'\n'）。

write()方法的语法：

```
fileObject.write(string)
```

这里，被传递的参数是要写入的内容。

【例 5.2】　向文件中存入 3 个姓名。

程序如下：

```
# -*- coding: UTF-8 -*-
# 打开一个文件
fo = open("mytext.txt", "w")
for i in range(0,3):
    s=input("请输入需要保存的人名：")
    fo.write(s)
# 关闭打开的文件
fo.close()
```

运行程序，结果如下：

```
请输入需要保存的人名：张晓敏
请输入需要保存的人名：李娜
请输入需要保存的人名：吴明
```

输入完成后，可以发现，在当前文件夹下创建了文件 mytext.txt，使用记事本打开该文件，文件内容如图 5.1 所示。

文件内容之所以保存在一行，是因为 write()方法写入内容时，不会在字符串的结尾添加换行符（'\n'）。

（2）writelines()方法

文件对象还提供了 writelines()方法，使用该方法可以将字符串列表写入文件。需要注意的是，writelines()将列表

图 5.1　mytext.txt 文件内容

写入文件时，不会在列表的每个元素后加换行符，如果每行都有换行符，需要自己加上。

【例 5.3】　使用 writelines()向文件中存入 3 个人员的姓名。

程序如下：

```
# -*- coding: UTF-8 -*-
# 打开一个文件
str=[]
fo = open("mytext2.txt", "w")
for i in range(0,3):
    s=input("请输入需要保存的人名：")
    s=s+"\n"    #添加换行符
    str.append(s)
fo.writelines(str)
fo.close() # 关闭打开的文件
```

运行程序，结果如下：

```
请输入需要保存的人名：张志强
请输入需要保存的人名：马鸣
请输入需要保存的人名：上官志云
```

使用记事本打开 mytext2.txt 文件，内容如图 5.2 所示。可以发现，内容保存为 3 行。

图 5.2　mytext2.txt 文件内容

2．读文件

文件对象提供了 3 个读方法：read()、readline() 和 readlines()。

（1）read()方法

读文件最常用的方法是 read()方法。

read()方法从一个打开的文件中读取内容，将读取结果放到一个字符串变量中。需要注意的是，Python 字符串可以是二进制数据，而不仅仅是文本数据。

read()方法的语法：

```
fileObject.read([count])
```

这里，被传递的参数 count 是要读取的字节计数。该方法从文件的开头开始读入，如果没有传入 count，则它会尽可能地读取更多的内容，直到文件的末尾。

【例 5.4】　使用 read()方法读取 3 个字符。

程序如下：

```
# -*- coding: UTF-8 -*-
# 打开一个文件
fo = open("mytext2.txt", "r")
str = fo.read(3) #读取 3 个字符
print ("读取的字符串是：", str)
# 关闭打开的文件
fo.close()
```

运行程序，结果如下：

```
读取的字符串是： 张志强
```

（2）readline()方法

readline()方法每次读出一行内容，读取时占用内存小，比较适合大文件，该方法返回一个字符串对象。

【例 5.5】　按行读取文件。

程序如下：

```
# -*- coding: UTF-8 -*-
# 打开一个文件
fo = open("mytext2.txt", "r")
str = fo.readline() #读取一行
while str:   #读取成功
    print(str,end="")
    str = fo.readline()
# 关闭打开的文件
fo.close()
```

运行程序，结果如下：

```
张志强
马鸣
上官志云
```

（3）readlines()方法

readlines()方法一次读取整个文件，自动将文件内容分析成一个以行为单位的列表，该列表可以由 for 循环进行处理。通常，readlines()方法要比 readline()方法的总体效率高得多，因此只有内存空间不足以一次读取整个文件时，才会使用 readline()方法。

【例 5.6】 一次读取文件，按行处理内容。

程序如下：

```
# -*- coding: UTF-8 -*-
# 打开一个文件
fo = open("mytext2.txt", "r")
str=fo.readlines()
for line in str:
    print(line,end="")
print("第 2 个人的姓名是：",str[1],end="")    #显示某个人的姓名
print("第 2 个人的姓是：",str[1][0])          #显示某个人的姓
fo.close()
```

运行程序，结果如下：

```
张志强
马鸣
上官志云
第 2 个人的姓名是： 马鸣
第 2 个人的姓是： 马
```

3. str 与 byte 的区别

在 Python 3.x 中，对文本文件和二进制文件做了更为清晰的区分。文本文件存储 Unicode 编码，由 str 类型表示；二进制文件存储与数据对应的二进制代码，数据由 bytes 类型表示。Python 3.x 不会以任意隐式的方式混用 str 和 bytes，既不能拼接字符串和字节包，也不能在字节包里搜索字符串（反之亦然），还不能将字符串传入参数为字节包的函数（反之亦然）。

系统提供的类型转换函数可以方便地完成类型转换。字符串类 str 的 encode()方法可以将字符串转换为字节码格式；bytes 类的 decode()方法可以将字节码格式转换为字符串。

即：使用 str.encode()方法，可以将 str 转换为 bytes；使用 bytes.decode()方法，可以将 bytes 转换为 str。

对于这两种方法，有以下几点需要注意：

（1）在将字符串存入外存和从外存读取字符串的过程中，Python 自动完成编码和解码的工作，用户不需要关心过程。

（2）使用 bytes 类型，实质上是告诉 Python，不要自动地完成编码和解码工作，而是用户自己手动完成，并指定编码格式。

（3）Python 已经严格区分了 bytes 和 str 两种数据类型，用户不能在需要使用 bytes 类型参数时使用 str 类型参数，反之亦然。

【例 5.7】 阅读程序，理解 str 型和 bytes 型的转换。

程序如下：

```
# -*- coding: UTF-8 -*-
def to_str(bytes_or_str):
    if isinstance(bytes_or_str,bytes):
        value = bytes_or_str.decode()
    else:
        value = bytes_or_str
    return value

def to_bytes(bytes_or_str):
    if isinstance(bytes_or_str,str):
```

```
            value = bytes_or_str.encode()
        else:
            value = bytes_or_str
        return value


print("初始 str：")
str_string = u"中国"                    #初始内容 str
print(type(str_string))                 # 显示类型

print("str:",str_string)                # 显示内容
print("转换为 bytes：")
value1 = to_bytes(str_string)           # 转换为 bytes
print(type(value1))                     # 显示类型
print("bytes:",value1)                  # 显示内容

print("转换为 str：")
value2 = to_str(value1)                 # 转换为 str
print(type(value2))                     # 显示类型
print("bytes:",value2)                  # 显示内容
```

运行程序，结果如下：

```
初始 str:
<class 'str'>
str: 中国
转换为 bytes:
<class 'bytes'>
bytes: b'\xe4\xb8\xad\xe5\x9b\xbd'
转换为 str:
<class 'str'>
bytes: 中国
```

5.1.5　文件读写位置定位

当读取文件内容时，系统通过文件位置指针指明当前的读写位置。在读写过程中，文件位置指针会自动后移。例如，使用 open()函数打开文件时，文件位置指针是在初始位置 1，读取 4 字节内容后，文件位置指针就移动到 5。

在文件处理时，用户可以根据实际需要移动文件位置指针。与文件位置指针操作相关的方法有两个，分别是 tell()方法和 seek()方法。tell()方法获取文件位置指针的当前位置；seek()方法改变文件位置指针的当前位置。

1. tell()方法

tell()方法的一般格式：

```
fileObject.tell()
```

说明：tell()方法无参数，返回值为文件位置指针的当前位置。

2. seek()方法

seek()方法的一般格式：

```
fileObject.seek(offset [,from])
```

其中，offset 是偏移量（可为负数），指从偏移相对位置开始向后（或向前）移动多少。

from 为偏移相对位置，偏移相对位置有 3 种模式：

① os.SEEK_SET：是默认的模式，表示文件的相对起始位置，也可用 0 表示；

② os.SEEK_CUR：表示文件的相对当前位置，也可用 1 表示；

③ os.SEEK_END：表示文件的相对结束位置，也可用 2 表示。

其中，0 模式可以在文本文件或二进制文件中使用，而 1 模式和 2 模式只能在二进制文件中使用。

【例 5.8】　读取文件指定位置的内容。

程序如下：

```
# -*- coding: UTF-8 -*-
# 打开一个文件
fo = open("mytext2.txt", "r")
str = fo.read(2) #读取两个编码的内容
print ("读取的字符串是 : ", str)
# 查找当前位置
position = fo.tell()
print ("当前文件位置 : ", position)


position = fo.seek(0, 0)
position = fo.tell()
print ("当前文件位置 : ", position)
str = fo.read(1) #读取一个编码的内容
print ("重新读取字符串 : ", str)
# 关闭打开的文件
fo.close()
```

运行程序，结果如下：

```
读取的字符串是 ：　张志
当前文件位置 ：　4
当前文件位置 ：　0
重新读取字符串 ：　张
```

5.1.6　使用 with open 打开文件

在读文件时，一般使用 open()方法打开文件，若文件不存在，则会报 FileNotFoundError 错误，此时，与之对应的 close()方法将不会被执行（文件使用完毕后必须关闭，因为文件对象会占用操作系统的资源，并且操作系统同一时间能打开的文件数量也是有限的）。所以，为了保证无论是否出错都能正确地关闭文件，一般使用 try ... finally 来实现。

例如：

```
try:
    f = open("mytext2.txt", "r")
    list = f.readlines()
    print(list)
finally:
    if f:
        f.close()
```

对于一个文件，每次都这么写比较麻烦。所以，Python 引入了更为简洁的 with open 语句来打开文件。

with open 的一般用法格式如下：

```
with open("mytext2.txt", "r") as f:
    list = f.readlines()
    print(list)
```

with open 和前面的 try ... finally 功能一样，但代码更简洁，且不必调用 f.close()方法（with open 语句会自动调用 close()方法）。

5.1.7 文件读写应用举例

【例 5.9】 有两个日志文件记录了请求资源的 IP 地址，文件中 IP 地址按行存储，求两个文件中重复出现的 IP 地址。

分析：采用 with open 打开文件，通过 readlines()方法从文件中读入内容，分别存于 list1 和 list2 中，然后去掉行末的'\n'；从前向后依次扫描 list1 中的元素，使用二分查找算法判断对应元素是否在 list2 中存在，若存在则保存在 same_data 中；最后使用 set 快速去重。

程序如下：

```
# coding:UTF-8
import bisect
with open("test1.txt", "r") as f1:
    list1 = f1.readlines()
for i in range(0, len(list1)):
    list1[i] = list1[i].strip("\n")
with open("test2.txt", "r") as f2:
    list2 = f2.readlines()
for i in range(0, len(list2)):
    list2[i] = list2[i].strip("\n")
list2.sort()
length_2 = len(list2)
same_data = []
for i in list1:
    pos = bisect.bisect_left(list2, i)
    if pos < len(list2) and list2[pos] == i:
        same_data.append(i)
same_data = list(set(same_data))
print(same_data)
```

运行以上程序可以发现，统计出了所有在两个文件中同时出现的 IP 地址。

【例 5.10】 读取一个日志文件，每行以字典的方式保存，最终结果放入列表中，求平均工资。

假定日志文件 mylog.log 的内容如下：

```
id,name,phone,car,home,salary
2020108001,张云,27653,特斯拉,新庄,8000
2020108003,吴明,10010,奥迪,周庄,7000
2020108007,韩宇月,10000,别克,桃溪堡,9000
2020108009,秦雄,12345,吉利,马庄,6500
```

程序如下：

```
# coding:UTF-8
li = []
with open("mylog.log", mode="r", encoding="utf-8") as rf:
    first = rf.readline().strip().split(",")    # 读取行首的内容
    for line in rf:     # 读取非行首的内容
        dic = {}
        content = line.strip().split(",")
        for i in range(len(first)):
```

```
                    dic[first[i]] = content[i]
            li.append(dic)
for c in li:
    print(c)
    sum = 0
i=0
for m in li:
    sum = sum + int(m["salary"])
    i=i+1
print(sum/i)
```

运行程序，结果如下：

```
{'id': '2020108001', 'name': '张云', 'phone': '27653', 'car': '特斯拉', 'home': '新庄', 'salary': '8000'}
{'id': '2020108003', 'name': '吴明', 'phone': '10010', 'car': '奥迪', 'home': '周庄', 'salary': '7000'}
{'id': '2020108007', 'name': '韩宇月', 'phone': '10000', 'car': '别克', 'home': '桃溪堡', 'salary': '9000'}
{'id': '2020108009', 'name': '秦雄', 'phone': '12345', 'car': '吉利', 'home': '马庄', 'salary': '6500'}
7625.0
```

5.2　CSV 文件操作

CSV 文件结构简单、数据存储方便，仅用 Python 的内置 CSV 模块就可以对数据进行读取，且数据以文件的形式存储，便于保存、读写和传输。

5.2.1　CSV 文件简介

1. CSV 文件

CSV（Comma-Separated Values 的英文缩写，即逗号分隔值，也称字符分隔值，因为分隔符也可以不是逗号）是一种常用的字符分隔值文本格式，用以存储表格数据，包括数字或者字符。很多程序在处理数据时都会碰到 CSV 格式的文件。Python 的 CSV 模块中提供了读写 CSV 格式文件的类，可以让用户程序采用更容易被 Excel 处理的格式输出或者读入数据。

2. CSV 文件的特点

CSV 文件具有以下特点：

（1）CSV 是一个被行分隔符、列分隔符划分成行和列的文本文件；

（2）CSV 不指定字符编码；

（3）行分隔符为\r\n，最后一行可以没有换行符；

（4）列分隔符常为逗号或制表符；

（5）每一行称为一条记录 record；

（6）字段既可以使用双引号括起来，也可以不使用。如果字段中出现双引号、逗号和换行符，则必须用双引号括起来。

5.2.2　CSV 模块

CSV 模块提供了很多类，可以用来读写 CSV 格式的表格数据。在不用了解 Excel 文件所使用的 CSV 格式的一些具体细节的情况下，通过该模块，可以使得编程人员将数据以 Excel 格式写入文件，或者读取由 Excel 生成的文件。下面简单介绍 CSV 模块中最常用的一些函数。

1. 使用 reader()函数和 writer()函数进行 CSV 文件的读写

（1）reader()函数

读取 CSV 文件的基本函数是 reader()函数。reader()函数的一般格式如下：

```
csv.reader(csvfile,dialect='excel',**fmtparams)
```

功能：该函数主要用于文件的读取，返回一个 reader 对象，用于在 CSV 文件内容上进行行迭代。

其中，参数 csvfile 是文件对象或者 list 对象；dialect 用于指定 CSV 格式，不同程序输出的 CSV 格式有细微差别；fmtparams 是一系列参数列表，用于设置特定的格式，以覆盖 dialect 中的格式。

csv.reader 对象是可迭代对象，包含以下属性：

- csv.reader().dialect，返回其 dialect。
- csv.reader().line_num，返回读入的行数。

【例 5.11】 使用 reader()函数读取 CSV 文件，逐行显示内容。

例中，通过 excel 查看 stu.csv 文件内容，如图 5.3 所示。

学号	姓名	性别	院系	英语	数学	计算机	体育
2019110120	张强	男	新闻学院	89	78	85	78
2019110121	马玉	男	新闻学院	78	90	67	80
2019110122	周志刚	男	新闻学院	80	86	80	86
2019110123	韩宇江	男	新闻学院	76	79	78	79
2019116010	张雨绮	女	物理学院	70	88	86	80
2019116011	赵明	男	物理学院	91	91	67	83
2019116012	吴敏	女	物理学院	87	70	69	86
2019116018	蕾蕾	女	物理学院	88	89	92	85
2019108001	卫华	男	数学学院	80	79	89	90

图 5.3 stu.csv 文件内容

程序如下：

```
# -*- conding:UTF-8 -*-
import csv
#读数据
with  open("stu.csv", "r") as f:
    reader = csv.reader(f)
    rows=[row for row in reader]
for r in rows:
    print(r)   #逐行显示内容
```

运行程序，结果如下：

```
['学号', '姓名', '性别', '院系', '英语', '数学', '计算机', '体育']
['2019110120', '张强', '男', '新闻学院', '89', '78', '85', '78']
['2019110121', '马玉', '男', '新闻学院', '78', '90', '67', '80']
['2019110122', '周志刚', '男', '新闻学院', '80', '86', '80', '86']
['2019110123', '韩宇江', '男', '新闻学院', '76', '79', '78', '79']
['2019116010', '张雨绮', '女', '物理学院', '70', '88', '86', '80']
['2019116011', '赵明', '男', '物理学院', '91', '67', '90', '83']
['2019116012', '吴敏', '女', '物理学院', '87', '70', '69', '86']
```

【例 5.12】 读取 CSV 文件，提取某一列。

在 Python 中也可以像操作 Excel 一样提取其中一列，即一个字段。使用 reader()函数，接收一个可迭代的对象（如 CSV 文件），只要能返回一个生成器，就可以从中解析出 CSV 的内容。

使用 reader()函数，提取其中某一列，程序如下：

```
# -*- conding:UTF-8 -*-
import csv
#读数据
f=open("stu.csv", "r")
reader = csv.reader(f)
c1 = [row[1] for row in reader]
#获取第一列的数据
for c in c1:
    print(c)
f.close()
```

运行程序，结果如下：

```
姓名
张强
马玉
周志刚
韩宇江
张雨绮
赵明
吴敏
```

需要注意的是，从 CSV 文件中读出的都是 str 类型。这种方法须事先知道所要读取列的序号，读取时根据列的序号读取。例如，姓名在第 1 列，读取时要使用列号 1 而不能使用 "姓名" 这个字段名。

（2）writer()函数

CSV 文件的写入用到的是 writer()函数。writer()函数的一般格式如下：

```
csv.writer(csvfile,dialect='excel',**fmtparams)
```

功能：用于把列表数据写入 CSV 文件。

其中，参数 csvfile 是任何支持 writer()方法的对象，通常为文件对象；dialect 和 fmtparams 与 csv.reader 对象构造函数中的参数意义相同。

csv.writer 对象包含以下方法和属性。

方法：

● writer.writerow(row)，功能是写入一行数据。

● writer.writerows(rows)，功能是写入多行数据。

属性：

● writer.dialect，只读属性，返回其 dialect。

【例 5.13】 加一行数据。

程序如下：

```
# -*- conding:UTF-8 -*-
import csv
#读数据
f=open("stu.csv", "a+")
csv_writer = csv.writer(f)
csv_writer.writerow(['2019116018', '蕾蕾', '女', '物理学院', \
'88', '89', '92', '85'])
f.close()
```

由于是追加内容，所以打开方式使用"a+"方式。

运行程序后，会在文件末尾追加一行内容。通过例 5.11 查看文件，结果如下：

```
['学号','姓名','性别','院系','英语','数学','计算机','体育']
['2019110120', '张强', '男', '新闻学院', '89', '78', '85', '78']
['2019110121', '马玉', '男', '新闻学院', '78', '90', '67', '80']
['2019110122', '周志刚', '男', '新闻学院', '80', '86', '80', '86']
['2019110123', '韩宇江', '男', '新闻学院', '76', '79', '78', '79']
['2019116010', '张雨绮', '女', '物理学院', '70', '88', '86', '80']
['2019116011', '赵明', '男', '物理学院', '91', '91', '67', '83']
['2019116012', '吴敏', '女', '物理学院', '87', '70', '69', '86']
['2019116018', '蕾蕾', '女', '物理学院', '88', '89', '92', '85']
```

可以发现，内容已经追加。

【例 5.14】 用 writerows(rows)追加多行数据。

以下程序，一次可以追加多行内容。

```
# -*- conding:UTF-8 -*-
import csv
#写：追加
rows = [["2019118002", "郑国", "男", "信息学院","78","85","79","88"],\
        ["2019118003", "董宇恒", "男", "信息学院","93","68","80","60"],\
        ["2019118004", "周川", "男", "信息学院","78","85","80","88"],\
        ["2019118005", "胡毅", "男", "信息学院","78","80","83","69"]]
out = open("stu3.csv", "a", newline = "")
csv_writer = csv.writer(out, dialect = "excel")
csv_writer.writerows(rows)
out.close()
```

说明：newline=""表示写入内容时不要出现空行。

2. 使用 csv.DictReader 对象和 csv.DictWriter 对象进行 CSV 文件读写

使用 csv.reader 对象从 CSV 文件读取数据时，结果为列表对象 row，需要通过索引 row[i] 访问对应元素，而不是通过字段名（行标题）来访问。

（1）使用 csv.DictReader 对象读文件

如果想要通过 CSV 文件的首行标题字段名访问内容，则可以使用 csv.DictReader 对象读取。

csv.DictReader 对象的一般格式如下：

```
csv.DictReader(csvfile,fieldnames=None,restkey=None,restval=None,dialect='excel',*args,**kwds)
```

其中，csvfile 是文件对象或 list 对象；fieldnames 用于指定字段名，如果没有指定，则第一行为字段名；restkey 和 restval 用于指定字段名和数据个数不一致时所对应的字段名或数据值，其他参数同 reader 对象。

DictReader 对象包含以下方法和属性。

方法：

● csv.DictReader().__next__()，称之为 next(reader)。

属性：

● csvreader.dialect，解析器使用的方言只读描述。

● csvreader.line_num，返回读入的行数。

● csvreader.fieldnames，返回标题字段名。

【例 5.15】 用 DictReader()函数读取 CSV 文件，逐行显示内容。

程序如下：

```
# -*- conding:UTF-8 -*-
import csv
#读数据
```

```
f=open("stu.csv", "r")
reader = csv.DictReader(f)
column = [row for row in reader]
for c in column:
    print(c)
f.close()
```

【例 5.16】　使用 DictReader 对象读取 CSV 文件，显示某一列。

用 DictReader()方法接收一个可迭代的对象，就能返回一个生成器，但是返回的每一个单元格都放在一个字典的值内，而这个字典的键则是这个单元格的标题（列头）。

用 DictReader()函数读取 CSV 文件的某一列，就可以用列标题查询。

程序如下：

```
# -*- conding:UTF-8 -*-
import csv
#读数据
f=open("stu.csv", "r")
reader = csv.DictReader(f)
c1 = [row["姓名"] for row in reader]
#获取第一列的数据
for c in c1:
    print(c)
f.close()
```

运行程序，结果如下：

```
张强
马玉
周志刚
韩宇江
张雨绮
赵明
吴敏
蕾蕾
```

（2）使用 csv.DictWriter 对象写文件

csv.DictWriter 对象的一般格式如下：

```
csv.DictWriter(csvfile,fieldnames,restval='',extrasaction = 'raise',dialect = 'excel',*args,**kwds)
```

其中，fieldnames 参数是一个序列，用于标识传递给 writerow()方法的字典中的键。如果传递给 writerow()方法的字典包含了 fieldnames 中没有的键，则用可选参数 extrasaction 指示要执行的操作。其他参数的含义同 csv.DictReader 对象的参数。

DictWriter 对象包含以下方法和属性。

方法：

● csvwriter.writerow(row)，将一行数据写入文件。
● csvwriter.writerows(rows)，将多行数据写入文件。
● DictWriter.writeheader()，写入标题字段名。

属性：

● csvwriter.dialect，使用的方言只读描述。

【例 5.17】　使用 DictWriter 对象追加一行。

```
# -*- conding:UTF-8 -*-
import csv
#读数据
```

```
f=open("stu.csv", "a")
# 文件头以列表的形式传入函数，列表的每个元素表示每一列的标识
fileheader = ["学号","姓名","性别","院系","英语","数学","计算机","体育"]
dict_writer = csv.DictWriter(f, fileheader)
stu1={ "姓名":"卫华","学号":"2019108001", "性别":"男", "院系":"数学学院",\
        "英语":80,"数学":79, "计算机":89, "体育":90}
dict_writer.writerow(stu1)
f.close()
```

DictWriter 的 writerow()方法的参数是字典型数据。

5.2.3 CSV 文件应用举例

【例 5.18】 创建 CSV 文件。

程序如下：

```
import csv
headers = ["class","name","gender","height","year"]

rows = [
        {"class":1,"name":"周明","gender":"male","height":168,"year":23},
        {"class":1,"name":"韩雪","gender":"female","height":162,"year":22},
        {"class":2,"name":"云朵","gender":"female","height":163,"year":21},
        {"class":2,"name":"马利","gender":"male","height":158,"year":21},
    ]
f=open("stu2.csv","w",newline="")
f_csv = csv.DictWriter(f,headers)
f_csv.writeheader()
f_csv.writerows(rows)
f.close()
```

创建 stu2.csv 文件，文件包含表头和 4 行内容。用 excel 打开该文件，结果如图 5.4 所示。

class	name	gender	height	year
1	周明	male	168	23
1	韩雪	female	162	22
2	云朵	female	163	21
3	马利	male	158	22

图 5.4　stu2.csv 文件内容

【例 5.19】 修改特定行的内容。

程序如下：

```
import os
import csv
with open("stu2.csv", mode="r") as t1,\
      open("stu3.csv", mode="w") as t2:
    for line in t1:   # 文件也是可以迭代的   一行行拿出来替换写入新文件中，节省内存
        if "马利" in line:
            # 将需要替换的地方替换
            line = line.replace("2,马利,male,158,21","3,马利,male,158,22")
        t2.write(line)
os.remove("stu2.csv")    # 删除原文件
os.rename("stu3.csv", "stu2.csv") # rename("文件名", "新文件名")
```

程序中，将马利的数据由"2,马利,male,158,21"，替换为"3,马利,male,158,22"。

【例 5.20】 编写函数，用户传入要修改的文件名和要修改的内容，执行函数，完成整个文件的批量修改操作。

程序如下：

```
import os
def cc(a,b,c):
    with open(a,'r+',encoding='utf-8') as ca:        #打开文件
        wc = ca.readlines() #把文件内容读到列表中
        with open('new','w+',encoding='utf-8') as cb:    #打开一个空文件
            for i in  wc:          #判断要替换的字符是否存在于源文件的行中
                if b in i:
                    i = i.replace(b,c)
                    cb.write(i)
                else:
                    cb.write(i)
date = input("请输入文件名,替换前,替换后： ").split() #多元赋值，生成列表
a,b,c = date      #多元赋值
cc(a,b,c)         #调用函数
os.remove(a)
os.rename('new',a) #替换文件
```

运行程序，结果如下：

请输入文件名,替换前,替换后： test3.txt 12 120

输入 test3.txt 12 120，将 test3.txt 文件中所有的 12 替换为 120。

5.3　文件及目录管理

5.3.1　重命名与删除文件

Python 的 os 模块提供了有关文件操作的方法，如重命名和删除文件。

要使用该模块，必须先导入，然后才可以调用相关的各种功能。os 模块常用的方法见表 5.5。

表 5.5　os 模块常用的方法

方　　法	功　　能
os.access(path, mode)	检验权限模式
os.chdir(path)	改变当前工作目录
os.chflags(path, flags)	设置路径的标记为数字标记
os.chmod(path, mode)	更改权限
os.chown(path, uid, gid)	更改文件所有者
os.chroot(path)	改变当前进程的根目录
os.close(fd)	关闭文件描述符 fd
os.closerange(fd_low, fd_high)	关闭所有文件描述符，从 fd_low（包含）到 fd_high（不包含），错误会忽略
os.dup(fd)	复制文件描述符 fd
os.dup2(fd, fd2)	将一个文件描述符 fd 复制到另一个 fd2

方　法	功　能
os.fchdir(fd)	通过文件描述符改变当前工作目录
os.fchmod(fd, mode)	改变一个文件的访问权限，该文件由参数 fd 指定，参数 mode 是 UNIX 下的文件访问权限
os.fchown(fd, uid, gid)	修改一个文件的所有权，这个函数修改一个文件的用户 ID 和用户组 ID，该文件由文件描述符 fd 指定
os.fdatasync(fd)	强制将文件写入磁盘，该文件由文件描述符 fd 指定，但是不强制更新文件的状态信息
os.fdopen(fd[,mode[, bufsize]])	通过文件描述符 fd 创建一个文件对象，并返回该文件对象
os.fpathconf(fd, name)	返回一个打开的文件的系统配置信息。name 为检索的系统配置的值，也是一个定义系统值的字符串，这些名字在很多标准中指定（POSIX.1、UNIX 95、UNIX 98 及其他）
os.fstat(fd)	返回文件描述符 fd 的状态，如 stat()
os.fstatvfs(fd)	返回包含文件描述符 fd 的文件的文件系统的信息，如 statvfs()
os.fsync(fd)	强制将文件描述符为 fd 的文件写入硬盘
os.ftruncate(fd, length)	裁剪文件描述符 fd 对应的文件，最大不能超过文件大小
os.getcwd()	返回当前工作目录
os.getcwdu()	返回一个当前工作目录的 Unicode 对象
os.isatty(fd)	如果文件描述符 fd 是打开的，同时与 tty(-like)设备相连，则返回 True，否则返回 False
os.lchflags(path, flags)	设置路径的标记为数字标记，类似 chflags()，但是没有软链接
os.lchmod(path, mode)	修改链接文件权限
os.lchown(path, uid, gid)	更改文件所有者，类似 chown，但是不追踪链接
os.link(src, dst)	创建硬链接，名为参数 dst，指向参数 src
os.listdir(path)	返回 path 指定的文件夹包含的文件或文件夹的名字列表
os.lseek(fd, pos, how)	设置文件描述符 fd 当前位置为 pos, how 方式修改：SEEK_SET 或者 0 设置从文件开始计算的 pos；SEEK_CUR 或者 1 则从当前位置计算；os.SEEK_END 或者 2 则从文件尾部开始计算。在 UNIX、Windows 中有效
os.lstat(path)	像 stat()，但是没有软链接
os.major(device)	从原始的设备号中提取设备 major 号码（使用 stat 中的 st_dev 或者 st_rdevfield）
os.makedev(major, minor)	以 major 和 minor 设备号组成一个原始设备号
os.makedirs(path[, mode])	递归文件夹创建函数，如 mkdir()，但创建的所有 intermediate-level 文件夹需要包含子文件夹
os.minor(device)	从原始的设备号中提取设备 minor 号码（使用 stat 中的 st_dev 或者 st_rdev field）
os.mkdir(path[, mode])	以数字 mode 的 mode 创建一个名为 path 的文件夹，默认的 mode 是 0777（八进制）
os.mkfifo(path[, mode])	创建命名管道，mode 为数字，默认为 0666（八进制数）
os.mknod(filename[, mode=0600, device])	创建一个名为 filename 的文件、设备特别文件或者命名管道
os.open(file, flags[, mode])	打开一个文件，并且设置需要的打开选项，mode 参数是可选项

续表

方　　法	功　　能
os.openpty()	打开一个新的伪终端对，返回 pty 和 tty 的文件描述符
os.pathconf(path, name)	返回相关文件的系统配置信息
os.pipe()	创建一个管道，返回一对文件描述符(r,w)，分别为读和写
os.popen(command[,mode[, bufsize]])	从一个 command 打开一个管道
os.read(fd, n)	从文件 fd 中读取最多 n 字节，返回包含读取字节的字符串，文件描述符 fd 对应文件已达到结尾，返回一个空字符串
os.readlink(path)	返回软链接所指向的文件
os.remove(path)	删除路径为 path 的文件。如果 path 是一个文件夹，将抛出 OSError；查看下面的 rmdir()，删除一个 directory
os.removedirs(path)	递归删除目录
os.rename(src, dst)	重命名文件或目录，从 src 到 dst
os.renames(old, new)	以递归方式对目录进行更名，也可以对文件进行更名
os.rmdir(path)	删除 path 指定的空目录，如果目录非空，则抛出一个 OSError 异常
os.stat(path)	获取 path 指定的路径的信息，功能等同于 CAPI 中的 stat()系统调用
os.stat_float_times([newvalue])	决定 stat_result 是否以 float 对象显示时间戳
os.statvfs(path)	获取指定路径的文件系统统计信息
os.symlink(src, dst)	创建一个软链接
os.tcgetpgrp(fd)	返回与终端 fd（一个由 os.open()返回的打开的文件描述符）关联的进程组
os.tcsetpgrp(fd, pg)	设置与终端 fd（一个由 os.open()返回的打开的文件描述符）关联的进程组为 pg
os.tempnam([dir[, prefix]])	返回唯一的路径名，用于创建临时文件
os.tmpfile()	返回一个打开模式为(w+b)的文件对象，该文件对象既没有文件夹入口，也没有文件描述符，将会自动删除
os.tmpnam()	为创建临时文件返回唯一的路径
os.ttyname(fd)	返回一个字符串，表示与文件描述符 fd 关联的终端设备；如果 fd 没有与终端设备关联，则引发一个异常
os.unlink(path)	删除文件路径
os.utime(path, times)	返回指定的 path 文件访问和修改的时间
os.walk(top[,topdown=True[, onerror=None [, followlinks=False]]])	通过向上或者向下方式遍历目录树，输出目录中的文件名
os.write(fd, str)	写入字符串到文件描述符 fd 中，返回实际写入的字符串长度
os.path 模块	获取文件的属性信息

1．重命名文件

使用 rename()方法可以进行文件重命名。

rename()方法需要两个参数，即当前文件名和新文件名。

语法：

```
os.rename(current_file_name, new_file_name)
```

例如：

```
# -*- coding: UTF-8 -*-
```

```
import os
os.rename( "test1.txt", "test2.txt" )   # 重命名文件 test1.txt 为 test2.txt。
```

2. 删除文件

可以用 remove()方法删除文件,需要提供要删除的文件名作为参数。

语法:

```
os.remove(file_name)
import os
os.remove("test2.txt") # 删除一个已经存在的文件 test2.txt
```

5.3.2 目录管理

所有文件都包含在不同的目录下,Python 也能方便地进行目录管理。os 模块提供多种方法来方便地创建、删除和更改目录。

1. 创建目录

可以使用 os 模块的 mkdir()方法在当前目录下创建新目录。该方法需要提供一个新创建目录名称的参数。

mkdir()方法的语法格式:

```
os.mkdir("newdir")
```

2. 更改其目录

可以用 chdir()方法来改变当前的目录。chdir()方法需要的一个参数是想要设成当前目录的目录名称。

chdir()方法的语法格式:

```
os.chdir("newdir")
```

3. 显示当前目录

getcwd()方法显示当前的工作目录。

getcwd()方法的语法格式:

```
os.getcwd()
```

4. 删除目录

rmdir()方法删除目录,目录名称以参数形式传递。在删除这个目录之前,它的所有内容应该先被清除。

rmdir()方法的语法格式:

```
os.rmdir('dirname')
```

【例 5.21】 Python 遍历文件夹和文件。

```
import os
import os.path
rootdir = "c:\\ "
for parent, dirnames, filenames in os.walk(rootdir):
    #case 1:
    for dirname in dirnames:
        print( "parent is:" + parent )
        print ("dirname is:" + dirname )
    #case 2
    for filename in filenames:
        print ("parent is:" + parent)
        print ("filename with full path :" + os.path.join(parent, filename) )
```

运行程序,就可以显示 c:\文件夹下的所有内容。

说明：

（1）os.walk 返回一个三元组。其中 dirnames 是所有文件夹名字（不包含路径），filenames 是所有文件的名字（不包含路径），parent 表示父目录。

（2）case 1 部分演示了如何遍历所有目录。

（3）case 2 演示了如何遍历所有文件。

（4）os.path.join(dirname,filename)函数的功能是将形如"c:\\"的路径和形如"a.txt"的文件连接在一起，形成形如"c:\a.txt"的完整样式。

5.4　应用举例

【例 5.22】　自动逐行显示文件内容。

例中，文本文件"生如夏花.txt"中存放了《生如夏花》这首诗的中文版和英文版，程序可以显示其内容。

程序如下：

```
import time
def reader(path,line = 3):
    #打开文件
    with open(path,'r',encoding='utf-8') as f:
        #指针指向文件的末尾
        f.seek(0,2)
        #指针末尾的位置
        end = f.tell()
        #指针又指向文件的开头
        f.seek(0.0)
        #处理开启自动
        auto = str(input('是否开启自动：(y/n)?'))
        #判断 自动
        if auto == 'y':
            #死循环，不断打印
            while True:
                #line= 3 循环三次
                for i in range(line):
                    #每次打印一行
                    print(f.readline())
                #为了视觉上的享受，我们停顿 2 秒
                time.sleep(2)
                #如果此时的指针指向最后一字节
                if f.tell() == end:
                    break
        else:
            #定义变量 N
            con = 'N'
            #指针指向末尾
            f.seek(0,2)
            #获取指针的位置（执行那个末尾的位置）
            end   = f.tell()
            #指针指向开头
```

```
                f.seek(0,0)
                #开始循环
                while True:
                    #如果判断可以
                    if con == 'N':
                        #循环三次 打印三行
                        for i in range(line):
                            print(f.readline())
                    else:
                        print('请输入 N')
                    #判断 指针指向最后的位置
                    if f.tell() == end:
                        break
                    con = input('>>>')
reader("生如夏花.txt")
```

运行程序，可以发现文件"生如夏花.txt"的内容逐行显示。

【例 5.23】 复制目录（包括所有文件）。

程序如下：

```
import os
def copy_dir(source_path, target_path):
    if not os.path.exists(source_path):          # 判断指定目录是否存在
        return
    if not os.path.exists(target_path):          # 判断目标目录是否存在
        os.makedirs(target_path)                 # 不存在，创建一个

    for file_name in os.listdir(source_path):    # 遍历目录
        abs_source_path = os.path.join(source_path, file_name)
        # 源路径：拼成绝对路径
        abs_target_path = os.path.join(target_path, file_name)
        # 目标路径：拼成绝对路径

        if os.path.isdir(abs_source_path):           # 如果源路径是目录
            os.makedirs(abs_target_path)             # 给目标目录创建一层新的目录
            copy_dir(abs_source_path, abs_target_path)
            # 继续遍历，这里用的是递归
        if os.path.isfile(abs_source_path):   # 如果是文件
            if (not os.path.exists(abs_target_path)) or (
                    os.path.exists(abs_target_path) and \
                    os.path.getsize(abs_source_path) != \
                    os.path.getsize(abs_target_path)):
                # 进行复制的条件
                rf = open(abs_source_path, "rb")
                wf = open(abs_target_path, "wb")
                while True:
                    content = rf.read(1024)
                    if len(content) == 0:
                        break
                    wf.write(content)
                    wf.flush()
                rf.close()
                wf.close()
```

```
data = input("源目录,目标目录: ").split()
source_path,target_path = data
copy_dir(source_path, target_path)
```

运行程序，结果如下：

源目录,目标目录: f:\\pyapp d:\\pytemp

其中，f:\\pyapp 为源文件夹，d:\\pytemp 为目标文件夹。程序运行后，完成了文件及内容的复制。

【例 5.24】　编写程序，将包含学生成绩的字典保存为二进制文件，然后读取内容并显示。

程序如下：

```
import pickle
keys = ['蕾蕾', '张明', '玉华', '韩冬']
values = [90, 85, 89, 92]
dictionary = dict(zip(keys, values))
with open('score.dat','wb') as f:
    try:
        pickle.dump(dictionary, f)
        f.close()
    except:
        print('写文件异常!')
with open('score.dat','rb') as f:
    x = pickle.load(f)
    f.close()
print(x)
```

或者如下：

```
import pickle
keys = ['蕾蕾', '张明', '玉华', '韩冬']
values = [90, 85, 89, 92]
dictionary = dict(zip(keys, values))
f=open('score.dat','wb')
pickle.dump(1,f)
pickle.dump(dictionary,f)
f.close
f=open('score.dat','rb')
pickle.load(f)
dictionary=pickle.load(f)
f.close()
print(dictionary)
```

运行程序，结果如下：

{'蕾蕾': 90, '张明': 85, '玉华': 89, '韩冬': 92}

如果通过类似记事本这样的文本编辑器打开文件"score.dat"，就会发现是乱码。因为二进制文件不能以文本方式查看。

【例 5.25】　生成 100 个 MAC 地址并写入文件中，MAC 地址前 6 位（16 进制）为 01-AE。

程序如下：

```
import random
import string
def create_mac():
    MAC="01-AE"
    hex_num =string.hexdigits
    for i in range(3):
```

```
            n1 = random.sample(hex_num,2)
            sn1 = "-"+"".join(n1).upper()
            n2 = random.sample(hex_num,2)
            sn2 = "-"+"".join(n2).upper()
        MAC+=sn1
        MAC+=sn2
        return MAC
    def main():
        with open("mac.txt","w") as f:
            for i in range(100):
                mac = create_mac()
                print(mac)
                f.write(mac+"\n")
    main()
```

运行程序，可以发现在当前文件夹下生成了一个名为 "mac.txt" 的文件，该文件中有 100 个以 01-AE 开头的随机 MAC 地址，如图 5.5 所示。

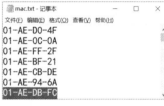

图 5.5　mac.txt 文件内容

习题 5

一、填空题

1．一种常用的存储表格数据的文件是（　　　　）文件。

2．seek()方法用于移动指针到指定位置，该方法中（　　　　）参数表示要偏移的字节数。

3．使用 readlines()方法把整个文件中的内容进行一次性读取，返回的是一个（　　　　）。

4．os 模块中的 mkdir()方法用于创建（　　　　）。

5．在读写文件的过程中，（　　　　）方法可以获取当前的读写位置。

二、选择题

1．如果要向使用 open()函数打开的文件中追加内容，可以使用下列哪种文件访问模式？
（　　）

    A．r   B．w   C．w+   D．a

2．每次执行时，可以从文本文件中读一行数据的函数是（　　）。

    A．open()   B．read()   C．readline()   D．readlines()

3．能够重定位打开文件指针的函数是（　　）。

    A．seek()   B．tell()   C．next()   D．close()

4．数据写入的文件是（　　）。

    A．输入文件   B．输出文件   C．二进制文件   D．顺序存取文件

5．数据读取的文件是（　　）。

    A．输入文件   B．输出文件   C．二进制文件   D．顺序存取文件

6．文件读写之前，必须进行（　　）。

    A．格式化   B．关闭   C．打开   D．加密

7．当程序使用完文件后，应该做的是（　　）。

    A．打开文件   B．擦除文件   C．加密文件   D．关闭文件

8．内容可以在编辑器中进行查看的文件类型是（　　）。

　　　　A．二进制文件　　　B．Word 文件　　　　C．文本文件　　　　D．英文文件

9．许多系统在将数据写入文件之前，先将数据写入内存中的一个小的"保存区"，该保存区称为（　　　）。

　　　　A．变量　　　　　　B．缓存　　　　　　　C．临时文件　　　　D．虚拟文件

10．标志着从文件中读取下一个数据项的位置的是（　　　）。

　　　　A．指针　　　　　　B．分隔符　　　　　　C．输入位置　　　　D．位置指针

11．当文件以（　　　）方式打开时，数据将写入文件现有内容的后面。

　　　　A．追加模式　　　　B．只读模式　　　　　C．输出模式　　　　D．备份模式

12．假设文件不存在，如果使用 open()方法打开文件则会报错，那么该文件的打开方式是下列哪种？（　　　）

　　　　A．r　　　　　　　B．w　　　　　　　　C．a　　　　　　　　D．w+

13．下列方法中，用于向文件中写内容的是（　　　）。

　　　　A．open()　　　　　B．write()　　　　　 C．close()　　　　　D．read()

14．下列方法中，用于获取当前目录的是（　　　）。

　　　　A．open()　　　　　B．write()　　　　　 C．getcwd()　　　　D．read()

15．Python 文件读取方法 read(size)的含义是（　　　）。

　　　　A．从头到尾读取文件所有内容

　　　　B．从文件中读取一行数据

　　　　C．从文件中读取多行数据

　　　　D．从文件中读取指定 size 的数据，如果 size 为负数或者空，则读取到文件结束。

16．以下关于 Python 文件的描述，错误的是（　　　）。

　　　　A．open()函数的参数处理模式 b 表示以二进制数据处理文件

　　　　B．open()函数的参数处理模式+表示可以对文件进行读和写操作

　　　　C．readline()函数表示读取文件的下一行，返回一个字符串

　　　　D．open()函数的参数处理模式 a 表示以追加方式打开文件，删除已有内容

17．以下程序的输出结果是（　　　）。

```
fo = open("text.txt","w+")
x,y ="this is a test","hello"
fo.write("{}+{}\n".format(x,y))
fo.seek(0,0)
print(fo.read())
fo.close()
```

　　　　A．this is a test+hello　　　　　　　　B．this is a test

　　　　C．this is a test,hello.　　　　　　　　D．this is a test hello

18．文件 dat.txt 里的内容如下：

　　　　QQ&Wechat

　　　　Google & Baidu

　　　以下程序的输出结果是（　　　）。

```
fo = open("tet.txt","r")
fo.seek(2)
print(fo.read(8))
fo.close()
```

　　　　A．Wechat　　　　　　　　　　　　　B．&Wechat G

        C．Wechat Go   D．&Wechat

19．以下程序输出到文件 text.csv 里的结果是（   ）。

```
fo = open("text.csv","w")
x = [90,87,93]
fo. write(",".join(str(x)))
fo.close()
```

    A．[90,87,93]   B．90,87,93

    C．[,9,0, ,8,7, ,9,3,]   D．,9,0, ,8,7, ,9,3,

20．以下关于 CSV 文件的描述，错误的是（   ）。

    A．CSV 文件可用于不同工具间进行数据交换

    B．CSV 文件格式是一种通用、简单的文件格式，应用于程序之间转移表格数据

    C．CSV 文件通过多种编码表示字符

    D．CSV 文件的每一行是一维数据，可以使用 Python 中的列表类型表示

21．以下关于文件操作说法错误的是（   ）。

    A．文本文件是可以迭代的，可以使用与 for line in fp 类似的语句遍历文件对象 fp 中的每一行

    B．Python 的主程序文件 python.exe 可以存为文本文件格式

    C．使用记事本程序也可以打开二进制文件，只是无法正确识别其中的内容

    D．对字符串信息进行编码后，必须使用同样或者兼容的编码格式进行解码才能还原本来的信息

三、程序设计题

1．将古诗《关山月》"明月出天山，苍茫云海间。长风几万里，吹度玉门关。汉下白登道，胡窥青海湾。由来征战地，不见有人还。戍客望边色，思归多苦颜。高楼当此夜，叹息未应闲。"写入到当前路径下的"关山月.txt"中。然后读取文件内容，逐行输出。

2．编写一个文本文件加密程序。对于一个明文文件中的内容，按照一定的方法，对每个字加密后存放到另一个密文文件中。这里采用将每个字符的编码加 n 的加密方法。

3．编写程序，有两个文本文件 a.txt 和 b.txt，文件的内容均为一行字符串（由字母和分号构成，要求把两个文件中的信息合并（按字母顺序排列），输出到文本文件 c.txt 中。

4．编写程序，统计某一 Python 源程序文件中 Python 关键字的个数。

5．假设名为 name.txt 的文件包含一系列的名称（字符串）。编写程序显示存储在文件中姓名的个数。

6．假设名为 numbers.txt 的文件包含一系列整数。编写程序读取所有存储在文件中的数字并计算它们的总和。要求：程序应该可以处理在文件打开和数据读取时引发的任何 IOError 异常。它应该可以处理将文件中读取的数据项转换为数字时引发的任何 ValueError 异常。

7．编写程序，将一系列随机数写入文件。每个随机数应在 1～500 之间。要求：用户指定文件中保存多少个随机数。

8．编写程序，统计一个文本文件（英文文章）中单词的出现次数，并将出现次数最多的前 10 个单词及其出现次数按降序排序，存储在一个 CSV 文件中。

9．创建 CSV 格式的电话簿文件，读取 CSV 文件中的数据，用空格代替其中的逗号分隔符，再写入同名的.txt 文件中。

第6章 Python 面向对象程序设计

6.1 面向对象程序设计简介

6.1.1 程序设计思想的发展

现代计算机产生于 20 世纪 40 年代，随着硬件技术的不断发展和计算机应用的不断深入，计算机程序设计思想也不断变化，先后出现了面向机器、面向过程、面向对象等程序设计思想。

1．面向机器程序设计

最早的计算机程序采用机器语言编写，直接使用二进制码来表示机器能够识别和执行的指令和数据。机器语言由机器直接执行，速度快，但不便于编写，不易于检错，直接导致程序编写效率十分低下。由于使用机器语言编写程序效率太低，因而发展出汇编语言。汇编语言亦称符号语言，用助记符代替机器指令的操作码，用地址符号（Symbol）或标号（Label）代替指令或操作数的地址，是机器语言的助记表示。

用汇编语言编程比用机器语言的二进制代码编程要方便，它在一定程度上简化了编程过程。但本质上汇编语言还是一种面向机器的语言，编写程序同样困难，也很容易出错。

2．面向过程程序设计

面向机器的语言通常被认为是一种"低级语言"，为了解决面向机器的语言存在的问题，人们又创建了面向过程的程序设计语言。面向过程的语言被认为是一种"高级语言"，相比面向机器的语言来说，面向过程的语言已经不再关注机器本身的操作指令和存储等方面，而是关注如何一步一步地解决具体的问题，即更加关注解决问题的过程。

相比面向机器的语言来说，面向过程的语言是一次思想上的飞跃。它将程序员从复杂的机器操作和运行的细节中解放出来，转而关注具体需要解决的问题。面向过程的语言也不再需要和具体的机器绑定，从而使程序具备了较好的移植性和通用性。面向过程的语言本身也使得程序更易编写和维护。典型的面向过程的语言有 COBOL、FORTRAN、BASIC 等。

3．结构化程序设计

20 世纪 60 年代中期爆发了第一次软件危机，典型表现有软件质量低下、项目无法如期完成、项目严重超支等。由于软件而导致的重大事故时有发生。随着计算机硬件的飞速发展，计算机应用领域的复杂度越来越高，以及软件规模的不断增大，这意味着原有的程序开发方法已经越来越不能满足需求了。为了解决这个问题，人们提出了一种新方案，即结构化程序设计。此时，第一个结构化的程序语言 Pascal 诞生，并迅速流行起来。

结构化程序设计的主要特点是抛弃 goto 语句，采取"自顶向下、逐步细化、模块化"的指导思想。结构化程序设计本质上还是一种面向过程的设计思想，但通过"自顶向下、逐步细化、模块化"的方法将软件的复杂度控制在一定范围内，从而，从整体上降低了软件开发的复杂度。结构化程序设计方法成为 20 世纪 70 年代软件开发的潮流。

4．面向对象程序设计

结构化编程在一定程度上缓解了软件危机，然而随着硬件的快速发展，业务需求越来越复杂，很快就出现了第二次软件危机。第二次软件危机的根本原因还是在于软件生产力远远跟不上硬件和业务的发展。相比第一次软件危机主要体现在"复杂性"方面，第二次软件危机主要体现在"可扩展性""可维护性"方面。传统的面向过程（包括结构化程序设计）方法已经越来越不能适应快速多变的业务需求，软件领域迫切希望找到新方法来解决新的软件危机，在这种背景下，面向对象的思想开始流行起来。

面向对象的思想早在 1967 年出现的 Simula 语言中就已经提出，而第二次软件危机促进了面向对象思想的发展。现在，面向对象已经成为主流的开发思想。和面向过程相比，面向对象的思想更加贴近人类思维的特点，更加脱离机器思维，是软件设计思想上的一次飞跃。

表 6.1 描述了面向对象程序设计和面向过程程序设计的主要区别。

表 6.1 面向对象程序设计和面向过程程序设计的主要区别

项目名称	面向对象程序设计	面向过程程序设计
定义	面向对象顾名思义就是把现实中的事务都抽象成为程序设计中的"对象"，其基本思想是一切皆对象，是一种"自下而上"的设计语言，先设计组件，再完成拼装	面向过程是"自上而下"的设计语言，先定好框架，再增砖添瓦。通俗点说，就是先定好 main() 函数，然后逐步实现 mian() 函数中所要用到的其他方法
特点	封装性、继承性、多态性	算法+数据结构
优势	适用于大型复杂系统，方便复用	适用于简单系统，容易理解
劣势	比较抽象、性能比面向过程低	难以应对复杂系统，难以复用，不易维护、不易扩展
对比	易维护、易复用、易扩展，由于面向对象有封装性、继承性、多态性的特性，可以设计出低耦合的系统，使系统更加灵活、更加易于维护	性能比面向对象高，因为类调用时需要实例化，开销比较大，比较消耗资源；比如单片机、嵌入式开发、Linux/UNIX 等一般采用面向过程开发，性能是最重要的因素
设计语言	Java、Smalltalk、EIFFEL、C++、Objective-、C#、Python 等	C、Fortran

6.1.2　对象和类

从 20 世纪 60 年代提出面向对象的概念到现在，它已经发展成为一种比较成熟的程序设计思想，并且逐步成为目前软件开发领域的主流计技术。例如我们经常听说的面向对象编程（Object Oriented Programming，OOP）就是主要针对大型软件设计而提出的，它可以使软件设计更加灵活，并且能更好地进行代码复用。

面向对象程序设计的基本思想是使用对象、类、继承、封装、消息等基本概念来进行程序设计。从现实世界中客观存在的事物（即对象）出发来构造软件系统，并且在系统构造中尽可能运用人类的自然思维方式。建立对象不是为了完成一个步骤，而是为了描述一个事物在整个解决问题的步骤中的行为。

传统结构化设计方法的基本点是面向过程，系统被分解成若干个过程。面向对象程序设计的方法是采用构造模型的思想，在系统的开发过程中，各个步骤共同的目标是构造一个问题域的模型。

在面向对象程序设计中有两个基本的概念：对象和类。

1．对象

面向对象程序设计是将人们认识世界过程中普遍采用的思维方法应用到程序设计中。对象是现实世界中存在的事物，它们可以是有形的，如某个人、某种物品，也可以是无形的，如某项计划、某次商业交易。对象是构成现实世界的独立单位，人们对世界的认识是从分析对象的特征入手的。

对象的特征可分为静态特征和动态特征两种。静态特征指对象的外观、性质、属性等；动态特征指对象具有的功能、行为等。客观事物是错综复杂的，但人们总是从某一目的出发，运用抽象分析的能力，从众多的特征中抽取最具代表性、最能反映对象本质的若干特征加以详细研究。人们将对象的静态特征抽象为属性，用数据来描述，称之为数据成员；将对象的动态特征抽象为行为，用一组代码来表示，完成对数据的操作，称之为方法成员。一个对象由一组属性和一组对属性进行操作的方法构成。

可以说，对象是属性和方法的封装，封装的目的是使对象的使用者和生产者相分离。对象之间通过消息进行通信。

2．类

类是对象的模板，是对一组有相同数据和相同操作的对象的定义（也称为抽象）。一个类所包含的方法和数据描述一组对象的共同属性和行为。类是在对象之上的抽象，对象则是类的具体化，是类的实例。类可有其子类，也可有其父类，从而形成类的层次结构。

类是一个抽象的概念，要利用类的方式来解决问题，必须用类创建一个实例化的类对象。一个类可创建多个类对象，它们具有相同的属性模式，但可以具有不同的属性值。

例如，把雁群抽象为大雁类，那么大雁类就具备了喙、翅膀和爪等属性，以及觅食、飞行和睡觉等行为。大雁类是所有大雁共性的抽象和封装，而一只要从北方飞往南方的大雁被视为大雁类的一个对象。

3．消息机制

消息是向对象发出的服务请求，它包含了提供服务的对象标识、服务标识、输入信息和回答信息等（注意：消息不等同于函数调用）。消息可以包括同步消息和异步消息，如果消息是异步的，则一个对象发送消息后，就继续自己的活动，不等待消息接收者的应答，而函数调用往往是同步的，消息的发送者要等待接收者返回。

6.1.3　面向对象程序设计基本特征

面向对象程序设计具有三大基本特征：封装性、继承性和多态性。

1．封装性

封装是面向对象编程的核心思想，它将对象的属性和行为封装起来。封装包含两层含义：一层含义是把对象的属性和行为看成一个密不可分的整体，将这两者"封装"在一个不可分割的独立单元（即对象）中；另一层含义指"信息隐藏"，把不需要让外界知道的信息隐藏起来，有些对象的属性及行为允许外界用户知道或使用，但不允许更改，而另一些属性或行为，则不允许外界知晓，或只允许使用对象的功能，而尽可能隐藏对象的功能实现细节。

采用封装思想保证了类内部数据结构的完整性，使用该类的用户不能看到类中的数据结构，而只能使用类允许公开的数据和操作，这样就避免了外部数据对内部数据的影响，提高了程序的可维护性。

封装的优点：

（1）良好的封装能够减少耦合，符合程序设计追求的"高内聚，低耦合"；

（2）类内部的结构可以自由修改；

（3）可以对成员变量进行更精确的控制；

（4）隐藏信息实现细节。

2．继承性

继承是面向对象编程技术的基石。所谓继承就是子类继承父类的特征和行为，使得子类对象（实例）具有父类的实例域和方法，或子类从父类继承方法，使得子类具有父类相同的行为。

例如，矩形、菱形、平行四边形和梯形等都是四边形。因为四边形与它们具有共同的特征：拥有 4 条边。只要将四边形适当延伸，就会得到矩形、菱形、平行四边形和梯形 4 种图形。以平行四边形为例，平行四边形复用了四边形的属性和行为，同时添加了平行四边形特有的属性和行为，如对边平行且相等。

在 Python 中，可以把平行四边形类看作继承四边形类后产生的类。其中，将类似于平行四边形的类称为子类，将类似于四边形的类称为父类（或超类）。值得注意的是，在阐述平行四边形和四边形的关系时，可以说平行四边形是特殊的四边形，但不能说四边形是平行四边形。即：四边形包含的属性少，平行四边形包含的属性多。

可以发现，继承是实现代码复用的重要手段，子类通过继承复用了父类的属性和行为，同时又添加了子类特有的属性和行为。

继承具有以下特点：

（1）子类可以拥有父类的属性、方法；

（2）子类可以拥有自己的属性和方法，即子类可以在父类的基础上扩展；

（3）子类可以用自己的方式实现父类的方法，即重写父类方法。

继承具有以下优点：

（1）提高类代码的复用性；

（2）提高代码的维护性；

（3）使得类和类产生了关系，它是多态的前提，也是继承的一个弊端，类的耦合性提高了。

3．多态性

对象根据所接收的消息而做出动作。同一消息发给不同对象时可产生完全不同的行动，这种现象称为多态性。利用多态性，用户可发送一个通用的信息，而将所有的实现细节都留给接受消息的对象自行决定，这样，同一消息即可调用不同的方法。

例如，将 Print 消息发送给一个图表对象时，调用的打印方法与将同样的 Print 消息发送给一个文本文件对象而调用的打印方法完全不同。多态性的实现受到继承性的支持，利用类继承的层次关系，把具有通用功能的协议存放在类层次中尽可能高的地方，而将实现这一功能的不同方法置于较低层次。这样，在这些低层次上生成的对象就能给通用消息以不同的方式响应。在 OOPL 中可通过在派生类中重定义基类函数（定义为重载函数或虚函数）来实现多态性。

在面向对象语言中，如果一个语言只支持类而不支持多态，只能说明它是基于对象的，而不是面向对象的。多态性能保证同一操作作用于不同的对象可以有不同的解释，从而产生不同的执行结果。

6.2 创建类

Python 从设计之初就是一门面向对象的语言，所以，在 Python 中很容易创建类和对象。

1．Python 类的构成

类是封装对象属性和行为的载体，反过来说，具有相同属性和行为的实体被抽象为类。类的成员包括数据成员和方法成员，在类中创建了类成员后，可以通过类的实例进行访问。

（1）数据成员

数据成员是指在类中定义的变量，即属性。根据定义位置的不同，又可以分为类属性和实例属性。

① 类属性。

类属性是指定义在类中，但在方法外的属性。类属性可以为类的所有实例所共享。

② 实例属性。

实例属性是指定义在类的方法中的属性，只作用于当前实例中。

与类属性不同，修改实例属性后，并不影响该类的另一个实例中相应的实例属性的值。

实例属性在类的构造函数__init__( )中定义，定义时，实例属性的属性名须以构造函数的第一个参数为前缀（构造函数的第一个参数默认名字是 self），如 self.name、self.age 等。

（2）方法成员

所谓方法，是指在类中的定义函数，该函数是一种在类的实例上进行操作的函数，完成类的指定功能。

2．类的创建

在 Python 中，使用 class 语句来创建一个新类。

创建类的基本语法格式如下：

```
class ClassName:
    '类的说明信息'        #类文档字符串
    class_suite          #类体
```

参数说明：

（1）ClassName 用于指定类名，一般使用大写字母开头，如果类名中包括两个单词，那么第二个单词的首字母也大写，这是惯例。当然也可以根据自己的习惯命名，但是一般推荐按照惯例来命名。

（2）类的说明信息是用于说明类的解释性文字。

（3）class_suite 指明类体，主要由类变量（或类成员）、方法等定义语句组成。

如果在定义类时，还没想好类的具体功能，可以在类体中直接使用 pass 语句代替。

【例 6.1】 定义员工类。

例中定义了类 Employee，属性包含一个类属性：empCount 和两个实例属性：self.name、self.salary。函数有 3 个：一个构造函数__init__(self,name,salary)，两个普通函数 displayCount(self) 和 displayEmployee(self)。例中仅仅定义了类，没有定义类的实例。

程序如下：

```
# -*- coding: UTF-8 -*-
class Employee:
    empCount = 0            #类属性
    def __init__(self, name, salary):
        self.name = name              #name 为实例属性
        self.salary = salary          #salary 为实例属性
        Employee.empCount += 1        #访问类属性
    def displayCount(self):
        print ("Total Employee %d" % Employee.empCount)
```

```
    def displayEmployee(self):
        print ("Name : ", self.name,    ", Salary: ", self.salary)
```

说明：

（1）empCount 变量是一个类数据成员，其属性为公有属性。它的值将为这个类的所有实例之间共享。

公有属性的访问方法为：类名.属性名。

所以，可以在内部类或外部类使用 Employee.empCount 访问 empCount 属性。

（2）__init__()方法是一种特殊的方法，被称为类的构造函数或初始化方法。其目的是对类实例进行初始化操作，其属性为私有属性。当创建这个类的实例时就会自动调用该方法。方法名是固定的，用户不可更改。

（3）self 代表类的实例。

类的方法成员的第一个参数是 self。self 在定义类的方法时必须有，其代表类的实例，而非类，在调用时不必传入。

换句话说，类的方法成员与普通的函数有一个特别的区别，就是类方法成员必须有一个额外参数（还必须是第一个），按惯例它的名称是 self（当然也可以换成别的名称）。在调用类方法成员时，该参数不用传入对应的实参。这样的写法有点冗余，而且容易引起误会，但这是 Python 的语法要求。

【例 6.2】 理解参数 self。

【程序一】

```
class Test:
    def prt(self):
        print(self)
        print(self.__class__)
t = Test()    #创建类实例
t.prt()
```

运行程序，结果如下：

```
<__main__.Test object at 0x00000291F7F0A370>
<class '__main__.Test'>
```

从执行结果可以看出，self 代表的是类的实例，值为当前对象的地址，而 self.__class__ 则指向类。

注意：self 不是 Python 的关键字，仅是习惯写法而已，换成其他形参也可以正常执行。

【程序二】

```
class Person:
    def __init__(myname,name,age): #第一参数名为 myname
        myname.name=name
        myname.age=age
    def sayhello(self):                #第一参数名为 self
        print("My name is:",self.name,"My age is:",self.age)
p=Person("aaaa",18)
p.sayhello()
```

运行程序，结果如下：

```
My name is: aaaa My age is: 18
```

【例 6.3】 定义大雁类。

程序如下：

```
class Geese:
    '''定义大雁类'''
    neck = "脖子较长"                              # 类属性（脖子）
    wing = "振翅频率高"                            # 类属性（翅膀）
    leg = "腿位于身份的中心支点，行走自如"        # 类属性（腿）
    number = 0                                     # 编号
    weight = 3
    def __init__(self):                           # 构造方法
        Geese.number += 1                         # 将编号加 1
        print("\n 我是第"+str(Geese.number)+"只大雁，我有以下特征：")
        print(Geese.neck)         # 输出脖子的特征
        print(Geese.wing)         # 输出翅膀的特征
        print(Geese.leg)          # 输出腿的特征
# 创建 3 个雁类的对象（相当于有 3 只大雁）
list1 = []
for i in range(3):                                # 循环 4 次
    list1.append(Geese())                         # 创建一个雁类的实例
print("一共有"+str(Geese.number)+"只大雁")
```

运行程序，结果如下：

```
我是第 1 只大雁，我有以下特征：
脖子较长
振翅频率高
腿位于身份的中心支点，行走自如

我是第 2 只大雁，我有以下特征：
脖子较长
振翅频率高
腿位于身份的中心支点，行走自如

我是第 3 只大雁，我有以下特征：
脖子较长
振翅频率高
腿位于身份的中心支点，行走自如
一共有 3 只大雁
```

【例 6.4】 创建一个名为 Restaurant 的类。

要求：该类的方法__init__()设置两个属性：restaurant_name 和 cuisine_type。创建 describe_restaurant()方法和 open_restaurant()方法，其中前者打印前述两项信息，而后者打印一条消息，指出餐馆正在营业。

程序如下：

```
class Resturant():
    def __init__(self, restaurant_name, cuisine_type):
        self.restaurant_name = restaurant_name
        self.cuisine_type = cuisine_type
    def describe_restaurant(self):
        print("This resturant is "+self.restaurant_name+" "+self.cuisine_type)
    def open_restaurant(self):
        print("This resturant is open!")
ins_rest1 = Resturant("BaXianGe", "ChineseFood")
ins_rest1.describe_restaurant()
ins_rest1.open_restaurant()
ins_rest2 = Resturant("BaXi", "Pizza")
```

```
ins_rest2.describe_restaurant()
ins_rest2.open_restaurant()
```

运行程序，结果如下：

```
This resturant is BaXianGe ChineseFood
This resturant is open!
This resturant is BaXi Pizza
This resturant is open!
```

【例 6.5】 创建一个名为 User 的类。

要求：该类包含属性 first_name 和 last_name，以及其他几个属性。在类 User 中定义一个名为 describe_user()的方法，它打印用户信息摘要；再定义一个名为 greet_user()的方法，它向用户发出个性化的问候语。

程序如下：

```
class User():
    def __init__(self, first_name, last_name, sex, age):
        self.first_name = first_name
        self.last_name = last_name
        self.sex = sex
        self.age = age
    def describe_user(self, level):
        self.level = level
        print(self.first_name + self.last_name + "is a " + self.sex + \
            "with " + str(self.age) + "and level is " + level)
    def greet_user(self, act):
        print("Sent a " + act + "email to this person.")
client1 = User('Tim', 'Potter', 'male', 57)
client1.describe_user('VIP')
client1.greet_user('Welcome')
```

运行程序，结果如下：

```
TimPotteris a malewith 57and level is VIP
Sent a Welcomeemail to this person.
```

3．访问限制

在类的内部可以定义属性和方法，从而隐藏了类内部的复杂逻辑。有的时候，为了保证类内部的某些属性或方法的安全性，不希望它们被外部访问，就需要对属性和方法的访问权限进行限制。

在 Python 中，设置访问权限的具体方法是在属性或方法名前面添加下画线。

（1）保护型成员，单下画线开头

以单下画线开头的表示 protected 类型的成员（保护型成员）。

例如：_foo。

保护型成员只允许在本类和子类进行访问。

（2）私有成员，双下画线开头

双下画线表示 private 类型的成员（私有成员）。

例如：__foo。

私有成员理论上只允许在定义该方法的类中进行访问，并且也不能通过类的实例直接访问，但是可以通过"类的实例名._类名__属性名"的方式间接访问。

注意：类名前为单下画线，属性名前为双下画线。

（3）属性定义的名字，首尾双画线

首尾双下画线表示定义特殊方法，一般是系统定义的名字。例如，构造函数__init()__。

注意：不进行访问控制限制的成员为公有成员，可以在本类和子类访问。

【例 6.6】　阅读程序，理解成员的属性。

程序如下：

```
# -*- coding: UTF-8 -*-
class JustCounter:
    __secretCount = 0        # 私有变量
    publicCount = 0          # 公有变量
    def count(self):
        self.__secretCount += 1
        self.publicCount += 1
        print(self.__secretCount)
    def count2(self):
        print(self.__secretCount)
counter = JustCounter()
counter.count()
# 在类的对象生成后,调用含有类私有属性的函数时就可以使用到私有属性.
counter.count()
#第二次同样可以.
print(counter.publicCount)
print(counter._JustCounter__secretCount)   # 不改写报错,实例不能访问私有变量
try:
    counter.count2()
except IOError:
    print("不能调用非公有属性!")
else:
    print("ok!")
```

运行程序，结果如下：

```
1
2
2
2
2
ok!
```

【例 6.7】　圆类 Circle 的示例，pi 属性开头加上双下画线变成私有属性。

程序如下：

```
class Circle(object):
    __pi = 3.14
    def __init__(self, r):
        self.r = r
    def area(self):
        return self.r **2* self.__pi
c1 = Circle(1)
print(Circle.__pi)          # 抛出 AttributeError 异常
print(c1.__pi)              # 抛出 AttributeError 异常
```

运行程序，会抛出异常。

按照编码规范，私有化属性只能在类的内部使用，所以，不能在外部访问到__pi 属性，但可以通过类实例名._类名__属性名的方式访问到私有属性。

例如：

```
print(c1._Circle__pi)
```

其结果为 3.14。

【例 6.8】 阅读程序，理解方法的访问控制。

同属性的访问限制，方法的访问限制也是在方法名前加双下画线（__），它也是一种伪私有。

程序如下：

```
class Circle(object):
    __pi = 3.14
    def __init__(self, r):
        self.r = r
    def area(self):
        return self.r**2 * self.__pi
    def __girth(self):
        return 2*self.r * self.__pi
c1 = Circle(3)
print(c1.area())                # 求取面积
print(c1._Circle__girth())      # 求取周长
print(c1.__girth())             # 抛出 AttributeError 异常
```

运行程序，结果如下：

```
28.26
18.84
Traceback (most recent call last):
  File "F:/PyApp/第六章/myapp6-8.py", line 14, in <module>
    print(c1.__girth())                # 抛出 AttributeError 异常
AttributeError: 'Circle' object has no attribute '__girth'
```

【例 6.9】 比较下面程序，理解访问控制。

【程序一】在类的内部，变量和方法默认为公有属性。具有公有属性的变量和方法可以在类的外部通过实例或者类名进行调用。

程序如下：

```
class People:
    title = "人类"
    def __init__(self, name, age):
        self.name = name
        self.age = age
    def print_age(self):
        print('%s: %s' % (self.name, self.age))
obj = People("jack", 12)
obj.age = 18
obj.print_age()
print(People.title)
```

运行程序，结果如下：

```
jack: 18
人类
```

程序一中的调用方式是经常使用的一种方式，但是往往我们也不希望所有的变量和方法能被外部访问，需要针对性地保护某些成员，限制对这些成员的访问。这样的程序才是健壮、可靠的，也符合业务的逻辑。

为了将某些变量和方法设为私有，阻止外部访问，Python 通过改变变量和方法名字实现这一功能。

【程序二】设置私有成员。

在 Python 中，如果要让内部成员不被外部访问，可以在成员的名字前加上两个下画线，这个成员就变成了一个私有成员（private）。私有成员只能在类的内部访问，外部无法直接访问，但需要注意的是，Python 中的私有属性是一种伪私有。

程序如下：

```
class People:
    title = "人类"
    def __init__(self, name, age):
        self.__name = name
        self.__age = age
    def print_age(self):
        print('%s: %s' % (self.__name, self.__age))
obj = People("jack", 18)
obj.__name
```

运行程序，结果如下：

```
Traceback (most recent call last):
    File "F:/PyApp/第六章/myapp6-9-2.py", line 13, in <module>
        obj.__name
AttributeError: 'People' object has no attribute '__name'
```

意味着私有成员只能在类的内部访问，外部无法访问。

如果外部要对 __name 和 __age 进行访问和修改，就必须在类的内部创建可以访问和修改 __name 和 __age 的方法，且该方法必须是公有属性。这样，在外部通过对应的方法就能间接访问和修改私有属性。

【程序三】通过成员函数访问私有数据。

程序如下：

```
class People:
    title = "人类"
    def __init__(self, name, age):
        self.__name = name
        self.__age = age
    def print_age(self):
        print('%s: %s' % (self.__name, self.__age))
    def get_name(self):
        return self.__name
    def get_age(self):
        return self.__age
    def set_name(self, name):
        self.__name = name
    def set_age(self, age):
        self.__age = age
obj = People("jack", 18)
print(obj.get_name())
obj.set_name("tom")
print(obj.get_name())
```

运行程序，结果如下：

```
jack
tom
```

在程序三中，不但对数据进行了保护，同时提供了外部访问的接口，而且在 get_name 和

set_name 这些方法中，可以额外添加对数据进行检测、处理、加工、包裹等各种操作，作用巨大。

比如，修改 set_age()方法，在设置年龄之前对参数进行检测，如果参数不是一个整数类型，则抛出异常。

程序如下：

```
def set_age(self, age):
    if isinstance(age, int):
        self.__age = age
    else:
        raise ValueError
```

【程序四】理解 Python 的私有成员和访问限制机制的"假"特性。

以双下画线开头的数据成员是不是一定就无法从外部访问呢？其实也不是。本质上，从 Python 内部机制讲，在外部之所以不能直接访问__age，是因为 Python 解释器对外把__age 变量改成了_People__age，也就是_类名__age 这样的格式（类名前是一个下画线）。因此，在外部是可以通过_People__age 访问__age 变量的。

程序如下：

```
class People:
    title = "人类"
    def __init__(self, name, age):
        self.__name = name
        self.__age = age
    def print_age(self):
        print('%s: %s' % (self.__name, self.__age))
obj = People("jack", 18)
#obj.__name    该方式错误，__name 已经被 python 解释器更名为_People__name 了
print("姓名："+obj._People__name)
print(obj._People__age+10)
```

运行程序，结果如下：

```
姓名：jack
28
```

可以发现，Python 的私有成员和访问限制机制是"假"的。Python 并没有从语法层面彻底限制对私有成员的访问。

【程序五】理解 Python 内部对双下画线开头的私有成员进行名字变更。

程序如下：

```
class People:
    title = "人类"
    def __init__(self, name, age):
        self.__name = name
        self.__age = age
    def print_age(self):
        print('%s: %s' % (self.__name, self.__age))
    def get_name(self):
        return self.__name
    def set_name(self, name):
        self.__name = name
obj = People("jack", 18)
obj.__name = "tom"                # 注意这一行
```

```
print("obj.__name:", obj.__name)
print("obj.get_name():", obj.get_name())
```

运行程序，结果如下：

```
obj.__name: tom
obj.get_name(): jack
```

一定要注意，此时的 obj.__name= 'tom'，相当于给 obj 实例添加了一个新的实例变量__name，而不是对原有私有成员__name 的重新赋值。

此外，有时候，会看到以一个下画线开头的成员名，比如_name，这样的数据成员在外部是可以访问的。但是，按照约定俗成的规定，当看到这样的标识符时，意思就是，"虽然我可以被外部访问，但是，请把我视为私有成员，不要在外部访问我！"。

还有，在 Python 中，标识符类似__xxx__的，也就是以双下画线开头，并且以双下画线结尾的是特殊成员，特殊成员不是私有成员，可以直接访问，要注意区别对待。同时请尽量不要给自定义的成员命名__name__或__iter__这样的标识，它们都是 Python 中具有特殊意义的方法名。

类的成员与下画线总结：

（1）_name、_name_、_name__格式：

建议性的私有成员，不要在外部访问。

（2）__name、__name_ 格式：

强制的私有成员，依然可以强制在外部访问。

（3）__name__格式：

特殊成员，与私有性质无关，例如__doc__。

（4）name_、name__格式：

没有任何特殊性，普通的标识符，但最好不要这么起名。

4．@property 装饰器

在 Python 中，可以通过@property 装饰器将一个方法转换为数据成员。

语法格式如下：

```
@property
def methodname(self):
    block
```

其中，methodname 用于指定方法名，一般使用小写字母开头；self 是必选参数，表示类的实例；block 是方法体，实现的具体功能。

【例 6.10】 创建一个电视节目类 TVshow，将方法 show 转换为一个计算数据成员，用于显示当前播放的电视节目。

程序如下：

```
class TVshow:
    def __init__(self,show):
        self.__show = show
    @property
    def show(self):
        return self.__show
tvshow = TVshow("正在播放《花木兰》")
print("默认：",tvshow.show)
```

运行程序，结果如下：

```
默认：正在播放《花木兰》
```

其中，tvshow.show 就是数据成员，不能写作 tvshow.show()。两者的区别在于，前一个是数据成员的使用方式，后一个是方法成员的使用方式。理解下面的程序，注意区分两者的区别。

程序如下：

```
class TVshow:
    def __init__(self,show):
        self.__show = show
    def show(self):
        return self.__show
tvshow = TVshow("正在播放《花木兰》")
print("默认：",tvshow.show())
```

运行程序，结果如下：

```
默认：正在播放《花木兰》
```

【例 6.11】 编写程序，应用数据成员模拟电影点播功能。

程序如下：

```
class TVshow:                          # 定义电视节目类
    list_film = ["战狼 2","红海行动","建国大业","花木兰"] #初始化公有数据成员
    def __init__(self,show):                    #定义构造函数
        self.__show = show
    @property                               # 将方法转换为属性
    def show(self):                         # 定义 show()方法
        return self.__show                  # 返回私有属性的值
    @show.setter                            # 设置 setter 方法，让属性可修改
    def show(self,value):
        if value in TVshow.list_film:       # 判断值是否在列表中
            self.__show = "您选择了《" + value + "》，稍后将播放" # 返回修改的值
        else:
            self.__show = "您点播的电影不存在"
tvshow = TVshow("战狼 2")                     # 创建类的实例
print("正在播放：《",tvshow.show,"》")          # 获取属性值
print("您可以从",tvshow.list_film,"中选择要点播放的电影")
tvshow.show = "红海行动"                       # 修改属性值
print(tvshow.show)                          # 获取属性值
```

运行程序，结果如下：

```
正在播放：《 战狼 2 》
您可以从 ['战狼 2','红海行动','建国大业','花木兰'] 中选择要点播放的电影
您选择了《红海行动》，稍后将播放
```

在例中，使用了@show.setter。表示要为 show 函数进行值的设置。

【例 6.12】 分析程序，理解@show.setter 的用法。

程序如下：

```
class Person:
    def __init__(self,name):
        self._name = name
    @property                    # 利用 property 装饰器将获取 name 方法转换为获取对象的属性
    def name(self):
        return self._name
    @name.setter                 # 利用 property 装饰器将设置 name 方法转换为设置对象的属性
    def nam(self,name):          #在@name.setter 声明下的函数名字可以与 name 不同
        self._name = name
        self.a=18
```

```
p = Person("小军")
print(p.name)        # p.name,已经将函数（方法）变成了属性值（数据成员）获取.
p.nam = "蕾蕾"       # p.nam = "蕾蕾"，相当于直接用变量命名给属性赋值来更改此属性
print(p.name)
```

运行程序，结果如下：

```
小军
蕾蕾
```

6.3　对象的创建与访问

6.3.1　创建对象

　　class 语句的功能是定义类，它不创建该类的任何实例。所以，在类定义完成以后，就需要创建类的实例，即对象。

　　创建类实例的语法规则如下：

```
对象名=类名(实参列表)
```

　　注意：实参列表中实参个数比类构造函数中的形参个数少一个，即不能给 self 传递实参。例如，类的构造函数__init__(self,p1,p2,p3,p4,p5,p6,p7)中有 8 个形参，则在创建实例时需要传入 7 个实参。

　　【例 6.13】　阅读程序，理解对象的创建方法。

　　程序如下：

```
class Student:
    university="西北大学"              # 类属性
    def __init__(self,name,age,sex):
        self.name=name                # 实例属性
        self.age=age                  # 实例属性
        self.sex=sex                  # 实例属性
    def learn(self):                  # 用函数表示技能
        print('is learning...',self)
    def choose(self):
        print('choose course...')
#创建类实例
stu1=Student("马　玉",18,"male")       #传入实参
stu2=Student("蕾　蕾",19,"female")     #传入实参
stu3=Student("韩江雪",22,"female")     #传入实参
#显示对象属性
print(stu1.university,stu1.name,stu1.age,stu1.sex)
print(stu2.university,stu2.name,stu2.age,stu2.sex)
print(stu3.university,stu3.name,stu3.age,stu3.sex)
```

运行程序，结果如下：

```
西北大学 马　玉 18 male
西北大学 蕾　蕾 19 female
西北大学 韩江雪 22 female
```

说明：

在创建类实例 stu1 时，系统完成 4 项任务：

（1）产生一个空对象 stu1；

（2）自动触发类的构造函数__init__(self,name,age,sex)函数；

（3）将空对象 stu1 连同调用类时括号内的参数（"马 玉",18,"male"）传给__init__(self,name,age,sex)函数；

（4）构造函数完成实例属性初始化。

6.3.2 访问属性

可以使用成员引用运算符 "."来访问对象的属性或类的属性。即：对象名.属性名。

【例6.14】 阅读程序，理解对象属性和类属性的访问。

程序如下：

```python
# -*- coding: UTF-8 -*-
class Employee:
    '所有员工的基类'
    empCount = 0

    def __init__(self, name, salary):
        self.name = name
        self.salary = salary
        Employee.empCount += 1

    def displayCount(self):
        print ("Total Employee %d" % Employee.empCount)

    def displayEmployee(self):
        print ("Name : ", self.name,   ", Salary: ", self.salary)
emp1 = Employee("赵强", 9000) #创建 Employee 类的第一个对象
emp2 = Employee("马虎", 8900) #创建 Employee 类的第二个对象
emp1.displayEmployee()
print ("Name : ", emp2.name,   ", Salary: ", emp2.salary)
print ("Total Employee %d" % Employee.empCount)
```

运行程序，结果如下：

```
Name : 赵强 , Salary:  9000
Name : 马虎 , Salary:  8900
Total Employee 2
```

其中，通过调用对象 emp1 的 displayEmployee()方法，显示对象属性（name 属性和 salary 属性），显示结果为：

```
Name : 赵强 , Salary:  9000
```

通过语句 print ("Name : ", emp2.name,   ", Salary: ", emp2.salary)直接显示对象 emp2 的 name 属性和 salary 属性，显示结果为：

```
Name : 马虎 , Salary:  8900
```

通过语句 print ("Total Employee %d" % Employee.empCount)直接显示 Employee 类的 empCount 属性（类属性的访问格式是 类名.类属性名），显示结果为：

```
Total Employee 2
```

在程序中，还可以使用以下函数访问属性。

（1）getattr(obj, name[, default])函数：

该函数用于访问对象的属性。若属性存在则返回属性内容，若不存在则出错。

（2）hasattr(obj,name)函数：

该函数用于检查是否存在一个属性。若属性存在则返回 True，若不存在则返回 False。

（3）setattr(obj,name,value)函数：

该函数用于修改某个属性的值。如果属性不存在，则会创建一个新属性。

（4）delattr(obj, name)函数：

该函数用于删除某个属性。

在例 6.14 的程序最后添加如下语句，分析执行结果。

```
print(getattr(emp1,"name"))
print(getattr(Employee,"empCount"))
print(hasattr(emp1,"age"))
setattr(emp1,"age",20)
print(getattr(emp1,"age"))
delattr(emp2,"age")
delattr(emp1,"age")
print(getattr(emp1,"age"))
```

分析如下：

（1）print(getattr(emp1,"name"))语句的运行结果如下：

```
赵强
```

因为该对象属性存在，且有具体的值。

（2）print(getattr(Employee,"empCount"))语句的运行结果如下：

```
2
```

因为该类属性存在，且有具体的值。

（3）print(hasattr(emp1,"age"))语句的运行结果如下：

```
False
```

因为该对象属性不存在，故返回值为 False

（4）setattr(emp1,"age",20) 语句执行后，emp1 对象将拥有了一个新的对象属性 age，并将其初始化为 20。该属性仅为 emp1 对象所拥有，别的对象没有该属性。

（5）print(getattr(emp1,"age"))语句的运行结果如下：

```
20
```

因为 emp1 对象现在已经添加了新的对象属性 age，且其值为 20。

（6）delattr(emp2,"age")语句执行后，将出现如下错误提示信息：

```
AttributeError: age
```

其含义是，对象 emp2 不存在 age 属性。

（7）delattr(emp1,"age")语句执行后，将从对象 emp1 中删除对象属性 age。

（8）print(getattr(emp1,"age"))语句执行后，将出现如下错误提示信息：

```
AttributeError: age
```

其含义是，对象 emp1 不存在 age 属性。因为对象 emp1 中的对象属性 age 已经被删除了。

【例 6.15】　求拓扑顺序。

分析：对一个有向无环图 G 进行拓扑排序，是将 G 中所有顶点排成一个线性序列，使得图中任意一对顶点 u 和 v，若边 $(u,v) \in E(G)$，则 u 在线性序列中出现在 v 之前。通常，这样的线性序列称为满足拓扑次序的序列，简称拓扑序列。简单地说，由某个集合上的一个偏序得到该集合上的一个全序，这个操作称为拓扑排序。

在图论中，由一个有向无环图的顶点组成的序列，当且仅当满足下列条件时，称为该图的一个拓扑排序：

（1）每个顶点出现且只出现一次；

（2）若 *A* 在序列中排在 *B* 的前面，则在图中不存在从 *B* 到 *A* 的路径。

对于图 6.1，求其拓扑序列的程序如下：

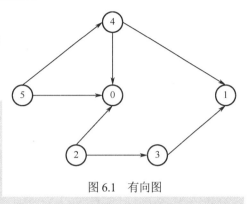

图 6.1 有向图

```python
# -*-coding:UTF-8-*-
from collections import defaultdict
class Graph:
    def __init__(self,vertices):
        self.graph = defaultdict(list)
        self.V = vertices
    def addEdge(self,u,v):
        self.graph[u].append(v)
    def topologicalSortUtil(self,v,visited,stack):
        visited[v] = True
        for i in self.graph[v]:
            if visited[i] == False:
                self.topologicalSortUtil(i,visited,stack)
        stack.insert(0,v)
    def topologicalSort(self):
        visited = [False]*self.V
        stack =[]
        for i in range(self.V):
            if visited[i] == False:
                self.topologicalSortUtil(i,visited,stack)
        print (stack)
g= Graph(6)
g.addEdge(2, 0);
g.addEdge(2, 3);
g.addEdge(3, 1);
g.addEdge(4, 0);
g.addEdge(4, 1);
g.addEdge(5, 0);
g.addEdge(5, 4);
print ("拓扑排序结果： ")
g.topologicalSort()
```

运行程序，结果如下：

```
[5, 4, 2, 3, 1, 0]
```

6.3.3 Python 对象销毁（垃圾回收）

Python 使用了引用计数这一简单技术来跟踪和回收垃圾。在 Python 内部记录着所有使用中的对象各有多少引用。

在系统中有一个内部跟踪变量，称为一个引用计数器。当对象被创建时，就创建了一个引用计数，当这个对象不再需要时，也就是说，这个对象的引用计数变为 0 时，它将被垃圾回收。但是回收不是立即的，而是由解释器在适当的时机将垃圾对象占用的内存空间回收。

例如，如下程序段简单地示意了引用计数器的工作过程。

```
a = 40          # 创建对象  <40>
b = a           # 增加引用<40> 的计数
```

```
c = [b]              # 增加引用<40> 的计数

del a                # 减少引用 <40> 的计数
b = 100              # 减少引用 <40> 的计数；创建对象<100>
c[0] = -1            # 减少引用 <40> 的计数；减少引用 <100> 的计数；  创建对象  <-1>
```

　　垃圾回收机制不仅针对引用计数为 0 的对象，同样也可以处理循环引用的情况。循环引用指的是，两个对象相互引用，但是没有其他变量引用它们。这种情况下，仅使用引用计数是不够的。Python 的垃圾收集器实际上是一个引用计数器和一个循环垃圾收集器。作为引用计数的补充，垃圾收集器也会留心被分配的总量很大（即未通过引用计数销毁的那些）的对象。在这种情况下，解释器会暂停下来，试图清理所有未引用的循环。

　　【例 6.16】　理解析构函数__del__。

　　析构函数__del__在对象销毁的时候被自动调用，当对象不再被使用时，__del__方法运行。程序如下：

```
#!/usr/bin/python
# -*- coding: UTF-8 -*-

class Point:
    def __init__( self, x=0, y=0):
        self.x = x
        self.y = y
    def __del__(self):
        class_name = self.__class__.__name__
        print(class_name, "销毁")

pt1 = Point()
pt2 = pt1
pt3 = pt1
print(id(pt1), id(pt2), id(pt3)) # 打印对象的 id
del(pt1)
del(pt2)
del(pt3)
```

　　运行程序，结果如下：

```
2502700999536 2502700999536 2502700999536
Point  销毁
```

6.4　继承与多态

6.4.1　继承的特点与语法

1. 继承的特点

　　面向对象编程带来的主要好处之一是代码的重用，实现这种重用的方法之一就是继承机制。通过继承创建的新类称为子类或派生类，被继承的类称为基类、父类或超类。

　　在 Python 中，继承具有以下基本特点：

　　（1）如果在子类中需要基类的构造方法，就需要显式地调用基类的构造方法，或者不重写父类的构造方法。

　　（2）在调用基类的方法时，需要加上基类的类名前缀，且需要带上 self 参数。注意：在类中调用普通函数时并不需要带上 self 参数。

（3）Python 总是首先在派生类中查找对应的方法，只有在派生类中找不到对应的方法时，它才开始到基类中逐个查找（即先在本类中查找调用的方法，找不到才去基类中找）。

（4）如果继承了一个以上的类，那么就称作"多重继承"。

2．继承的语法

语法：

派生类的声明，与它们的父类类似，被继承的基类列表跟在类名之后，如下所示：

```
class SubClassName (ParentClass1[, ParentClass2, ...]):
    ...
```

说明：

（1）SubClassName 为新创建的子类名称；

（2）ParentClass1[, ParentClass2, ...]为基类列表。若列表中只有一个基类就称为单继承；若列表中有多个基类就称为多继承。

【例 6.17】 阅读程序，理解单继承。

```
#!/usr/bin/python
# -*- coding: UTF-8 -*-

class Parent:              # 定义父类
    parentAttr = 100
    def __init__(self):
        print("调用父类构造函数")
    def parentMethod(self):
        print ("调用父类方法")
    def setAttr(self, attr):
        Parent.parentAttr = attr
    def getAttr(self):
        print("父类属性  :", Parent.parentAttr)
class Child(Parent): #  定义子类，单继承
    def __init__(self):
        print ("调用子类构造方法")
    def childMethod(self):
        print("调用子类方法")
c = Child()             # 实例化子类
c.childMethod()         # 调用子类的方法
c.parentMethod()        # 调用父类方法
c.setAttr(200)          # 再次调用父类的方法 - 设置属性值
c.getAttr()             # 再次调用父类的方法 - 获取属性值
```

运行程序，结果如下：

```
调用子类构造方法
调用子类方法
调用父类方法
父类属性 : 200
```

当然，也可以通过继承多个基类创建子类，下面的伪代码段示意了多继承。

```
class A:                  # 定义类 A
    ...

class B:                  # 定义类 B
    ...
```

```
class C(A, B):              # 继承类 A 和 B
    ...
```

在程序中，可以使用 issubclass()或者 isinstance()函数来检测子类和实例。

（1）issubclass()函数是一个布尔函数，用于判断一个类是不是另一个类的子类或子孙类。

语法格式如下：

```
issubclass(sub,sup)
```

（2）isinstance()函数是一个布尔函数，用于判断一个对象是不是某个类或者该类子类的实例。

语法格式如下：

```
isinstance(obj, Class)
```

6.4.2　方法重写

基类的成员都会被派生类继承，当基类中的某个方法不完全适用于派生类时，就需要在派生类中重写父类的这个方法。

【例 6.18】　阅读程序，理解方法重写。

【程序一】

程序如下：

```
#!/usr/bin/python
# -*- coding: UTF-8 -*-
class Parent:                 # 定义父类
    def myMethod(self):
        print ("调用父类方法")
class Child(Parent):          # 定义子类
    def myMethod(self):       #重写该方法
        print ("调用子类方法")
c = Child()                   # 子类实例
c.myMethod()                  # 子类调用重写方法
```

运行程序，结果如下：

```
调用子类方法
```

【程序二】

```
class Fruit:  # 定义水果类（基类）
    def __init__(self,color = "绿色"):
        Fruit.color = color       # 定义类属性
    def harvest(self, color):
        print("水果是： " + self.color + "的！ ")   # 输出的是形式参数 color
        print("水果已经收获……")
        print("水果原来是： " + Fruit.color + "的！ ");   # 输出的是类属性 color
class Apple(Fruit):  # 定义苹果类（派生类）
    color = "红色"
    def __init__(self):
        print("我是苹果")
        super().__init__()
class Aapodilla(Fruit):  # 定义人参果类（派生类）
    def __init__(self,color):
        print("\n 我是人参果")
        super().__init__(color)
```

```
        # 重写 harvest()方法的代码
        def harvest(self,color):
            print("人参果是: "+color+"的! ")              # 输出的是形式参数 color
            print("人参果已经收获……")
            print("人参果原来是: "+Fruit.color+"的! ");   # 输出的是类属性 color
class Orange(Fruit):
        color = "橙色"
        def __init__(self):
            print("\n 我是橘子")
        def harvest(self,color):
            print("橘子是: "+ color + "的! ")
            print("橘子已经收获……")
            print("橘子原来是: "+ Fruit.color +"的! ");
apple = Apple()   # 创建类的实例（苹果）
apple.harvest(apple.color)   # 调用基类的 harvest()方法
sapodilla = Aapodilla("白色")  # 创建类的实例（人参果）
sapodilla.harvest("金黄色带紫色条纹")   # 调用基类的 harvest()方法
orange = Orange()   # 创建类的实例（橘子）
orange.harvest(orange.color)   # 调用基类的 harvest()方法
```

运行程序，结果如下：

```
我是苹果
水果是: 红色的!
水果已经收获……
水果原来是: 绿色的!

我是人参果
人参果是: 金黄色带紫色条纹的!
人参果已经收获……
人参果原来是: 白色的!

我是橘子
橘子是: 橙色的!
橘子已经收获……
橘子原来是: 白色的!
```

注意: 在派生类中定义__init__()方法时，不会自动调用基类的__init__()方法。

例如，在派生类中调用基类的__init__()方法定义类属性。定义一个水果类 Fruit（作为基类），并在该类中定义__init__()方法，在该方法中定义一个类属性，然后在 Fruit 类中定义一个 harvest()方法，再创建 Apple 类和 Sapodilla 类，都继承自 Fruit 类，最后创建 Apple 类和 Sapodilla 类的实例，并调用 harvest()方法。

6.4.3　运算符重载

Python 同样支持运算符重载，通过运算符重载可以达到 3 个目标：

（1）让自定义的实例像内建对象一样进行运算符操作；

（2）让程序简洁易读；

（3）对于自定义对象，将运算符赋予新的规则。

运算符重载时，一个运算符对应的重载方法名是固定的，用户不能自己随意变更方法名。常见的运算符及其对应的重载方法名见表 6.2～表 6.7。

表 6.2　算术运算符的重载

方　法　名	运算符和表达式	说　明
__add__(self,rhs)	self + rhs	加法
__sub__(self,rhs)	self - rhs	减法
__mul__(self,rhs)	self * rhs	乘法
__truediv__(self,rhs)	self / rhs	除法
__floordiv__(self,rhs)	self //rhs	整除
__mod__(self,rhs)	self % rhs	取模（求余）
__pow__(self,rhs)	self **rhs	幂运算

表 6.3　复合赋值运算符的重载

方　法　名	运算符和表达式	说　明
__iadd__(self,rhs)	self += rhs	加法
__isub__(self,rhs)	self -= rhs	减法
__imul__(self,rhs)	self *= rhs	乘法
__itruediv__(self,rhs)	self /= rhs	除法
__ifloordiv__(self,rhs)	self //=rhs	整除
__imod__(self,rhs)	self %= rhs	取模（求余）
__ipow__(self,rhs)	self **=rhs	幂运算

表 6.4　比较运算符的重载

方　法　名	运算符和表达式	说　明
__lt__(self,rhs)	self < rhs	小于
__le__(self,rhs)	self <= rhs	小于等于
__gt__(self,rhs)	self > rhs	大于
__ge__(self,rhs)	self >= rhs	大于等于
__eq__(self,rhs)	self == rhs	等于
__ne__(self,rhs)	self != rhs	不等于

表 6.5　位运算符的重载

方　法　名	运算符和表达式	说　明
__and__(self,rhs)	self & rhs	位与
__or__(self,rhs)	self	rhs	位或
__xor__(self,rhs)	self ^ rhs	位异或
__lshift__(self,rhs)	self <<rhs	左移
__rshift__(self,rhs)	self >>rhs	右移

表 6.6　一元运算符的重载

方　法　名	运算符和表达式	说　　明
__neg__(self)	- self	负号
__pos__(self)	+ self	正号
__invert__(self)	~ self	取反

表 6.7　索引和切片运算符的重载

方　法　名	运算符和表达式	说　　明
__getitem__(self,i)	x = self(i)	索引/切片取值
__setitem__(self,i,v)	self[i] = v	索引/切片赋值
__delitem__(self,i)	del self[i]	del 语句删除索引/切片

【例 6.19】　阅读程序，理解加法运算符重载。

程序如下：

```
#!/usr/bin/python
class Vector:
    def __init__(self, a, b):
        self.a = a
        self.b = b
    def __str__(self):
        return 'Vector (%d, %d)' % (self.a, self.b)
    def __add__(self,other):
        return Vector(self.a + other.a, self.b + other.b)
v1 = Vector(2,10)
v2 = Vector(5,-2)
print(v1 + v2)
```

运行程序，结果如下：

```
Vector (7, 8)
```

【例 6.20】　阅读程序，理解索引和切片操作重载。

程序如下：

```
class Mylist:
    def __init__(self, iterable=()):
        self.__data = list(iterable)
    def __repr__(self):
        return 'Mylist(%s)' % self.__data
    def __getitem__(self, i):
        '索引取值,i 绑定[]内的元素'
        print('i 的值', i)
        return self.__data[i]    # 返回 data 绑定列表中的第 i 个元素
    def __setitem__(self, i, v):
        '''此方法可以让自定义的列表支持索引赋值操作'''
        print('__setitem__ 被调用,i = ', i, 'v = ', v)
        self.__data[i] = v
    def __delitem__(self, i):
        del self.__data[i]    # self.__data.pop(i)
        return self
        if type(i) is int:
```

```
                print('用户正在用索引取值')
            elif type(i) is slice:
                print('用户正在用切片取值')
                print('切片的起点是:', i.start)
                print('切片的终点是:', i.stop)
                print('切片的步长是:', i.step)
            elif type(i) is str:
                print('用户正在用字符串进行索引操作')
                # raise KeyError
            return self.__data[i]   # 返回 data 绑定的第 i 个元素
l1 = Mylist([1, 2, 3, 4, -5, 6])
print(l1[3])    # 4
l1[3] = 400
print(l1)
del l1[3]
print(l1)
print(l1[::2])
```

运行程序，结果如下：

```
i 的值  3
4
__setitem__ 被调用,i =   3 v =   400
Mylist([1, 2, 3, 400, -5, 6])
Mylist([1, 2, 3, -5, 6])
i 的值  slice(None, None, 2)
[1, 3, 6]
```

6.5 应用举例

【例 6.21】 队列的实现与运算。

队列是只允许在一端插入数据操作而在另一端进行删除数据操作的特殊线性表；进行插入操作的一端称为队尾（入队列），进行删除操作的一端称为队头（出队列）；队列具有先进先出（FIFO）的特性。队列的基本操作包括：初始化、入队、出队、求队长等。

程序如下：

```
class Queue(object):
    # 构造函数
    def __init__(self):
        self.queue = []
    def push(self, value):
        self.queue.append(value)
        return True
    def pop(self):
        if self.queue:
            del self.queue[-1]
        else:
            return   False
    def front(self):
        if self.queue:
            return   self.queue[0]
        else:
```

```
                return    False
        def rear(self):
            if self.queue:
                return    self.queue[-1]
            else:
                return    False
        def length(self):
            return    len(self.queue)
        def isempty(self):
            return self.queue==[]
        def view(self):
            return    ",".join(self.queue)
s = Queue()
s.push('章雨')
s.push('华民')
s.push('晓蕾')
s.push('悦心')
print(s.front())
print(s.rear())
print(s.length())
print(s.isempty())
s.pop()
print(s.view())
```

运行程序，结果如下：

```
章雨
悦心
4
False
章雨,华民,晓蕾
```

【例 6.22】 简单的图书借阅模拟。

本例能够实现图书的添加、删除、借阅等基本功能。

程序如下：

```
# 假设每种书只有一本
class Book(object):
    def __init__(self, name, author, state, bookIndex):
        self.name = name
        self.author = author
        # 0：'已借出' 1:'未借出'
        self.state = state
        self.bookIndex = bookIndex
    def __str__(self):
        return    'Book(%s, %d)' %(self.name, self.state)
class    BookManage(object):
    # 存放所有书籍信息, 列表里面存放的是 Book 对象
    books = []
    def start(self):
        """图书管理系统初始化数据"""
        self.books.append(Book("C 语言程序设计", "董卫军", 1, "IN23445:007"))
        self.books.append(Book("python 程序设计", "董卫军", 0, "IN23445:002"))
        self.books.append(Book("计算机导论", "卫华", 1, "IN23445:001"))
        print("初始化数据成功!")
```

```python
def Menu(self):
    """图书管理菜单栏"""
    while True:
        print("""
                        图书管理操作
        1.添加书籍
        2.删除数据
        3.查询书籍
        4.退出
        """)
        choice = input("请输入你的选择:")
        if choice == '1':
            self.addBook()
        elif choice == '2':
            self.delBook()
        elif choice == '3':
            self.borrowBook()
        elif choice == '4':
            exit()
        else:
            print("请输入正确的选择!")
def addBook(self):
    print("添加书籍".center(0, '*'))
    name = input("书籍名称:")
    bObj = self.isBookExist(name)
    if bObj:
        print("书籍%s 已经存在" %(bObj.name))
    else:
        self.books.append(Book(name,input("作者:"), 1, \
                                input("存放位置:")))
        print("书籍%s 添加成功" %(name))
def delBook(self):
    print("删除书籍".center(50,'*'))
    for i in self.books:
        print(i)
    name = input("删除书籍名称：")
    a = self.isBookExist(name)
    if a:
        self.books.remove(a)
        print("删除%s 成功" %(a))
    else:
        print("书籍不存在")
def borrowBook(self):
    print("查询书籍".center(50,'*'))
    for i in self.books:
        print(i)
    name = input("查询书籍名称：")
    b = self.isBookExist(name)
    for book in self.books:
        if book == b:
            print(book)
            break
```

```
            else:
                print("%s 不存在" %(b))
                break
    def isBookExist(self, name):
        """检测书籍是否存在"""
        # 1. 依次遍历列表 books 里面的每个元素
        # 2. 如果有一个对象的书名和 name 相等，那么书籍存在；
        # 3. 如果遍历所有内容，都没有发现书名与 name 相同，那么书籍不存在；
        for book in self.books:
            if book.name == name:
                # 因为后面需要
                return book
            else:
                return    False
if __name__ == "__main__":
    bManger = BookManage()
    bManger.start()
    bManger.Menu()
```

运行程序，结果如下：

```
初始化数据成功!

                        图书管理操作
            1.添加书籍
            2.删除数据
            3.查询书籍
            4.退出

请输入你的选择:
```

用户现在输入所要完成功能的序号便可选择相应的功能。

【例 6.23】 使用栈作为数据结构来检查括号字符串是否完全匹配。

栈是一种运算受限的线性表，其限制是仅允许在表的一端进行插入和删除运算。栈允许进行插入和删除操作的一端称为栈顶（Top），另一端称为栈底（Bottom）；栈底固定，而栈顶浮动；栈中元素个数为零时称为空栈。插入一般称为进栈（Push），删除则称为退栈（Pop）。

使用一个栈检查括号字符串是否平衡时，一个有效括号字符串须满足以下条件：

（1）左括号必须用相同类型的右括号闭合。

（2）左括号必须以正确的顺序闭合。

程序如下：

```
class Stack(object):
    def __init__(self, limit=10):
        self.stack = [] #存放元素
        self.limit = limit #栈容量极限
    def push(self, data): #判断栈是否溢出
        if len(self.stack) >= self.limit:
            print('StackOverflowError')
            pass
        self.stack.append(data)
    def pop(self):
        if self.stack:
            return self.stack.pop()
```

```
        else:
            raise IndexError('pop from an empty stack') #空栈不能被弹出
    def peek(self): #查看堆栈的最上面的元素
        if self.stack:
            return self.stack[-1]
    def is_empty(self): #判断栈是否为空
        return not bool(self.stack)
    def size(self): #返回栈的大小
        return len(self.stack)
def balanced_parentheses(parentheses):
    stack = Stack(len(parentheses))
    for parenthesis in parentheses:
        if parenthesis == '(':
            stack.push(parenthesis)
        elif parenthesis == ')':
            if stack.is_empty():
                return False
            stack.pop()
    return stack.is_empty()
if __name__ == '__main__':
    examples = ["()()((()))", "((()))", "((()))"]
    print('Balanced parentheses demonstration:\n')
    for example in examples:
        print(example + ': ' + str(balanced_parentheses(example)))
```

运行程序，结果如下：

```
Balanced parentheses demonstration:
()()((())): True
((()))): False
((())): True
```

关于 if_name_ == "_main_"：的说明：

首先，if 语句是判断语句，当==条件为 true 时，才会执行 if 语句，否则它不执行。

其次，__name__ 前后加了双下画线是因为这是系统定义的标识符。在编写程序时，经常会使用 import 加载别的模块，__name__ 就是用来标识模块名字的一个系统变量。假如当前模块是主模块（也就是加载了其他模块的模块），那么此模块名字就是 __main__ ，通过 if 判断，这样就可以执行"_main_:"后面的代码块；假如此模块是被别的模块 import 的，则此模块 __name__ 就为该模块的主文件名字，通过 if 判断，就会跳过"_main_:"后面的内容。

习题 6

一、填空题

1．Python 使用关键字（　　　　）来定义类。

2．创建类的一个实例的过程被称为（　　　　）。

3．初始化方法的名字是（　　　　）。

4．（　　　　）是指向对象本身的参数。

5．构建对象的语法是（　　　　）。

6．__init__是一个特殊的方法，它是在（　　　　）和初始化新对象时被调用的。

7. 在 Python 定义类时，与运算符"**"对应的特殊方法名为（　　　　　）。

8. 在 Python 中定义类时，与运算符"<="对应的特殊方法名为（　　　　　）。

9. 表达式 isinstance("abc",str)的值为（　　　　　）。

10. 表达式 isinstance("abc",int)的值为（　　　　　）。

11. 表达式 isinstance(4,(int,float,complex))为（　　　　　）。

12. 以下代码的输出结果是（　　　　　）。

```python
class A(object):
    def __init__(self):
        print('A',end="")
        super(A, self).__init__()
class B(object):
    def __init__(self):
        print('B',end="")
        super(B, self).__init__()
class C(A):
    def __init__(self):
        print('C',end="")
        super(C, self).__init__()
class D(A):
    def __init__(self):
        print('D',end="")
        super(D, self).__init__()
class E(B, C):
    def __init__(self):
        print('E',end="")
        super(E, self).__init__()
class F(C, B, D):
    def __init__(self):
        print('F',end="")
        super(F, self).__init__()
class G(D, B):
    def __init__(self):
        print('G',end="")
        super(G, self).__init__()
if __name__ == '__main__':
    g = G()
    f = F()
```

二、选择题

1. 以下不是面向对象基本特性的是（　　　）。

　　A. 继承性　　　　　B. 封装性　　　　　　　C. 模块化　　　　　　D. 多态性

2. 以下说法错误的是（　　　）。

　　A. 类是对一类事物的描述，是抽象的、概念上的定义

　　B. 对象也称为类的实例（Instance）

　　C. 给类取名时要遵循标识符的命名规范，做到见名知意

　　D. 创建对象时，要显示调用 init()方法进行初始化

3. 以下关于继承说法错误的是（　　　）。

　　A. 当子类重写 init()方法后，在实例化对象时不能调用父类的构造方法

B．一个子类可以有多个父类，称为多继承

C．一个子类若只有一个父类，称为单继承

D．若子类不想原封不动地继承父类的方法，就需要方法重写

4．关于面向对象的继承，以下选项中描述正确的是（　　）。

A．继承是指一组对象所具有的相似性质

B．继承是指类之间共享属性和操作的机制

C．继承是指各对象之间的共同性质

D．继承是指一个对象具有另一个对象的性质

5．在面向对象方法中，一个对象请求另一对象为其服务的方式是发送（　　）。

A．命令　　　　　　B．口令　　　　　　C．消息　　　　　　D．调用语句

6．以下代码的输出结果是（　　）。

```
class People(object):
    __name = "luffy"
    __age = 18
p1 = People()
print(p1.__name, p1.__age)
```

A．luffy,18　　　　B．luffy 18　　　　C．空结果　　　　D．出错

7．以下代码的输出结果是（　　）。

```
class Parent(object):
    x = 1
class Child1(Parent):
    pass
class Child2(Parent):
    pass
Child1.x = 2
Parent.x = 3
print(Parent.x, Child1.x, Child2.x)
```

A．3 2 3　　　　　B．1 1 1　　　　　C．1 2 3　　　　　D．1 2 1

三、程序设计题

1．编写 Python 程序，模拟简单的计算器。

定义名为 Number 的类，其中有两个整型数据成员 n1 和 n2，应声明为私有。编写__init__方法，外部接收 n1 和 n2，再为该类定义加（addition）、减（subtration）、乘（multiplication）、除（division）等成员方法，分别对两个成员变量执行加、减、乘、除的运算。创建 Number 类的对象，调用各个方法，并显示计算结果。

2．实现一个 Point 类，表示直角坐标系中的一个点。Point 类包括：私有数据域 x 和 y，表示坐标；构造方法，将坐标设置为给定的参数，坐标默认参数值为原点；访问器方法 getx 和 gety 分别用于访问点的 x 坐标和 y 坐标；成员方法 distance 用于计算两个点之间的距离。

输入两个点坐标，创建两个 Point 对象，输出两个点之间的距离。结果保留两位小数。

3．实现一个 Rectangle 类，表示矩形。Rectangle 类包括私有数据域 wdth 和 height，表示矩形的宽和高；构造方法，将矩形的宽和高设置为给定的参数。宽和高的默认参数值为 1；属性 width 和 height 分别用于修改或访问矩形的宽和高；成员方法 get_area 返回矩形的面积；成员方法 get_perimeter 返回矩形的周长。

输入两个矩形的宽度和高度，创建两个 Rectangle 对象，求两个矩形的面积和周长，修改第一个矩形的宽度为 18.99、高度为 21.88，求修改后的矩形面积和周长。结果保留两位小数。

4．定义一个圆柱体类 Cylinder，包含底面半径和高两个属性（数据成员），包含一个可以计算圆柱体积的方法，编写程序实现圆柱的计算功能。

5．定义一个表示学生信息的类 Student，要求如下：

（1）类 Student 的成员变量：sNO 表示学号；sName 表示姓名；sSex 表示性别；sAge 表示年龄；sJava 表示 Java 课程成绩。

（2）类 Student 的方法成员：getNo()：获得学号；getName()：获得姓名；getSex()：获得性别；getAge()：获得年龄；getJava()：获得 Java 课程成绩。

（3）根据类 Student 的定义，创建 5 个该类的对象，输出每个学生的信息，计算并输出这 5 个学生 Python 语言成绩的平均值，以及计算并输出他们 Python 语言成绩的最大值和最小值。

6．为学校图书管理系统设计一个管理员类和一个学生类。其中管理员信息包括工号、年龄、姓名和工资；学生信息包括学号、年龄、姓名、所借图书和借书日期。最后编写一个测试程序对产生的类的功能进行验证。

要求：引入一个基类 Person，使用继承来简化设计。

7．实现一个 Circle 类，根据圆的半径求周长和面积，再由 Circle 类创建两个圆对象，从键盘输入半径，输出各自的周长和面积。

8．创建一个名为 Pet 的类，它应具有以下属性：

__name（用于宠物的名字）；

__animal_type（用于宠物的类型，如'狗',猫'和'鸟"）；

__age（用于宠物的年龄）。

Pet 类有一个_init_()方法来创建这些属性。

它还应该有以下方法：

set_name()：为__name 属性赋值。

set_animal_type()：为 animal_type 属性赋值。

set_age()：为 age 属性赋值。

get_name()：返回_name 属性的值。

get_animal_type()：返回_animal_type 属性的值。

get_age()：返回_age 属性的值。

完成 Pet 类定义后，写一个程序创建一个 Pet 类对象。提示用户输入宠物的名字、类型和年龄，并且这些数据应该存储为对象的属性。提取宠物的名字、类型和年龄，并在屏幕上显示这些数据。

9．创建一个名为 Employee 的类，其中包含关于员工的以下数据：姓名、工号、部门和职位。完成 Employee 类定义后，从键盘输入 5 个员工的数据并存入对象中，并将 5 个对象以工号作为 key 存入字典中。提供简单菜单，完成以下功能：

● 在字典中查找雇员；

● 将新员工添加到字典中；

● 更改字典中现有员工的姓名、部门和职位；

● 从字典中删除一名员工；

● 退出程序。

程序结束时，它应该序列化字典并将其保存到文件中。每次程序启动时，都应该尝试从文件中加载序列化的字典。如果文件不存在，则程序应该以空字典开始。

10．创建一个名为 RetailItem 的类来定义零售商店中某类商品的数据。该类应具有 4 个属性：编号、名称、库存量和单价。创建 RetailItem 类后，从键盘输入 5 类商品信息存入对象中。然后，创建一个可与 RetailItem 类一起使用的 CashRegister 类。CashRegister 类应该能够在内部保存 RetailItem 对象的列表。该类应该有以下成员方法：

purchase_item 方法：它接受 RetailItem 对象作为参数。每次调用 purchase_item 方法时，将 RetailItem 对象添加到列表中。

get_total 方法：返回在 CashRegister 对象内部列表中的所有 RetailItem 对象的价格总和。

show_items 方法：显示存储在 CashRegister 对象内部列表中的 RetailItem 对象的数据。

clear 方法：清除 CashRegister 对象的内部列表。

编写程序，提供简单菜单，提供相关管理功能，同时允许用户选择多个项目进行购买。当用户准备结账时，程序应该显示用户已选择购买的所有物品的清单及总价。

11．知识问答系统设计。

在系统中，将为选手编写一个简单的知识问答系统。规则如下：

从玩家 1 开始，每个选手轮流各回答 10 个问题（从 n 个问题中随机抽取）。当显示问题后，如果选手选择了正确的答案则可以获得 1 积分。问题回答完毕后，程序将显示每位选手获得的积分，并宣布得分最高的选手为胜方。

创建一个 Question 类来保存知识问题的数据。该问题类应该具有以下数据的属性：

一个 Trivia 问题；

备选答案 1；

备选答案 2；

备选答案 3；

备选答案 4；

正确答案的编号（1、2、3 或 4）。

Question 类还应该有一个 __init__()方法，以及相关的其他方法。

第 7 章　数据分析与可视化处理

7.1　数据分析简介

7.1.1　数据分析的概念

数据分析包括狭义的数据分析和数据挖掘。

1. 狭义的数据分析

狭义的数据分析是指根据分析目的，采用对比分析、分组分析、交叉分析和回归分析等分析方法，对收集的数据进行处理与分析，提取有价值的信息，发挥数据的作用，得到一个特征统计量结果的过程。

2. 数据挖掘

数据挖掘则是从大量的、不完全的、有噪声的、模糊的、随机的应用数据中，通过应用聚类模型、分类模型、回归和关联规则等技术挖掘潜在价值的过程。

7.1.2　数据分析的基本过程

1. 需求分析

需求分析主要是指从用户提出的需求出发，挖掘用户内心的真实意图，并将其转化为产品需求的过程。

2. 数据获取

数据获取是数据分析工作的基础，是指根据需求分析的结果提取、收集数据。

数据来源主要有两个：网络数据和本地数据（在线数据和离线数据）。网络数据是指存储在互联网中的各类视频、图片、语音和文字等信息。本地数据则是指存储在本地数据库中的数据。本地数据按照时间又可以分为两部分：历史数据和实时数据。历史数据是指系统在运行过程中遗存下来的数据，其数据量随系统运行时间的增加而增长。实时数据是指在最近一个单位时间周期内产生的数据。

3. 数据预处理

数据预处理是指进行数据合并、数据清洗、数据标准化和数据变换等，并将结果直接用于分析建模的这一过程的总称。其中，数据合并可以将多张相互关联的表格合并为一张；数据清洗可以去掉重复、缺失、异常、不一致的数据；数据标准化可以去除特征间的尺度不一致问题；数据变换可以通过离散化处理等技术满足后期分析与建模的数据要求。在数据分析的过程中，数据预处理的各个过程相互交叉，并没有明确的前后顺序。

4. 分析与建模

分析与建模是指通过对比分析、分组分析、交叉分析、回归分析等分析方法，以及聚类模型、分类模型、关联规则、智能推荐等模型和算法，发现数据中的有价值信息，并得出结论的过程。

分析与建模的方法按照目标不同又有所不同。如果分析目标是描述客户行为模式的，可以采用描述型数据分析方法，同时还可以考虑关联规则、序列规则和聚类模型等。如果分析目标是量化未来一段时间内某个事件发生的概率，则可以使用分类预测模型或回归预测模型。在常见的分类预测模型中，目标特征通常都是二元数据，如欺诈与否、流失与否、信用好坏等。在回归预测模型中，目标特征通常都是连续型数据，常见的有股票价格预测和违约损失率预测等。

5．模型评价与优化

模型评价是指对于已经建立的一个或多个模型，根据其模型的类别，使用不同的指标评价其性能优劣的过程。常用的聚类模型评价指标有兰德系数、互信息、V-measure 评分、轮廓系数等。常用的分类模型评价指标有准确率、精确率、召回率、F1 值、ROC 和 AUC 等。常用的回归模型评价指标有平均绝对误差、均方根误差、中值绝对误差和可解释方差值等。

模型优化则是指模型性能在经过模型评价后已经达到了要求，但在实际生产环境应用过程中发现模型的性能并不理想，进而对模型进行重构与优化的过程。在多数情况下，模型优化和分析与建模的过程基本一致。

6．部署

部署指将数据分析结果与结论应用至实际生产系统的过程中。根据需求的不同，部署阶段可以是一份包含了现状具体整改措施的数据分析报告，也可以是将模型部署在整个生产系统的解决方案。在多数项目中，数据分析师提供的是一份数据分析报告或一套解决方案，实际执行与部署的是需求方。

7.1.3　数据分析的应用领域

1．客户分析

客户分析主要是根据客户的基本数据信息进行商业行为分析。首先界定目标客户，根据客户的需求、目标客户的性质、所处行业的特征及客户的经济状况等基本信息，使用统计分析方法和预测验证法分析目标客户，提高销售效率。其次了解客户的采购过程，根据客户采购类型、采购性质进行分类分析，制定不同的营销策略。最后还可以根据已有的客户特征进行客户特征分析、客户忠诚度分析、客户注意力分析、客户营销分析和客户收益分析。通过有效的客户分析能够掌握客户的具体行为特征，将客户细分，使得运营策略达到最优，提升企业整体效益等。

2．营销分析

营销分析囊括了产品分析、价格分析、渠道分析、广告与促销分析这 4 类分析。产品分析主要是竞争产品分析，通过对竞争产品的分析制定自身产品策略；价格分析又可以分为成本分析和售价分析，成本分析的目的是降低不必要的成本开销，销售分析的目的是制定符合市场的价格；渠道分析是指对产品的销售渠道进行分析，确定最优的渠道配比；广告与促销分析则能够结合客户分析，实现销量的提升、利润的增加。

3．社交媒体分析

社交媒体分析就是以不同的社交媒体渠道生成的内容为基础，实现不同社交媒体的用户分析、访问分析和互动分析等。用户分析主要根据用户注册信息、登录平台的时间点和平时发表的内容等用户数据，分析用户个人画像和行为特征。访问分析则是通过用户平时访问的内容分析用户的兴趣爱好，进而分析潜在的商业价值。互动分析根据互相关注对象的行为预测该对象未来的某些行为特征。同时，社交媒体分析还能为情感和舆情监督提供丰富的资料。

4．设备管理

设备管理是企业关注的重点，设备维修一般采用标准修理法、定期修理法和检查后修理法等。其中，标准修理法可能会造成设备过剩修理，修理费用高；检查后修理法解决了修理费用的成本问题，但是修理前的准备工作繁多，设备的停歇时间过长。目前企业能够通过物联网技术收集和分析设备上的数据流，包括连续用电、零部件温度、环境湿度和污染物颗粒等多种潜在特征，建立设备管理模型，从而预测设备故障，合理安排预防性的维护，以确保设备正常工作，降低因设备故障带来的安全风险。

5．交通物流分析

物流是物品从供应地向接收地的实体流动，是将运输、储存、装卸搬运、包装、流通加工、配送和信息处理等功能有机结合，实现用户要求的过程。用户可以通过业务系统和 GPS 定位系统获得数据，使用数据构建交通状况预测分析模型，有效预测实时路况、物流状况、车流量、客流量和货物吞吐量，进而提前补货，制定库存管理策略。

6．欺诈行为检测

身份信息泄露及盗用事件逐年增长，随之而来的是欺诈行为和交易的增多。公安机关、各大金融机构、电信部门可利用用户基本信息、用户交易信息和用户通话及短信信息等数据，识别可能发生的潜在欺诈行为，做到提前预防。以大型金融机构为例，通过分类模型分析对非法集资和洗钱的逻辑路径进行分析，找到其行为特征。聚类模型分析可以分析相似价格的运动模式。例如对股票进行聚类，可能发现关联交易及内幕交易的可疑信息。关联规则分析可以监控多个用户的关联交易行为，为发现跨账号协同的金融诈骗行为提供依据。

7.1.4　支持数据分析的主要程序设计语言

目前主流的数据分析语言有 Python、R、MATLAB 这 3 种。其中，Python 具有丰富和强大的库，常被称为胶水语言，能够把其他语言制作的各种模块（尤其是 C/C++）很轻松地连接在一起。

1．3 种语言比较

3 种语言的简单比较见表 7.1。

表 7.1　3 种语言的简单比较

比　较　项	Python	R	MATLAB
语言学习难度	接口统一，学习曲线平缓	接口众多，学习曲线陡峭	自由度大，学习曲线较为平缓
使用场景	数据分析、机器学习、矩阵运算、科学数据可视化、数字图像处理、Web 应用、网络爬虫、系统维护等	统计分析、机器学习、科学数据可视化等	矩阵运算、数值分析、科学数据可视化、机器学习、符号运算、数字图像处理、数字信号处理、仿真模拟等
第三方支持	拥有大量的第三方库，能够简便地调用 C、C++、Java 等其他程序语言	拥有大量的包，能够调用 C/C++、Java 等其他程序语言	拥有大量专业的工具箱，在新版本中加入了对 C、C++、Java 的支持
流行领域	工业界>学术界	工业界≈学术界	工业界<学术界
软件成本	开源免费	开源免费	商业收费

2．Python 在数据分析方面的优势

Python 语法简单精练，容易上手。同时，Python 拥有强大的库，可以只使用 Python 这一种语言去构建以数据为中心的应用程序。

Python 数据分析中常用类库有以下几个。

（1）NumPy

NumPy 是科学计算的基础包。具有以下特点：

- 快速高效的多维数组对象 ndarray。
- 对数组执行元素级的计算及直接对数组执行数学运算。
- 具有线性代数运算、傅里叶变换，以及随机数生成的功能。

（2）SciPy

SciPy 是专门解决科学计算中各种标准问题域的模块的集合。SciPy 主要包含了 8 个模块，不同的子模块有不同的应用，如插值、积分、优化、图像处理和特殊函数等。

- scipy.integrate：数值积分例程和微分方程求解器。
- scipy.linalg：扩展了由 numpy.linalg 提供的线性代数例程和矩阵分解功能。
- scipy.optimize：函数优化器（最小化器）及根查找算法。
- scipy.signal：信号处理工具。
- scipy.sparse：稀疏矩阵和稀疏线性系统求解器。
- scipy.special：specfun（这是一个实现了许多常用数学函数的 Fortran 库）的包装器。
- scipy.stats：检验连续和离散概率分布、各种统计检验方法，以及更好的描述统计法。
- scipy.weave：利用内联 C++代码加速数组计算的工具。

（3）Pandas

Pandas 是数据分析核心库。具有以下特点：

- 提供了一系列能够快速、便捷地处理结构化数据的数据结构和函数。
- 具有高性能的数组计算功能，以及电子表格和关系型数据库（如 SQL）灵活的数据处理功能。
- 复杂精细的索引功能，可以便捷地完成重塑、切片和切块、聚合及选取数据子集等操作。

（4）Matplotlib

Matplotlib 是绘制数据图表的 Python 库。具有以下特点：

- Python 的 2D 绘图库，非常适合创建出版物级的图表。
- 操作比较容易，只需几行代码即可生成直方图、功率谱图、条形图、错误图和散点图等图形。
- 提供了 pylab 的模块，其中包括了 NumPy 和 pyplot 中许多常用的函数，方便用户快速进行计算和绘图。
- 交互式的数据绘图环境，绘制的图表也是交互式的。

（5）Scikit-learn

Scikit-learn 是数据挖掘和数据分析工具。具有以下特点：

- 简单有效，可以供用户在各种环境下重复使用。
- 封装了一些常用的算法方法。
- 基本模块主要有数据预处理、模型选择、分类、聚类、数据降维和回归 6 个，在数据量不大的情况下，Scikit-learn 可以解决大部分问题。

7.2 NumPy 模块的简单应用

NumPy 是重要的 Python 科学计算工具包，包含了大量有用的工具，如数组对象（用来表示向量、矩阵、图像等）、线性代数函数等。NumPy 中的数组对象可以帮助用户实现数组中重要的操作，如矩阵乘积、转置、解方程系统、向量乘积和归一化，这为图像变形、图像分类、图像聚类等提供了基础。

7.2.1 NumPy 模块支持的基本数据类型及属性

1．NumPy 支持的数据类型

NumPy 支持的数据类型如表 7.2 所示。

表 7.2 NumPy 支持的数据类型

名　　称	描　　述
bool_	布尔型数据类型（True 或者 False）
int_	默认的整数类型（类似于 C 语言中的 long、int32 或 int64）
intc	与 C 的 int 类型一样，一般是 int32 或 int 64
intp	用于索引的整数类型（类似于 C 语言中的 ssize_t，一般情况下仍然是 int32 或 int64）
int8	字节（-128～127）
int16	整数（-32768～32767）
int32	整数（-2147483648～2147483647）
int64	整数（-9223372036854775808～9223372036854775807）
uint8	无符号整数（0～255）
uint16	无符号整数（0～65535）
uint32	无符号整数（0～4294967295）
uint64	无符号整数（0～18446744073709551615）
float_	float64 类型的简写
float16	半精度浮点数，包括：1 个符号位，5 个指数位，10 个尾数位
float32	单精度浮点数，包括：1 个符号位，8 个指数位，23 个尾数位
float64	双精度浮点数，包括：1 个符号位，11 个指数位，52 个尾数位
complex_	complex128 类型的简写，即 128 位复数
complex64	复数，表示双 32 位浮点数（实数部分和虚数部分）
complex128	复数，表示双 64 位浮点数（实数部分和虚数部分）

注意：创建数组时可以用 dtype 说明数据类型。

【例 7.1】 阅读程序，理解 NumPy 数据类型的说明。

程序如下：

```
import numpy as np
array1 = np.ones((2, 3), dtype = 'float')
array2 = np.array([[1. ,2. ,3. ],[4,5,6]], dtype = 'int32')
```

```
print(array1)
print(array2)
print(array2.T)
```

运行程序，结果如下：

```
[[1. 1. 1.]
 [1. 1. 1.]]
[[1 2 3]
 [4 5 6]]
[[1 4]
 [2 5]
 [3 6]]
```

说明：array2.T 表示求 array2 的转置。

2．数组对象的基本属性

数组对象的常见属性含义见表 7.3。

表 7.3　数组对象的常见属性含义

属 性 名	含 义
dtype	ndarray 数组的数据类型，数据类型的种类
ndim	用来描述数组的维度，需要注意的是这个属性对二维数组比较实用，当数组维度是三维时，只能返回倒数第二个维度
shape	数组对象的尺度，对于矩阵，即 n 行 m 列，shape 是一个元组（tuple），相比于 ndim 属性，反映得更全面
size	size 属性是数组中保存元素的数量
itemsize	itemsize 属性返回数组中各个元素所占用的字节数大小
nbytes	如果想知道整个数组所需的字节数量，可以使用 nbytes 属性。其值等于数组的 size 属性值乘以 itemsize 属性值
real&imag	real 和 imag 分别返回数组的实部和虚部
flat	flat 属性，返回一个 numpy.flatiter 对象，即可迭代的对象。flat 属性生成迭代器后，能够进行一些赋值和索引操作
T	求转置

【例 7.2】　阅读程序，理解数组对象的基本属性。

程序如下：

```
import numpy as np
array1 = np.ones(24).reshape(2,3,4)
array2 = np.ones(8).reshape(2,4)
print("ndim 属性")
print(array1.ndim)
print(array2.ndim)
print("shape 属性")
print(array1.shape)
print(array2.shape)
print("size 属性")
print(array1.size)
print(array2.size)
print("itemsize 属性")
print(array1.itemsize)
print(array2.itemsize)
```

```
print("nbytes 属性")
print(array1.nbytes)
print(array2.nbytes)
```

运行程序，结果如下：

```
ndim 属性
3
2
shape 属性
(2, 3, 4)
(2, 4)
size 属性
24
8
itemsize 属性
8
8
nbytes 属性
192
64
```

7.2.2 NumPy 模块提供的基本方法

NumPy 模块提供的基本方法可以分为有关数组的方法、有关矩阵的方法、有关多项式的方法、有关线性代数的方法、有关概率分布的方法几个类别。

1. 有关数组的方法

（1）创建数组

arange()创建一维数组；array()创建一维或多维数组，其参数是类似于数组的对象，如列表等。

（2）读取数组元素

采用下标方式，如 a[0],a[0,0]。

（3）数组变形

如 b=a.reshape(2,3,4)将得到原数组变为 2*3*4 的三维数组后的数组。

a.shape=(2,3,4)或 a.resize(2,3,4)直接改变数组 a 的形状。

（4）数组组合

水平组合 hstack((a,b))或 concatenate((a,b),axis=1)。

垂直组合 vstack((a,b))或 concatenate((a,b),axis=0)；深度组合 dstack((a,b))。

（5）数组分割（与数组组合相反）

数组分割分别有 hsplit、vsplit、dsplit、split（split 与 concatenate 相对应）。

（6）将 np 数组变为列表

使用 a.tolist()可以将 np 数组变为列表。

（7）数组排序（小到大）

列排列 np.msort(a)；行排列 np.sort(a)；np.argsort(a)排序后返回下标。

（8）复数排序

np.sort_complex(a)按先实部后虚部排序。

（9）数组的插入

np.searchsorted(a,b)将 b 插入原有序数组 a，并返回插入元素的索引值。

（10）类型转换

如 a.astype(int)，np 的数据类型比 Python 丰富，且每种类型都有转换方法。

（11）条件查找

np.where(条件)：将返回满足条件的数组元素的索引值。

np.argwhere(条件)：将返回满足条件的下标。

np.extract([条件],a)：返回满足条件的数组元素。

np.take(a,b)：b 中元素为索引，查找 a 中对应元素。

（12）数组中最小、最大元素的索引

数组中最小、最大元素的索引分别是 np.argmin(a)和 np.argmax(a)。

（13）多个数组的对应位置上元素大小的比较

np.maximum(a,b,c,…)：返回每个索引位置上的最大值。

np.minimum(a,b,c,…)：返回每个索引位置上的最小值。

（14）将 a 中元素都置为 b

a.fill(b)：可以将 a 中元素都置为 b。

（15）求每个数组元素的指数

np.exp(a)：求每个数组元素的指数。

（16）生成等差行向量

如 np.linspace(1,6,10)可得到 1～6 之间的均匀分布，总共返回 10 个数。

（17）点积（计算两个数组的线性组合）

np.dot(a,b)：得到 a*b（一维上是对应元素相乘，多维可将 a*b 视为矩阵乘法。

（18）修剪数组

a.clip(x,y)：将数组中小于 x 的数均换为 x，将大于 y 的数均换为 y。

（19）数组元素分类

np.piecewise(a,[条件],[返回值])：分段给定取值，根据判断条件给元素分类，并返回设定的返回值。

（20）其他运算

求余：np.mod(a,n)相当于 a%n，np.fmod(a,n)为求余且余数的正负由 a 决定。

计算平均值：np.mean(a)。

计算加权平均值：np.average(a,b)，其中 b 是权重。

计算数组的极差：np.pth(a)=max(a)-min(a)。

计算方差（总体方差）：np.var(a)。

计算标准差：np.std(a)。

求算术平方根，a 为浮点数类型：np.sqrt(a)。

求对数：np.log(a)。

求所有数组元素乘积：a.prod()。

求数组元素的累积乘积：a.cumprod()。

求数组元素的符号：np.sign(a)，返回数组中各元素的正负符号，用 1 和-1 表示。

判断两数组是否相等：np.array_equal(a,b)。

判断数组元素是否为实数：np.isreal(a)。

去除数组中首尾为 0 的元素：np.trim_zeros(a)。

对浮点数取整，但不改变浮点数类型：np.rint(a)。

2．有关矩阵的方法

（1）创建矩阵

np.mat("…")：通过字符串格式创建。

np.mat(a)：通过数组创建，也可用 matrix()或 bmat()函数创建。

np.eye(n)：可以创建 n*n 维单位矩阵。

（2）矩阵的基本运算

矩阵的转置：A.T。

矩阵的逆矩阵：A.I。

计算协方差矩阵：np.cov(x)，np.cov(x,y)。

计算矩阵的迹（对角线元素之和）：a.trace()。

相关系数：np.corrcoef(x,y)。

给出对角线元素：a.diagonal()。

3．有关多项式的方法

（1）多项式拟合

poly= np.polyfit(x,a,n)：拟合点集 a 得到 n 级多项式，其中 x 为横轴长度，返回多项式的系数。

（2）多项式求导函数的系数

np.polyder(poly)：返回导函数的系数。

（3）得到多项式的 n 阶导函数

多项式.deriv(m = n)得到多项式的 n 阶导函数。

（4）其他运算

多项式求根：np.roots(poly)。

多项式在某点上的值：np.polyval(poly,x[n])，返回 poly 多项式在横轴点上 x[n]上的值。

两个多项式做差运算：np.polysub(a,b)。

4．有关线性代数的方法

估计线性模型中的系数：a=np.linalg.lstsq(x,b)，有 b=a*x。

求方阵的逆矩阵：np.linalg.inv(A)。

求广义逆矩阵：np.linalg.pinv(A)。

求矩阵的行列式：np.linalg.det(A)。

解形如 AX=b 的线性方程组：np.linalg.solve(A,b)。

求矩阵的特征值：np.linalg.eigvals（A）。

求特征值和特征向量：np.linalg.eig(A)。

SVD 分解：np.linalg.svd(A)。

5．有关概率分布的方法

（1）产生二文件项分布的随机数

np.random.binomial(n,p,size=…)

其中，n,p,size 分别是每轮试验次数、概率、轮数。

（2）产生超几何分布随机数

np.random.hypergeometric(n1,n2,n,size=…)

其中，参数意义分别是物件 1 总量、物件 2 总量、每次采样数、试验次数。

（3）产生其他随机数

产生 N 个正态分布的随机数：np.random.normal(均值,标准差,N)。

产生 N 个对数正态分布的随机数：np.random.lognormal(mean,sigma,N)。

7.2.3　NumPy 模块应用举例

1. 创建 NumPy 数组对象

NumPy 中的多维数组称为 ndarray，这是 NumPy 中最常见的数组对象。ndarray 对象通常包含两个部分：

（1）ndarray 数据本身。

（2）描述数据的元数据。

NumPy 数组具有以下优点：

（1）NumPy 数组通常是由相同种类的元素组成的，即数组中的数据项的类型一致。这样有一个好处，由于知道数组元素的类型相同，所以能快速确定存储数据所需空间的大小。

（2）NumPy 数组能够运用向量化运算来处理整个数组，速度较快；而 Python 的列表则通常需要借助循环语句遍历列表，运行效率相对来说较差。

（3）NumPy 使用了优化过的 C-API，运算速度较快。

【例 7.3】　使用 array()方法创建数组。

通过数组方式创建，向数组中传入一个队列实现。

```
import numpy as np
array1 = np.array([1, 2, 3])
array2 = np.array([[1, 2, 3],
                   [4, 5, 6],
                   [9, 8, 1]])

print(array1)
print(array2)
```

运行程序，结果如下：

```
[1 2 3]
[[1 2 3]
 [4 5 6]
 [9 8 1]]
```

【例 7.4】　使用 linspace()&logspace()方法创建数组。

通过 linspace()函数创建数组：例中创建一个 0～1、间隔为 1/9 的行向量（按等差数列形式生成），从 0 开始，包括 1。

通过 logspace()函数创建数组：例中创建一个 1～100、有 20 个元素的行向量（按等比数列形式生成），其中 0 表示 10^0=1，2 表示 10^2=100，从 1 开始，包括 100。

程序如下：

```
import numpy as np
array1 = np.linspace(0, 1, 10)
array2 = np.logspace(0, 2, 20)
print(array1)
print(array2)
```

运行程序，结果如下：

```
[0.         0.11111111 0.22222222 0.33333333 0.44444444 0.55555556
 0.66666667 0.77777778 0.88888889 1.        ]
[ 1.         1.27427499  1.62377674  2.06913808  2.6366509
  3.35981829  4.2813324   5.45559478  6.95192796  8.8586679
```

```
  11.28837892   14.38449888   18.32980711   23.35721469   29.76351442
  37.92690191   48.32930239   61.58482111   78.47599704 100.          ]
```

2. shape 变化

（1）shape()和 resize()

shape()和 resize()都能改变数组的维度，resize()是将原本的数组改变，shape()是改变单次视图。

（2）ravel()和 flatten()

ravel()和 flatten()都是将多维数组转化为一维数组。两者的区别在于返回拷贝（copy）还是返回视图（view），flatten()返回一份拷贝，需要分配新的内存空间，对拷贝所做的修改不会影响原始矩阵，而 ravel()返回的是视图，会影响原始矩阵。

（3）transpose()

前面描述了数组转置的属性，也可以通过 transpose()函数来实现矩阵转置。

【例 7.5】 阅读程序，理解数组形变。

程序如下：

```python
import numpy as np
array1 = np.array([[11, 12, 13, 14],
               [21, 22, 23, 24],
               [31, 32, 33, 34]])
print("改变维度")
print(array1.reshape(2,6))
array1.resize(4,3)
print(array1)
print("改变为一维")
print(array1.flatten())
array1.flatten()[0] = 0
print(array1)
print(array1.ravel())
array1.ravel()[0] = 0
print(array1)
print("矩阵转置")
print(array1.transpose())
```

运行程序，结果如下：

```
改变维度
[[11 12 13 14 21 22]
 [23 24 31 32 33 34]]
[[11 12 13]
 [14 21 22]
 [23 24 31]
 [32 33 34]]
改变为一维
[11 12 13 14 21 22 23 24 31 32 33 34]
[[11 12 13]
 [14 21 22]
 [23 24 31]
 [32 33 34]]
[11 12 13 14 21 22 23 24 31 32 33 34]
[[ 0 12 13]
 [14 21 22]
```

```
 [23 24 31]
 [32 33 34]]
矩阵转置
[[ 0 14 23 32]
 [12 21 24 33]
 [13 22 31 34]]
```

3．堆叠数组

（1）hstack()和 column_stack()

hstack()是水平堆叠，即将两个数组水平连接，进行水平堆叠时要注意有相同的行。

（2）vstack()和 row_stack()

vstack()是垂直叠加。

（3）concatenate()

通过设置 axis 的值来设置叠加方向，axis=1 时，沿水平方向叠加；axis=0 时，沿垂直方向叠加。

（4）dstack()

dstack()是深度叠加，即增加一个维度，如两个（2,3）数组进行深度叠加后得到（2,3,2）的数组。

【例 7.6】 阅读程序，理解数组堆叠。

程序如下：

```
import numpy as np
array1 = np.array([[11, 12, 13, 14],
                   [21, 22, 23, 24],
                   [31, 32, 33, 34]])
print("reshape,resize:")
print(array1.reshape(2,6))
array1.resize(4,3)
print(array1)
print("flatten,ravel:")
print(array1.flatten())
array1.flatten()[0] = 0
print(array1)
print(array1.ravel())
array1.ravel()[0] = 0
print(array1)
```

运行程序，结果如下：

```
reshape,resize:
[[11 12 13 14 21 22]
 [23 24 31 32 33 34]]
[[11 12 13]
 [14 21 22]
 [23 24 31]
 [32 33 34]]
flatten,ravel:
[11 12 13 14 21 22 23 24 31 32 33 34]
[[11 12 13]
 [14 21 22]
 [23 24 31]
 [32 33 34]]
```

```
[11 12 13 14 21 22 23 24 31 32 33 34]
[[ 0 12 13]
 [14 21 22]
 [23 24 31]
 [32 33 34]]
```

7.3 Pandas 模块的简单应用

7.3.1 Pandas 模块简介

1．Pandas 简介

在数据分析中，Pandas 的使用频率很高。一方面是因为 Pandas 提供的基础数据结构 DataFrame 与 JSON 的契合度高，转换起来方便。另一方面，如果日常的数据清洗工作不是很复杂的话，通常用几句 Pandas 代码就可以对数据进行规整。

Pandas 可以说是基于 NumPy 构建的含有更高级数据结构和分析能力的工具包。在 NumPy 中，数据结构是围绕 ndarray 展开的。而在 Pandas 中，核心数据结构是 Series 和 DataFrame，它们分别代表一维序列和二维表结构。基于这两种数据结构，Pandas 可以对数据进行导入、清洗、处理、统计和输出。

Pandas 把数组分为两类。

（1）Series

Series 即一维数组，与 Numpy 中的一维数组（Array）类似。二者与 Python 中的基本数据结构列表（List）也很相近，其区别是：列表中的元素可以是不同数据类型的，而 Array 和 Series 中则只允许存储相同类型的数据，这样可以更有效地使用内存，提高运算效率。

Time-Series：以时间为索引的 Series。

（2）DataFrame

DataFrame 是二维的表格型数据结构，很多功能与 R 中的 data.frame 类似。可以将 DataFrame 理解为 Series 的容器。

2．Series 的常用属性和方法

（1）Series 的常用属性

Series 的常用属性见表 7.4。

表 7.4　Series 的常用属性

属　　性	说　　明
values	获取数组
index	获取索引
name	values 的 name
index.name	索引的 name

（2）Series 的常用方法

Series 可使用 ndarray 或 dict 的索引操作和函数，同时集成了 ndarray 和 dict 的优点。Series 的常用方法见表 7.5。

表 7.5　Series 的常用方法

方　　法	说　　明
Series([x,y,...])Series({'a':x,'b':y,...}, index=param1)	生成一个 Series
Series.copy()	复制一个 Series
Series.reindex([x,y,...], fill_value=NaN)	重返回一个适应新索引的新对象，将缺失值填充为 fill_value
Series.reindex([x,y,...], method=NaN)	返回适应新索引的新对象，填充方式为 method
Series.reindex(columns=[x,y,...])	对列进行重新索引
Series.drop(index)	丢弃指定项
Series.map(f)	应用元素级函数
Series.sort_index(ascending=True)	根据索引返回已排序的新对象
Series.order(ascending=True)	根据值返回已排序的对象，NaN 值在末尾
Series.rank(method='average', ascending=True, axis=0)	为各组分配一个平均排名
df.argmax()	返回含有最大值的索引位置
df.argmin()	返回含有最小值的索引位置

注意：

① reindex 的 method 选项：ffill 和 bfill（向前填充和向后填充）；pad 和 backfill（向前搬运和向后搬运）。

② rank 的 method 选项：average（在相等分组中，为各个值分配平均排名）；max 和 min（使用整个分组中的最大和最小排名）；first（按值在原始数据中出现的顺序排名）。

3．DataFrame 的基本属性和方法

（1）DataFrame 的基本属性

DataFrame 的基本属性见表 7.6。

表 7.6　DataFrame 的基本属性

属　　性	详　　解
dtype	查看数据类型
index	查看行序列或索引
columns	查看各列的标签
values	查看数据框内的数据，即不含表头索引的数据
describe	查看数据每一列的极值、均值、中位数，只可用于数值型数据
transpose	转置，也可用 T 来操作
sort_index	排序，可按行或列 index 排序输出
sort_values	按数据值来排序

（2）DataFrame 的基本方法

DataFrame 的基本方法见表 7.7，其中 df 为 DataFrame 对象。

表 7.7　DataFrame 的基本方法

方　　法	功　　能
df.index	取纵坐标

方　　法	功　　能
df.columns	取横坐标
df.values	取填入的数据并且为数组格式
df.describe()	计数列表的各个列的个数、最大值、最小值等
df.T	横纵坐标进行对调
df.sort_index(axis=0)	根据 axis=0 或者 1 按照横坐标或者纵坐标进行排序
df.sort_values('按照的对象名称')	按照值进行排序，默认是竖着排序，也可以通过设置 axis=0 或者 1 进行修改，默认升序
df.loc[起始横坐标:结束横坐标]	取多行。结束横坐标必须大于等于起始横坐标，若相等则取一行
df[0:1]	取第一行，但是开始时横纵坐标是不算在里面的，这里是横坐标的索引
df[这一列对应的横坐标]	取某一列
df[[第一列对应的横坐标,第二列对应的横坐标]]	取多列
df.iloc[2, 1]	按行取值，第 3 行第 2 个
df.iloc[1:4, 1:4]	取某个区域。横坐标是第 2 个到第 5 个，纵向是第 2 个到第 5 个
df['横坐标名称']['纵坐标名称']	取某个位置的一个值
df.loc['纵坐标名称','横坐标名称']	取某个位置的一个值
df.dropna(axis=1)	axis 进行行列选择，横着加还是竖着加
df.dropna(thresh=4)	保留有效值大于等于 4 个数值的行
df.dropna(subset=['c2'])	删除 c2 中有 NaN 值的数据
df.fillna(value=10)	空值填充 10
pd.concat((df1, df2), axis=1)	合并行列都可以由 axis 控制
df1.append(df2)	append 只能合并列

7.3.2　Pandas 模块应用举例

1．创建和使用 Series 数据

【例 7.7】　把一维的数据处理成列表。

程序如下：

```
import numpy as np
import pandas as pd
arr = np.array([1, 2, 3, 4, np.nan, ])
s = pd.Series(arr)
print(s)
#也可以不转换,但是转换后可以减少内存,尽量进行转换
# arr = np.array([1, 2, 3, 4, np.nan, ])
s = pd.Series([1, 2, 3, 4, np.nan, ])
print(s)
```

运行程序，结果如下：

```
0    1.0
1    2.0
2    3.0
3    4.0
```

```
4    NaN
dtype: float64
0    1.0
1    2.0
2    3.0
3    4.0
4    NaN
dtype: float64
```

【例 7.8】 阅读程序，理解 Series 格式数据的创建。

程序如下：

```
import numpy as np
import pandas as pd
l1 = [1,2,"中国",4.5]
print(l1)
print(l1[2])
a1 = np.array([1,2,5,6,8])
print(a1)
print(a1[4])
s1 = pd.Series([1,3,5,7,9])
print(s1)
print(s1[4])
s2 = pd.Series([1,3,5,7,9],index=["a","b","c","d","e"])
print(s2)
print(s2["d"])
print(s2[3])
s3 = pd.Series([1,3,5,7,9],index=[3,4,5,6,7])
print(s3)
print(s3[6])
```

运行程序，结果如下：

```
[1, 2, '中国', 4.5]
中国
[1 2 5 6 8]
8
0    1
1    3
2    5
3    7
4    9
dtype: int64
9
a    1
b    3
c    5
d    7
e    9
dtype: int64
7
7
3    1
4    3
5    5
```

```
6      7
7      9
dtype: int64
7
```

【例 7.9】 阅读程序，理解 Series 格式数据的处理。

【程序一】修改 Series 索引。

程序如下：

```
import pandas as pd
import numpy as np
import   string
array = ["北京", "上海", "广州","深圳","天津","成都","重庆","郑州","西安"]
s1 = pd.Series(data=array)
print(s1)
# 修改 Series 索引
s1.index=["A","B","C","D","E","F","G","H","I"]
print(s1)
```

运行程序，结果如下：

```
0      北京
1      上海
2      广州
3      深圳
4      天津
5      成都
6      重庆
7      郑州
8      西安
dtype: object
A      北京
B      上海
C      广州
D      深圳
E      天津
F      成都
G      重庆
H      郑州
I      西安
dtype: object
```

【程序二】理解 Series 的基本运算。

程序如下：

```
import pandas as pd
import numpy as np
import   string
# 创建两个 Series 对象
s1   = pd.Series(np.arange(5), index=list(string.ascii_lowercase[:5]))
s2   = pd.Series(np.arange(2, 8), index=list(string.ascii_lowercase[2:8]))
print(s1)
print(s2)
#s1 对象中大于 3 的元素赋值为 10;
print(s1.where(s1 > 3, 10))
print(s1)
```

```
# 加法
#print(s1 + s2)
print(s1.add(s2))
"""
# 减法
print(s1 - s2)
print(s1.sub(s2))
# 乘法
print(s1 * s2)
print(s1.mul(s2))
# 除法
print(s1 / s2)
print(s1.div(s2))
# 求中位数
print(s1)
print(s1.median())
# 求和
print(s1.sum())
# 求最大值
print(s1.max())
"""
# 求最小值
print(s1.min())
```

运行程序，结果如下：

```
a    0
b    1
c    2
d    3
e    4
dtype: int32
c    2
d    3
e    4
f    5
g    6
h    7
dtype: int32
a    10
b    10
c    10
d    10
e     4
dtype: int32
a    0
b    1
c    2
d    3
e    4
dtype: int32
a    NaN
b    NaN
c    4.0
```

```
d       6.0
e       8.0
f       NaN
g       NaN
h       NaN
dtype: float64
0
```

注意：NumPy 中的 where 方法可以用来查找数据中符合不等式的索引，也可以将数据中符合不等式的元素重新赋值。Pandas 的 Series 中的 where 方法只能将数据中符合不等式的元素重新赋值。

2．创建和使用 DataFrame 数据

【例 7.10】 阅读程序，理解 DataFrame 数据的创建。

程序如下：

```python
import pandas as pd
import numpy as np

# 方法 1： 通过列表创建
li = [[1, 2, 3, 4],[2, 3, 4, 5]]

# DataFrame 对象里面包含两个索引，行索引(0 轴，axis=0)，列索引(1 轴，axis=1)
d1 = pd.DataFrame(data=li, index=['A', 'B'], columns=['views', 'loves', 'comments', 'tranfers'])
print(d1)

# 方法 2： 通过 numpy 对象创建
narr = np.arange(8).reshape(2, 4)
# DataFrame 对象里面包含两个索引，行索引(0 轴，axis=0)，列索引(1 轴，axis=1)
d2 = pd.DataFrame(data=narr, index=['A', 'B'], columns=['views', 'loves', 'comments', 'tranfers'])
print(d2)
# 方法三: 通过字典的方式创建
# 字典中的 key 值为数据中的列索引
# 字典中的 value 值为数据中的元素
dict = {'views': [1, 2, ], 'loves': [2, 3 ],   'comments': [3, 4, ]}
# index 中的行索引必须和字典中 key-value 值个数相对应
d3 = pd.DataFrame(data=dict, index=['面条', "米饭"])
print(d3)
```

运行程序，结果如下：

	views	loves	comments	tranfers
A	1	2	3	4
B	2	3	4	5

	views	loves	comments	tranfers
A	0	1	2	3
B	4	5	6	7

	views	loves	comments
面条	1	2	3
米饭	2	3	4

【例 7.11】 阅读程序，理解 DataFrame 的基本操作。

程序如下：

```python
import pandas as pd
import numpy as np
```

```
# 先创建一个 DataFrame 对象用于测试
narr = np.arange(8).reshape(2, 4)
# DataFrame 对象里面包含两个索引，行索引(0 轴，axis=0)，列索引(1 轴，axis=1)
d2 = pd.DataFrame(data=narr, index=['A', 'B'], columns=['views', 'loves', 'comments', 'tranfers'])
print(d2)
# 查看基础属性
"""
print(d2.shape)          # 获取行数和列数;
print('*'*30)
print(d2.dtypes)         # 列数据类型
print('*'*30)
print(d2.ndim)           # 获取数据的维度
print('*'*30)
print(d2.index)          # 行索引
print('*'*30)
print(d2.columns)        # 列索引
print('*'*30)
"""
print(d2.values, type(d2.values))    # 对象的值，二维 ndarray 数组;
#查看数据整体状况
# 相关信息的预览：行数，列数，列类型，内存占用
print("info:", d2.info())
print("统计".center(43, '*'))
# 快速综合统计结果： 计数，均值，标准差，最小值，1/4 位数，中位数，3/4 位数，最大值;
print(d2.describe())
# 转置及按列排序
# 转置操作
print(d2.T)
print('*'*35)
#按列进行排序
print(d2)
# 按照指定列进行排序，默认是升序，如果需要降序显示，设置 ascending=False;
print(d2.sort_values(by="views", ascending=False))
# 切片及查询
print(d2[:1])    # 可以实现切片，但是不能索引;
print('*'*30)
print('1:\n', d2['views'])        # 通过标签查询，获取单列信息
print('2:\n', d2.views)           # 和上面是等价的;
print('*'*30)
print(d2[['views', 'comments']])  # 通过标签查询多列信息
# 通过类似索引的方式查询
print('第一行元素： \n')
# iloc 查询
print(d2.iloc[0])
# loc 查询
print(d2.loc['A'])
print('第二行元素： \n')
# iloc 查询
print(d2.iloc[-1:])
# loc 查询
print(d2.loc['B'])
```

运行程序，结果如下：

```
      views   loves   comments   tranfers
A       0       1         2          3
B       4       5         6          7
[[0 1 2 3]
 [4 5 6 7]] <class 'numpy.ndarray'>
<class 'pandas.core.frame.DataFrame'>
Index: 2 entries, A to B
Data columns (total 4 columns):
 #    Column      Non-Null Count   Dtype
---   ------      --------------   -----
 0    views       2 non-null       int32
 1    loves       2 non-null       int32
 2    comments    2 non-null       int32
 3    tranfers    2 non-null       int32
dtypes: int32(4)
memory usage: 48.0+ bytes
info: None
********************统计********************
          views       loves     comments    tranfers
count   2.000000    2.000000    2.000000    2.000000
mean    2.000000    3.000000    4.000000    5.000000
std     2.828427    2.828427    2.828427    2.828427
min     0.000000    1.000000    2.000000    3.000000
25%     1.000000    2.000000    3.000000    4.000000
50%     2.000000    3.000000    4.000000    5.000000
75%     3.000000    4.000000    5.000000    6.000000
max     4.000000    5.000000    6.000000    7.000000
            A  B
views       0  4
loves       1  5
comments    2  6
tranfers    3  7
******************************
      views   loves   comments   tranfers
A       0       1         2          3
B       4       5         6          7
      views   loves   comments   tranfers
B       4       5         6          7
A       0       1         2          3
      views   loves   comments   tranfers
A       0       1         2          3
******************************
1:
 A    0
B     4
Name: views, dtype: int32
2:
 A    0
B     4
Name: views, dtype: int32
```

```
****************************
      views      comments
A       0           2
B       4           6
第一行元素：
views           0
loves           1
comments        2
tranfers        3
Name: A, dtype: int32
views           0
loves           1
comments        2
tranfers        3
Name: A, dtype: int32
第二行元素：
      views    loves    comments    tranfers
B       4        5          6           7
views           4
loves           5
comments        6
tranfers        7
Name: B, dtype: int32
```

【例 7.12】　阅读程序，理解文件读写。

程序如下：

```
import pandas as pd
import numpy as np
df1 = pd.DataFrame(
    {'province': ['陕西', '陕西', '四川', '四川', '陕西'],
     'city': ['渭南', '西安', '成都', '成都', '宝鸡'],
     'count1': [5, 2, 7, 12, 5],
     'count2': [7, 8, 18, 6, 15] })
#写入文件
df1.to_csv("cityvount.csv")
# 在读取的过程中，会将 csv 文件中行索引读取出来，另起一列 Unnamed: 0
df = pd.read_csv("cityvount.csv")
print(df)
# 根据某一列的 key 值进行统计分析;
# 根据 province 这一列进行对 count1 这一列的统计分析
# 将 province 中的相同元素分为一组
grouped = df['count1'].groupby(df['province'])
print(grouped.describe())
# 将每一组的 count1 中的元素取中值
print(grouped.median())
# 根据城市统计分析 cpunt1 的信息;
grouped = df['count1'].groupby(df['city'])
print(grouped.max())
# 指定多个 key 值进行分类聚合;
grouped = df['count1'].groupby([df['province'], df['city']])
print(grouped)
print(grouped.max())
```

```
# 统计各个城市的 count1 的总和
print(grouped.sum())
# 统计各个城市出现的次数
print(grouped.count())
#  通过 unstack 方法，实现层次化的索引;
# 将 province 这个大分组当作行索引，city 这个小分组当作列索引
print(grouped.max().unstack())
```

运行程序，结果如下：

Unnamed: 0		province	city	count1	count2
0	0	陕西	渭南	5	7
1	1	陕西	西安	2	8
2	2	四川	成都	7	18
3	3	四川	成都	12	6
4	4	陕西	宝鸡	5	15

	count	mean	std	min	25%	50%	75%	max
province								
四川	2.0	9.5	3.535534	7.0	8.25	9.5	10.75	12.0
陕西	3.0	4.0	1.732051	2.0	3.50	5.0	5.00	5.0

```
province
四川    9.5
陕西    5.0
Name: count1, dtype: float64
city
宝鸡    5
成都    12
渭南    5
西安    2
Name: count1, dtype: int64
<pandas.core.groupby.generic.SeriesGroupBy object at 0x000002C31DE21550>
province  city
四川       成都    12
陕西       宝鸡    5
         渭南    5
         西安    2
Name: count1, dtype: int64
province  city
四川       成都    19
陕西       宝鸡    5
         渭南    5
         西安    2
Name: count1, dtype: int64
province  city
四川       成都    2
陕西       宝鸡    1
         渭南    1
         西安    1
Name: count1, dtype: int64
```

city	宝鸡	成都	渭南	西安
province				
四川	NaN	12.0	NaN	NaN
陕西	5.0	NaN	5.0	2.0

7.4　Matplotlib 模块的应用

7.4.1　Matplotlib 模块简介

Matplotlib 是 Python 的 2D 和 3D 绘图库，它提供了一整套和 MATLAB 相似的命令 API，十分适合交互式地进行绘图和可视化。用户处理数学运算、绘制图表，或者在图像上绘制点直线和曲线时，Matplotlib 是个很好的类库，提供强大的绘图功能。

Matplotlib 能够创建多种类型的图表，如条形图、散点图、条形图、饼图、堆叠图、3D 图和地图图表。可以生成各种硬拷贝格式和跨平台交互式环境的出版物质量数据。Matplotlib 可用于 Python 脚本、Python、IPython shell、Jupyter 笔记本、Web 应用程序服务器和 4 个图形用户界面工具包。

【例 7.13】　绘制正弦波形。

程序如下：

```
import matplotlib.pyplot as plt
import numpy as np
x = np.linspace(0,2*np.pi,100)
y = np.sin(x)
plt.plot(x,y)
plt.show()
```

运行程序，结果如图 7.1 所示。

【例 7.14】　使用 NumPy 计算激活函数 Sigmoid 和 ReLU 的值，使用 Matplotlib 画出图形。

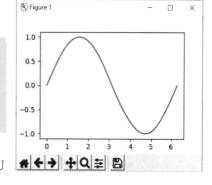

图 7.1　正弦波绘图

程序如下：

```
# ReLU 和 Sigmoid 激活函数示意图
import numpy as np
import matplotlib.pyplot as plt
import matplotlib.patches as patches
#设置图片大小
plt.figure(figsize=(8,3))
# x 是一维数组，数组大小是从-10. 到 10.的实数，每隔 0.1 取一个点
x = np.arange(-10,10,0.1)
# 计算 Sigmoid 函数
s =1.0/(1+ np.exp(- x))
# 计算 ReLU 函数
y = np.clip(x, a_min =0., a_max =None)
################################################################
# 以下部分为画图程序
# 设置两个子图窗口，将 Sigmoid 的函数图像画在右边
f = plt.subplot(121)
# 画出函数曲线
plt.plot(x, s, color='r')
# 添加文字说明
plt.text(-5.,0.9, r'$y=\sigma(x)$', fontsize=13)
# 设置坐标轴格式
currentAxis=plt.gca()
```

```
currentAxis.xaxis.set_label_text('x', fontsize=15)
currentAxis.yaxis.set_label_text('y', fontsize=15)
# 将 ReLU 的函数图像画在左边
f = plt.subplot(122)
# 画出函数曲线
plt.plot(x, y, color='g')
# 添加文字说明
plt.text(-3.0,9, r'$y=ReLU(x)$', fontsize=13)
# 设置坐标轴格式
currentAxis=plt.gca()
currentAxis.xaxis.set_label_text('x', fontsize=15)
currentAxis.yaxis.set_label_text('y', fontsize=15)
plt.show()
```

运行程序，结果如图 7.2 所示。

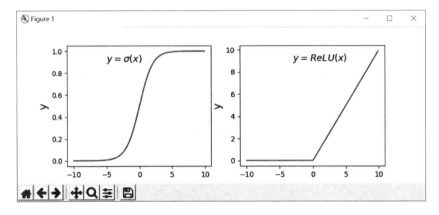

图 7.2　Sigmoid 和 ReLU 函数曲线

7.4.2　绘制图形举例

【例 7.15】　定义图表类型——柱状图、线形图和堆积柱状图。

调用 figure()方法，创建一个新的图表，接下来的绘图操作都在此图表中进行，参数 figsize=(12,6)表示该图表的大小。调用 subplot(231)方法把图表分割成 2 行 3 列的网格，1 表示图形的标号。

程序如下：

```
import matplotlib.pyplot as plt
x = [1, 2, 3, 4]
y =[5, 4, 3, 2]
plt.figure(figsize=(12,6))
plt.subplot(231)
plt.plot(x,y) # 折线图
plt.subplot(232)
plt.bar(x,y) # 垂直柱状图
plt.subplot(233)
plt.barh(x,y) # 水平柱状图
plt.subplot(234)
plt.bar(x,y)
y1= [7,8,5,3]
plt.bar(x,y1,bottom=y,color='r') # 堆叠柱状图  设置参数 bottom=y
```

```
plt.subplot(235)
plt.boxplot(x) # 箱线图
plt.subplot(236)
plt.scatter(x,y) # 散点图
plt.show()
```

运行程序，结果如图 7.3 所示。

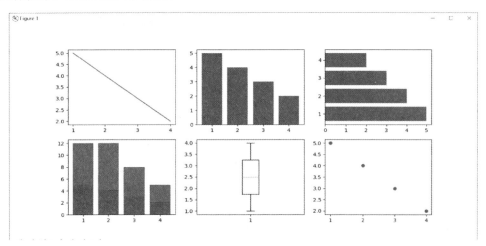

图 7.3　定义图表类型

【例 7.16】　设置刻度、刻度标签和网格。

刻度是图形的一部分，由刻度定位器（指定刻度所在的位置）和刻度格式器（指定刻度显示的样式）组成。刻度有主刻度和次刻度，默认次刻度不显示。locator_params()方法控制刻度定位器，可以控制刻度的数目。

程序如下：

```
import numpy as np
import matplotlib.pyplot as plt
import matplotlib.patches as patches
plt.figure(figsize=(10,6))
# 获取当前坐标
ax = plt.gca()
# 设置紧凑视图，设置刻度间隔最大为 10
ax.locator_params(tight=True, nbins = 10)
# 生成 100 个正态分布值
ax.plot(np.random.normal(10, .1, 100))
plt.show()
```

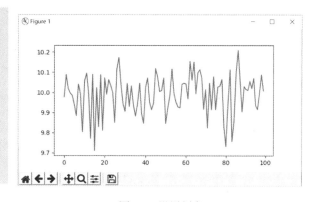

图 7.4　设置刻度

运行程序，结果如图 7.4 所示。

【例 7.17】　添加图例和注解。

图例和注解清晰、连贯地解释了数据图表的内容。通过给 plot 添加一个关于所显示数据的简短描述，能让观察者更容易理解。

在每个 plot 中指定了一个字符串标签（label），这样 legend()会把它们添加到图例框中。通过 loc 参数确定图例框的位置。annotate()可以为 *xy* 坐标位置的数据点添加字符串描述。通过设置 xycoord='data'，可以指定注解和数据使用相同的坐标系，注解文本的起始位置通过 xytext 指定。箭头由 xytext 指向 *xy* 坐标位置。arrowstyle 指定了箭头风格。

程序如下：

```
import numpy as np
import matplotlib.pyplot as plt
import matplotlib.patches as patches
plt.figure(figsize=(10, 6))
# 生成不同正态分布值
x1 = np.random.normal(30, 3, 60)
x2 = np.random.normal(20, 2, 60)
x3 = np.random.normal(10, 3, 60)
# 在同张画布里画 3 条线
plt.plot(x1, label='plot')
plt.plot(x2, label='2nd plot')
plt.plot(x3, label='3nd plot')
# 生成图例框
plt.legend(bbox_to_anchor=(0., 1.02, 1., .102), loc=3, ncol=3, \
           mode="expand", borderaxespad=0.)
# 注解重要值
plt.annotate("Important value:(55, 20)", (55, 20), xycoords='data', \
            xytext=(5, 38), arrowprops=dict(arrowstyle='->'))
plt.show()
```

运行程序，结果如图 7.5 所示。

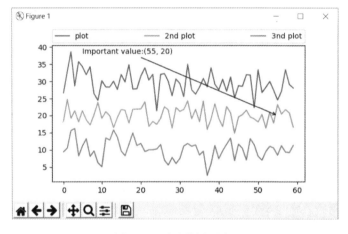

图 7.5　添加图例和注解

【例 7.18】　绘制直方图。

直方图被用于可视化数据的分布估计，表示一定间隔下数据点频率的垂直矩阵称为 bin。bin 以固定的间隔创建，因此直方图的总面积等于数据点的数量。直方图可以显示数据的相对频率，而不是使用数据的绝对值。在这种情况下，总面积等于 1。

程序如下：

```
import numpy as np
import matplotlib.pyplot as plt
import matplotlib.patches as patches
mu = 100
sigma = 15
x = np.random.normal(mu, sigma, 10000)
ax = plt.gca()
ax.hist(x, bins=35, color='r', normed=True)
# normed=True ,直方图的值将进行归一化处理，形成概率密度。默认值为 False
```

```
ax.set_xlabel('值')
ax.set_ylabel('频率')
ax.set_title(r'$\mathrm{Histogram:}\ \mu=%d,\ \sigma=%d$' %(mu, sigma))
plt.show()
```

运行程序，结果如图 7.6 所示。

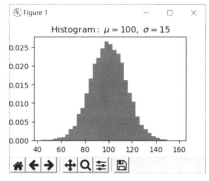

图 7.6　绘制直方图

【例 7.19】　绘制误差条形图（误差条）。

误差条可以用来可视化数据集中的测量不确定度或指出错误。

经常使用到的参数如下。

xerr 和 yerr：用于在柱状图上生成误差条。

width：给定误差条的宽度，默认值是 0.8。

bottom：如果指定了 bottom，其值会加到高度中，默认值为 None。

edgecolor：给定误差条边界颜色。

ecolor：指定误差条的颜色。

linewidth：误差条边界宽度，可以设为 None（默认值）和 0（此时误差条边界将不显示出来）。

orientation：有 vertical 和 horizontal 两个值。

程序如下：

```
import numpy as np
import matplotlib.pyplot as plt
import matplotlib.patches as patches
x = np.arange(0, 10, 1)
y = np.log(x)
xe = 0.1 * np.abs(np.random.randn(len(y)))
plt.bar(x, y, yerr=xe, width=0.4, align='center', \
        ecolor='r', color='cyan', label='experiment #1')
plt.xlabel('# measurement')
plt.ylabel('Measured values')
plt.title('Measurements')
plt.legend(loc='upper left')
plt.show()
```

运行程序，结果如图 7.7 所示。

【例 7.20】　绘制带彩色标记的散点图。

散点图显示两组数据的值。散点图可以作为更高级的多维数据可视化的基础，如绘制散点图矩阵。散点图通常在应用拟合回归之前绘制，用来识别两个变量间的关联。

程序如下：

```
import numpy as np
import matplotlib.pyplot as plt
import matplotlib.patches as patches
x = np.random.randn(1000)
# y1 为随机值，与 x 不相关
y1 = np.random.randn(len(x))
# y2 与 x 强相关
y2 = 1.2 + np.exp(x)
```

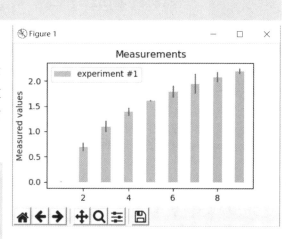

图 7.7　绘制误差条形图

```
fig = plt.figure(figsize=(10, 6))
ax1 = plt.subplot(121)
# marker 参数用来设置点状标记（默认为 circle）
#alpha 参数表示透明度，edgecolors 参数表示标记的边界颜色
#label 参数用于图例框
plt.scatter(x, y1, color='indigo', alpha=0.3, \
                edgecolors='white', label='no correl')
plt.xlabel('no correlation')
plt.grid(True)
plt.legend()
ax2 = plt.subplot(122, sharey=ax1, sharex=ax1)
plt.scatter(x, y2, color='green', alpha=0.3, \
                edgecolor='grey', label='correl')
plt.xlabel('strong correlation')
plt.grid(True)
plt.legend()
plt.show()
```

运行程序，结果如图 7.8 所示。

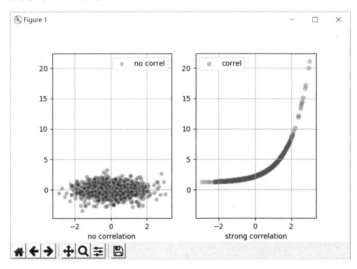

图 7.8　绘制带彩色标记的散点图

【例 7.21】　绘制三维图形。

程序如下：

```
from mpl_toolkits.mplot3d import Axes3D#动态图所需要的包
import numpy as np
import matplotlib.pyplot as plt
import matplotlib.patches as patches
fig = plt.figure()
ax = Axes3D(fig)
x = np.arange(-4,4,0.25)#0.25 指-4 至 4 间隔为 0.25
y = np.arange(-4,4,0.25)
X,Y = np.meshgrid(x,y)#x，y 放入网格
R = np.sqrt(X**2 + Y**2)
Z = np.sin(R)
ax.plot_surface(X,Y,Z,rstride=1,cstride=1,cmap=plt.get_cmap('rainbow'))
#rstride=1 指 x 方向和 y 方向的色块大小
```

```
ax.contourf(X,Y,Z,zdir='z',offset=-2,cmap='rainbow')
#zdir 指映射到 z 方向, -2 代表映射到了 z=-2
ax.set_zlim(-2,1)
plt.show()
```

运行程序, 结果如图 7.9 所示。

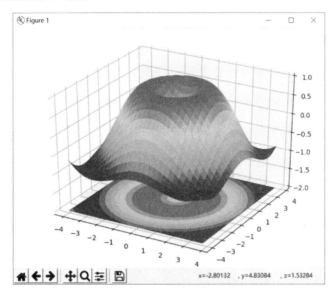

图 7.9 绘制三维图形

习题 7

1. 编写程序, 完成两个矩阵的加、减和乘法运算。

2. 编写绘制余弦三角函数 $y=\cos(2x)$ 的程序。

3. 编写绘制笛卡儿心形线的程序。

4. 使用 NumPy 和 PL 实现图像手绘效果。

5. 构造一个 data.csv 文件模拟股票信息, 文件的第 4～8 列分别为股票的开盘价、最高价、最低价、收盘价和成交量。

编写程序实现以下功能:

(1) 统计股价近期最高价的最大值和最低价的最小值。

(2) 计算股价近期最高价的最大值和最小值的差值, 计算股价近期最低价的最大值和最小值的差值。

(3) 计算收盘价的中位数。

(4) 计算收盘价的方差。

(5) 在一个图中分别绘制开盘价、最高价、最低价、收盘价和成交量的曲线。

(6) 用一个三次函数拟合股票的最高价。

第8章 Pillow 图像处理与 Turtle 绘图

8.1 Pillow 图像处理

8.1.1 Pillow 简介

1. Pillow 的产生

PIL（Python Image Library）是 Python 的第三方图像处理库，但 PIL 仅支持到 Python 2.7 版本。后来一群志愿者在 PIL 的基础上创建了兼容的版本 Pillow，支持最新 Python 3.x。Pillow 在 PIL 的基础上加入了许多新特性：支持广泛的文件格式，支持图像储存、图像显示、格式转换及基本的图像处理操作等。

在 Python 中，可以直接通过 pip 安装使用 Pillow。命令如下：

```
pip install Pillow
```

2. Pillow 的基本功能

Pillow 具有以下基本功能。

（1）图像归档

Pillow 非常适合执行图像归档及图像的批处理任务。例如创建缩略图、转换图像格式和打印图像等。

（2）图像展示

Pillow 的新版本支持 Tk PhotoImage、BitmapImage 还有 Windows DIB 等接口。同时还支持众多的 GUI 框架接口，用于图像展示。

（3）图像处理

Pillow 提供基础的图像处理函数，来完成对点的处理。Pillow 库同样支持图像的大小转换、图像旋转，以及任意的仿射变换。另外，Pillow 还提供直方图方法，用于展示图像的统计特性。例如实现图像的自动对比度增强、全局的统计分析等。

3. Pillow 中常用模块

Pillow 中常用的五大模块分别是：Image 模块、ImageDraw 模块、ImageEnhance 模块、ImageFont 模块、ImageFilter 模块。

（1）Image 模块

在日常应用中，使用最多的是 Image 模块，它提供了图像存储、变换等一系列相关处理功能。Pillow 使用 Image 对象来表示图像对象，通过它定义图像的属性信息，并实现图像处理功能。

（2）ImageDraw 模块

ImageDraw 模块主要用于画图。

（3）ImageEnhance 模块

图像增强是图像预处理中的一个基本技术。Pillow 中的图像增强函数主要在 ImageEnhance 模块下，通过该模块可以调节图像的白平衡、亮度、对比度和锐化等。

（4）ImageFont 模块

ImageFont 模块是字体模块，主要功能是读取系统中的字体并给图片添加水印效果。

（5）ImageFilter 模块

ImageFilter 模块是图像滤波模块，主要对图像进行平滑、锐化和边界增强等滤波处理。图像滤波是在尽量保留图像细节特征的条件下对目标图像的噪声进行抑制，是图像预处理中不可缺少的操作，其处理效果的好坏将直接影响到后续图像处理和分析的有效性和可靠性。

在 PIL.ImageFilter 中定义了大量内置的 Filter 函数，如 Blur（普通模糊）、GaussianBlur（高斯模糊）和 Find_Edges（查找边缘）等，Filter 方法可以将一些过滤器操作应用于原始图像，如模糊、边缘增强和浮雕等。

8.1.2 Pillow 应用举例

【例 8.1】 阅读程序，理解 Image 图像打开与存储。

Pillow 库支持多种图片格式。使用 Image 模块的 open()函数可以打开外存中的文件。打开时，并不需要告诉 open()函数文件格式，因为 Pillow 库能够根据文件内容自动确定文件格式。使用 Image 模块的 save()方法保存文件。保存文件时文件名格式很重要，必须是"文件名.扩展名"的格式，save()函数将按给定的扩展名格式存储文件。

在下面程序中，首先加载文件 river.jpg，将其转化为.png 格式存储。

程序如下：

```
from PIL import Image
import os
import sys
infile="river.jpg"
f,e = os.path.splitext(infile)
outfile = f +".png"
if infile != outfile:
    try:
        Image.open(infile).save(outfile)
    except IOError:
        print("Cannot convert", infile)
```

运行程序，显示 river.png 文件。

注意：save()函数的第 2 个参数可以用来指定图片格式，如果文件名中没有给出标准的图像格式，那么第 2 个参数是必须存在的。

【例 8.2】 阅读程序，理解 Image 图像处理。

程序如下：

```
from PIL import Image, ImageFilter
from PIL import ImageDraw
from PIL import ImageFont
im = Image.open("river.jpg")
# 显示原图
im.show()
# 复制
copy_im = im.copy()
# 裁剪图片
crop_im = im.crop((500, 500, 2800 , 3000))
# 显示裁剪图片
crop_im.show()
```

```
# 调整图片大小
resized_im = crop_im.resize((im.width, 1000))
# 显示调整后图像
resized_im.show()
# 使用浮雕滤镜
filter_im=resized_im.filter((ImageFilter.CONTOUR))
# 显示浮雕滤镜效果
filter_im.show()
# 粘贴图片
im.paste(filter_im, (0, 0)) # 左上角原点位置
# 显示粘贴后图像
im.show()
#添加文字
font=ImageFont.truetype(r"C:\Windows\Fonts\simsun.ttc",size=100)
dw=ImageDraw.Draw(im)
str="渭水长桥今欲渡，葱葱渐见新丰树"
dw.text((im.width//2-(len(str)*100/2),500),str,fill='red',font=font)
#显示最终效果
im.show()
#保存结果
im.save("river2.jpg")
```

运行程序，结果如图 8.1～图 8.6 所示，并将处理结果存为 river2.jpg。

图 8.1　原始图像

图 8.2　裁剪后图像

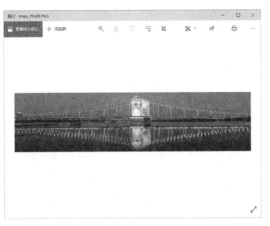

图 8.3　裁剪后拉伸

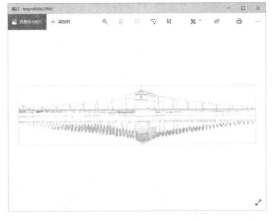

图 8.4　对拉伸后图像使用浮雕滤镜

图 8.5　图像复制

图 8.6　添加文字后的最终效果

【例 8.3】　阅读程序，理解图片基本处理操作。

程序如下：

```
from PIL import Image
from PIL import ImageFilter
from PIL import ImageEnhance
img = Image.open("dog.jpg")
print(img.format)                        # 输出图片基本信息
print(img.mode)
print(img.size)
img_resize = img.resize((256,256))       # 调整尺寸
img_resize.save("dogresize.jpg")
img_rotate = img.rotate(45)              # 旋转
img_rotate.save("dogrotate.jpg")
om=img.convert('L')                      # 灰度处理
om.save('doggray.jpg')
om = img.filter(ImageFilter.CONTOUR)        # 图片的轮廓
om.save('dogcontour.jpg')
om = ImageEnhance.Contrast(img).enhance(20)    # 对比度为初始的 10 倍
om.save('dogencontrast.jpg')
#更改图片格式:
from PIL import Image
import os

filelist =["dog.jpg",
        "dogcontour.jpg",
        "dogencontrast.jpg",
        "doggray.jpg",
        "dogresize.jpg",
        "dogrotate.jpg",
        ]
for infile in filelist:
    outfile = os.path.splitext(infile)[0] + ".png"
    if infile != outfile:
        try:
            Image.open(infile).save(outfile)
        except IOError:
            print ("cannot convert", infile)
```

运行程序，结果如下：

```
JPEG
RGB
(658, 411)
```

可以发现，处理后的图像都已按给定的文件名存储在当前目录中了。

【例 8.4】 使用 Pillow 的 ImageDraw 生成字母验证码图。

Pillow 的 ImageDraw 模块提供了许多绘图方法，可以直接绘图。

程序如下：

```python
#例 8.4 使用 Pillow 的 ImageDraw 生成字母验证码图
#-*- coding:UTF-8 -*-
#生成二维码
from PIL import Image,ImageDraw,ImageFont,ImageFilter
import random

#生成随机数
def randomChar():
    randomInt = random.randint(65,90)
    return chr(randomInt)
#生成随机浅和深颜色
def randomWhiteColor():
        return (random.randint(125,255),random.randint(125,255),\
                random.randint(125,255))
def randomBlackColor():
        return (random.randint(0,125),random.randint(0,125),\
                random.randint(0,125))
#生成 4 个字符验证码
charNumbers = 4
canvasWidth = charNumbers * 60
canvasHeight = 60
img = Image.new('RGB',(canvasWidth,canvasHeight),(255,255,255))
#文字
fnt = ImageFont.truetype(r"C:\Windows\Fonts\simsun.ttc",size=40)
#一张素洁的画布
canvas = ImageDraw.Draw(img)
#将画布的每个点上色
for x in range(canvasWidth):
    for y in range(canvasHeight):
        canvas.point((x,y),fill = randomWhiteColor())
#在画布上绘制文字
codeStr = ''
for posIndex in range(charNumbers):
    tmpChar = randomChar()
    codeStr = codeStr+tmpChar
    canvas.text((10+posIndex*60,10),tmpChar,font = fnt,fill = randomBlackColor())
#模糊
img = img.filter(ImageFilter.BLUR)
img.show()
#创建文件
targetFilePath = codeStr+'.jpg'
img.save(targetFilePath,'jpeg')
```

运行程序，可以发现随机 4 位验证码已经生成。

8.2　Turtle 绘图

8.2.1　Turtle 简介

Turtle 库是 Python 中一个很流行的绘制图像的函数库。想象有一只小海龟，根据一组函数指令的控制，从一个横轴为 x、纵轴为 y 的坐标系原点(0,0)位置开始，在这个平面坐标系中移动，从而在它移动的路径上绘制出图形。

1．画布

画布就是 Turtle 的绘图区域，可以设置它的大小和初始位置。

（1）设置画布大小，方法如下：

turtle.screensize(canvwidth=None, canvheight=None, bg=None)

（2）设置画布初始位置，参数分别为画布的宽（单位像素）、高和背景颜色。例如：

turtle.screensize(800,600, "green")
turtle.screensize() #返回默认大小(400, 300)
turtle.setup(width=0.6,height=0.6)
turtle.setup(width=800,height=800, startx=100, starty=100)
turtle.setup(width=0.5, height=0.75, startx=None, starty=None)

参数 width、height：输入宽和高为整数时表示像素，为小数时表示占据电脑屏幕的比例。

参数 startx、starty：这一坐标表示画布左上角顶点的位置，如果为空，则画布位于屏幕中心。

2．画笔

（1）画笔的状态

在画布上，默认有一个以坐标原点为画布中心的坐标轴，坐标原点上有一只面朝 x 轴正方向的小海龟。这里描述小海龟时使用了两个词语：坐标原点（位置）和面朝 x 轴正方向（方向）。Turtle 绘图中，使用位置和方向描述小海龟（画笔）的状态。

（2）画笔的属性

画笔的属性包括颜色、画线的宽度等。

● turtle.pensize()：设置画笔的宽度。

● turtle.pencolor()：没有参数传入，返回当前画笔颜色。传入参数设置画笔颜色，可以是字符串，也可以是 RGB 3 元组。

● turtle.speed(speed)：设置画笔移动速度，画笔绘制的速度范围[0,10]整数，数字越大速度越快。

3．绘图命令

海龟绘图命令（方法）可以划分为 3 种：①画笔运动命令；②画笔控制命令；③全局控制命令。

（1）画笔运动命令

常见的画笔运动命令见表 8.1。

表 8.1　常见的画笔运动命令

命　　　令	说　　　明
turtle.forward(distance)	向当前画笔方向移动 distance 像素长度
turtle.backward(distance)	向当前画笔相反方向移动 distance 像素长度

续表

命　　令	说　　明
turtle.right(degree)	顺时针移动 degree°
turtle.left(degree)	逆时针移动 degree°
turtle.pendown()	放下画笔，停止移动时绘制图形，缺省时也绘制图形
turtle.goto(x,y)	将画笔移动到坐标为 x,y 的位置
turtle.penup()	提起画笔移动，不绘制图形，用于另起一个地方绘制
turtle.circle()	画圆，半径为正（负），表示圆心在画笔的左边（右边）
setx( )	将当前 x 轴移动到指定位置
sety( )	将当前 y 轴移动到指定位置
setheading(angle)	设置当前朝向为 angle 角度
home()	设置当前画笔位置为原点，朝向东
dot(r)	绘制一个指定直径和颜色的圆点

（2）画笔控制命令

常见的画笔控制命令见表 8.2。

表 8.2　常见的画笔控制命令

命　　令	说　　明
turtle.fillcolor(colorstring)	绘制图形的填充颜色
turtle.color(color1, color2)	同时设置 pencolor=color1，fillcolor=color2
turtle.filling()	返回当前是否在填充状态
turtle.begin_fill()	准备开始填充图形
turtle.end_fill()	填充完成
turtle.hideturtle()	隐藏画笔的 turtle 形状
turtle.showturtle()	显示画笔的 turtle 形状

（3）全局控制命令

常见的全局控制命令见表 8.3。

表 8.3　常见的全局控制命令

命　　令	说　　明
turtle.clear()	清空 turtle 窗口，但是 turtle 的位置和状态不会改变
turtle.reset()	清空 turtle 窗口，重置 turtle 状态为起始状态
turtle.undo()	撤销上一个 turtle 动作
turtle.isvisible()	返回当前 turtle 是否可见
stamp()	复制当前图形
turtle.write(s [,font=("font-name",font_size, "font_type")])	写文本，s 为文本内容，font 是字体的参数，后边分别为字体名称、大小和类型；font 为可选项，font 参数也是可选项

（4）其他命令

常见的其他命令见表 8.4。

表 8.4　常见的其他命令

命　令	说　明
turtle.mainloop() 或 turtle.done()	启动事件循环：调用 Tkinter 的 mainloop 函数。 必须是海龟图形程序中的最后一个语句
turtle.mode(mode=None)	设置海龟模式，有以下 3 种： "standard"：与 turtle.py 兼容。 "logo"：与大多数 Logo-Turtle-Graphics 兼容。 "world"：使用用户定义的 'worldcoordinates'。 如果没有给出模式，则返回当前模式
turtle.delay(delay=None)	设置或返回以毫秒为单位的绘图延迟
turtle.begin_poly()	开始记录多边形的顶点。当前海龟位置是多边形的第一个顶点
turtle.end_poly()	停止记录多边形的顶点。当前海龟位置是多边形的最后一个顶点，将与第一个顶点相连
turtle.get_poly()	返回最后记录的多边形

8.2.2　Turtle 应用举例

【例 8.5】　用多边形近似的模拟圆，画 "8" 字。

程序如下：

```
# coding=UTF-8
import turtle
import time
# 同时设置 pencolor=color1, fillcolor=color2
turtle.color("red", "yellow")
turtle.begin_fill()
for  i in range(24):
    turtle.forward(30)
    turtle.left(15)
    turtle.end_fill()
for  i in range(24):
    turtle.forward(30)
    turtle.left(-15)
    turtle.end_fill()
turtle.mainloop()
```

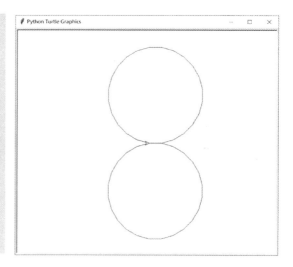

图 8.7　用多边形近似的模拟圆，画 "8" 字

运行程序，结果如图 8.7 所示。

【例 8.6】　绘制彩色螺旋线。

程序如下：

```
from turtle import *
from time import *
import turtle
t = Turtle()
t.pensize(1)
turtle.bgcolor("black")
colors = ["red", "yellow", "purple", "blue"]
t._tracer(False)
for x in range(300):
    t.forward(2*x)
```

```
        t.color(colors[x % 4])
        t.left(91)
t._tracer(True)
```

运行程序，结果如图 8.8 所示。

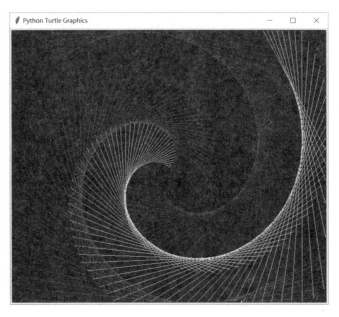

图 8.8　绘制彩色螺旋线

【例 8.7】　绘制发散线图案。

程序如下：

```
#coding=UTF-8
import turtle
spiral=turtle.Turtle()
ninja=turtle.Turtle()
ninja.speed(8)
for i in range(90):
    ninja.forward(150)
    ninja.right(30)
    ninja.forward(20)
    ninja.left(60)
    ninja.forward(50)
    ninja.penup()
    ninja.setposition(0,0)
    ninja.pendown()
    ninja.right(2)
turtle.done()
```

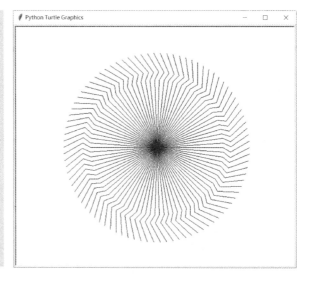

图 8.9　绘制发散线图案

运行程序，结果如图 8.9 所示。

【例 8.8】　绘制动态时钟。

程序如下：

```
# coding=UTF-8
import turtle
from datetime import *
# 抬起画笔，向前运动一段距离放下
```

```
def Skip(step):
    turtle.penup()
    turtle.forward(step)
    turtle.pendown()
def mkHand(name, length):
    # 注册 Turtle 形状，建立表针 Turtle
    turtle.reset()
    Skip(-length * 0.1)
    # 开始记录多边形的顶点。当前海龟位置是多边形的第一个顶点。
    turtle.begin_poly()
    turtle.forward(length * 1.1)
    # 停止记录多边形的顶点。当前海龟位置是多边形的最后一个顶点，将与第一个顶点相连。
    turtle.end_poly()
    # 返回最后记录的多边形。
    handForm = turtle.get_poly()
    turtle.register_shape(name, handForm)
def init():
    global secHand, minHand, hurHand, printer
    # 重置 Turtle 指向北
    turtle.mode("logo")
    # 建立 3 个表针 Turtle 并初始化
    mkHand("secHand", 135)
    mkHand("minHand", 125)
    mkHand("hurHand", 90)
    secHand = turtle.Turtle()
    secHand.shape("secHand")
    minHand = turtle.Turtle()
    minHand.shape("minHand")
    hurHand = turtle.Turtle()
    hurHand.shape("hurHand")
    for hand in secHand, minHand, hurHand:
        hand.shapesize(1, 1, 3)
        hand.speed(0)
    # 建立输出文字 Turtle
    printer = turtle.Turtle()
    # 隐藏画笔的 Turtle 形状
    printer.hideturtle()
    printer.penup()
def SetupClock(radius):
    # 建立表的外框
    turtle.reset()
    turtle.pensize(7)
    for i in range(60):
        Skip(radius)
        if i % 5 == 0:
            turtle.forward(20)
            Skip(-radius - 20)
            Skip(radius + 20)
            if i == 0:
                turtle.write(int(12), align="center", \
                        font=("Courier", 14, "bold"))
            elif i == 30:
```

```
                    Skip(25)
                    turtle.write(int(i/5), align="center", \
                              font=("Courier", 14, "bold"))
                    Skip(-25)
                elif (i == 25 or i == 35):
                    Skip(20)
                    turtle.write(int(i/5), align="center", \
                              font=("Courier", 14, "bold"))
                    Skip(-20)
                else:
                    turtle.write(int(i/5), align="center", \
                              font=("Courier", 14, "bold"))
                Skip(-radius - 20)
            else:
                turtle.dot(5)
                Skip(-radius)
            turtle.right(6)
def Week(t):
    week = ["星期一", "星期二", "星期三",\
            "星期四", "星期五", "星期六", "星期日"]
    return week[t.weekday()]
def Date(t):
    y = t.year
    m = t.month
    d = t.day
    return "%s %s %s" % (y, m, d)
def Tick():
    # 绘制表针的动态显示
    t = datetime.today()
    second = t.second + t.microsecond * 0.000001
    minute = t.minute + second / 60.0
    hour = t.hour + minute / 60.0
    secHand.setheading(6 * second)
    minHand.setheading(6 * minute)
    hurHand.setheading(30 * hour)
    turtle.tracer(False)
    printer.forward(65)
    printer.write(Week(t), align="center",font=("Courier", 10))
    printer.back(130)
    printer.write(Date(t), align="center",font=("Courier", 10))
    printer.home()
    turtle.tracer(True)
    # 1000ms 后继续调用 Tick
    turtle.ontimer(Tick, 1000)
def main():
    # 打开/关闭海龟动画，并为更新图纸设置延迟。
    turtle.tracer(False)
    init()
    SetupClock(160)
    turtle.tracer(True)
    Tick()
    turtle.mainloop()
```

```
if __name__ == "__main__":
    main()
```

运行程序，结果如图 8.10 所示。

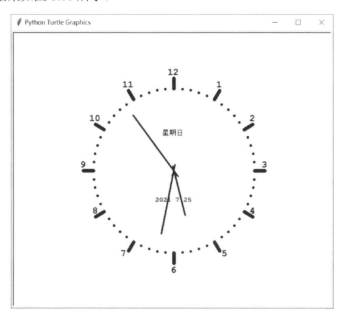

图 8.10　绘制动态时钟

【例 8.9】　绘制花树。

程序如下：

```
import turtle as T
import random
import time
# 画樱花的躯干(60,t)
def Tree(branch, t):
    time.sleep(0.0005)
    if branch > 3:
        if 8 <= branch <= 12:
            if random.randint(0, 2) == 0:
                t.color('snow')    # 白
            else:
                t.color('lightcoral')    # 淡珊瑚色
            t.pensize(branch / 3)
        elif branch < 8:
            if random.randint(0, 1) == 0:
                t.color('snow')
            else:
                t.color('lightcoral')    # 淡珊瑚色
            t.pensize(branch / 2)
        else:
            t.color('sienna')    # 赭(zhě)色
            t.pensize(branch / 10)    # 6
        t.forward(branch)
        a = 1.5 * random.random()
        t.right(20 * a)
```

```
        b = 1.5 * random.random()
        Tree(branch - 10 * b, t)
        t.left(40 * a)
        Tree(branch - 10 * b, t)
        t.right(20 * a)
        t.up()
        t.backward(branch)
        t.down()
# 掉落的花瓣
def Petal(m, t):
    for i in range(m):
        a = 200 - 400 * random.random()
        b = 10 - 20 * random.random()
        t.up()
        t.forward(b)
        t.left(90)
        t.forward(a)
        t.down()
        t.color('lightcoral')   # 淡珊瑚色
        t.circle(1)
        t.up()
        t.backward(a)
        t.right(90)
        t.backward(b)
# 绘图区域
t = T.Turtle()
# 画布大小
w = T.Screen()
t.hideturtle()   # 隐藏画笔
t.getscreen().tracer(5, 0)
w.screensize(bg='wheat')   #小麦
t.left(90)
t.up()
t.backward(150)
t.down()
t.color('sienna')
# 画樱花的躯干
Tree(60, t)
# 掉落的花瓣
Petal(200, t)
w.exitonclick()
```

运行程序，结果如图 8.11 所示。

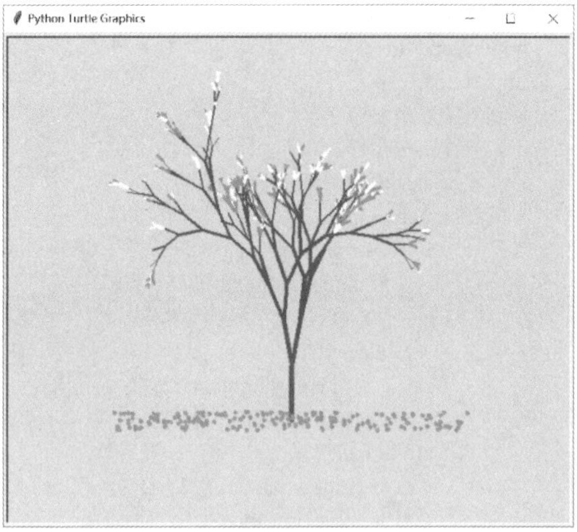

【例 8.10】 绘制有落花特效的花树。

程序如下：

图 8.11　绘制花树

```
from turtle import *
from random import *
from math import *

def tree(n,l):
    pd()#下笔
    #阴影效果
```

```
            t = cos(radians(heading()+45))/8+0.25
            pencolor(t,t,t)
            pensize(n/3)
            forward(l)#画树枝
            if n>0:
                b = random()*15+10 #右分支偏转角度
                c = random()*15+10 #左分支偏转角度
                d = l*(random()*0.25+0.7) #下一个分支的长度
                #右转一定角度，画右分支
                right(b)
                tree(n-1,d)
                #左转一定角度，画左分支
                left(b+c)
                tree(n-1,d)
                #转回来
                right(c)
            else:
                #画叶子
                right(90)
                n=cos(radians(heading()-45))/4+0.5
                pencolor(n,n*0.8,n*0.8)
                circle(3)
                left(90)
                #添加 0.3 倍速飘落的叶子
                if(random()>0.7):
                    pu()
                    #飘落
                    t = heading()
                    an = -40 +random()*40
                    setheading(an)
                    dis = int(800*random()*0.5 + 400*random()*0.3 + 200*random()*0.2)
                    forward(dis)
                    setheading(t)
                    #画叶子
                    pd()
                    right(90)
                    n = cos(radians(heading()-45))/4+0.5
                    pencolor(n*0.5+0.5,0.4+n*0.4,0.4+n*0.4)
                    circle(2)
                    left(90)
                    pu()
                    #返回
                    t=heading()
                    setheading(an)
                    backward(dis)
                    setheading(t)
        pu()
        backward(l)#退回
bgcolor(0.5,0.5,0.5)#背景色
ht()#隐藏 turtle
speed(0)#速度 1-10 渐进， 0 最快
tracer(0,0)
```

```
pu()#抬笔
backward(100)
left(90)#左转 90 度
pu()#抬笔
backward(300)#后退 300
tree(12,100)#递归 7 层
done()
```

运行程序，结果如图 8.12 所示。

图 8.12　绘制有落花特效的花树

【例 8.11】　绘制有夜色特效的花树。

程序如下：

```
from turtle import *
from random import *
from math import *

def tree(n, l):
    pd()
    t = cos(radians(heading() + 45)) / 8 + 0.25
    pencolor(t, t, t)
    pensize(n / 4)
    forward(l)
    if n > 0:
        b = random() * 15 + 10
        c = random() * 15 + 10
        d = l * (random() * 0.35 + 0.6)
        right(b)
        tree(n - 1, d)
        left(b + c)
        tree(n - 1, d)
        right(c)
    else:
        right(90)
```

```
            n = cos(radians(heading() - 45)) / 4 + 0.5
            pencolor(n, n, n)
            circle(2)
            left(90)
        pu()
        backward(l)
bgcolor(0.5, 0.5, 0.5)
ht()
speed(0)
tracer(0, 0)
left(90)
pu()
backward(300)
tree(13, 100)
done()
```

运行程序，结果如图 8.13 所示。

图 8.13　绘制有夜色特效的花树

习题 8

1. 使用 Pillow 设计一个简单的图像处理系统。

要求：

（1）提供简单的文本选择菜单，用户通过菜单选择完成相应图像处理。

（2）处理至少包括缩放、裁剪、形变和滤镜等基本操作。

（3）能够保存处理结果。

2. 使用 Turtle 绘制不少于 5 种对称图形。

3. 使用 Turtle 绘制 3 种随机图形。

第9章　网页信息获取

9.1　Pyecharts 数据可视化

9.1.1　Pyecharts 简介

Pyecharts 是一个用于生成 Echarts 图表的类库。Echarts 是百度开源的一个数据可视化 JS 库，主要用于数据可视化。Pyecharts 实现了 Echarts 与 Python 的对接。使用 Pyecharts 可以生成独立的网页，也可以在 Flask，Django 中集成使用。

1．Pyecharts v1 系列的新特性

（1）全面支持 Python 3.x 和 TypeHint

动态语言类型检查已经成为一种趋势，Javascript 已经有了 Typescript，Python 也在力推 TypeHint。虽然 Python 的 TypeHint 对于程序的运行并没有影响，但它配合 IDE 和 Mypy 或者 Pyright 这样的工具可以在开发阶段及时发现问题。

（2）弃用插件机制

Pyecharts v1.0.0 之所以废除原有的插件机制（包括地图包插件和主题插件），是因为插件的本质是提供了 Pyecharts 运行所需要的静态资源文件（基本都是.js 文件），而现在已经有两种模式能提供静态资源文件了。

- Online 模式，使用 Pyecharts 官方提供的 Assets Host，或者部署自己的 Remote Host。
- Local 模式，使用自己本地开启的文件服务提供 Assets Host（离线模式），支持 JupyterLab。

2．Pyecharts 的图表类型

Pyecharts 支持多种图表，主要包括：

- Bar（柱状图/条形图）；
- Bar3D（3D 柱状图）；
- Boxplot（箱形图）；
- EffectScatter（带有涟漪特效动画的散点图）；
- Funnel（漏斗图）；
- Gauge（仪表盘）；
- Geo（地理坐标系）；
- GeoLines（地理坐标系线图）；
- Graph（关系图）；
- HeatMap（热力图）；
- Kline/Candlestick（K 线图）；
- Line（折线/面积图）；
- Line3D（3D 折线图）；

- Liquid（水球图）;
- Map（地图）;
- Parallel（平行坐标系）;
- Pie（饼图）;
- Polar（极坐标系）;
- Radar（雷达图）;
- Sankey（桑基图）;
- Scatter（散点图）;
- Scatter3D（3D 散点图）;
- Surface3D（3D 曲面图）;
- ThemeRiver（主题河流图）;
- Tree（树图）;
- TreeMap（矩形树图）;
- WordCloud（词云图）。

9.1.2　生成图表

【例 9.1】　生成柱状图。

【程序一】

Pyecharts V1.0.0 支持传统写法，程序如下：

```
from pyecharts.charts import Bar
from pyecharts import options as opts
import os
bar = Bar()
bar.add_xaxis(["衬衫", "毛衣", "领带", "裤子", "风衣", "高跟鞋", "袜子"])
bar.add_yaxis("商家 A", [114, 55, 27, 101, 125, 27, 105])
bar.add_yaxis("商家 B", [57, 134, 137, 129, 145, 60, 49])
bar.set_global_opts(title_opts=opts.TitleOpts(title="某商场销售情况"))
bar.render("render9-1.html")
os.system("render9-1.html")
```

说明：

程序中，bar.render("render9-1.html")会在当前目录下生成网页文件 render9-1.html。该文件不会自动打开，需要用户在当前目录下人工打开文件查看图表。

程序中，使用 os.system("render9-1.html")的目的是系统自动打开 render9-1.html，显示图表内容。

运行程序，结果如图 9.1 所示。

【程序二】Pyecharts v1.0.0 支持链式调用。

程序一的传统写法和程序二的链式调用写法，两者功能完全等价。

程序如下：

```
from pyecharts.charts import Bar
from pyecharts import options as opts
import os
bar=(
    Bar()
    .add_xaxis(["衬衫", "毛衣", "领带", "裤子", "风衣", "高跟鞋", "袜子"])
```

```
        .add_yaxis("商家 A", [114, 55, 27, 101, 125, 27, 105])
        .add_yaxis("商家 B", [57, 134, 137, 129, 145, 60, 49])
        .set_global_opts(title_opts=opts.TitleOpts(title="某商场销售情况"))
)
bar.render("render9-1.html")
os.system("render9-1.html")
```

运行程序，结果也如图 9.1 所示。

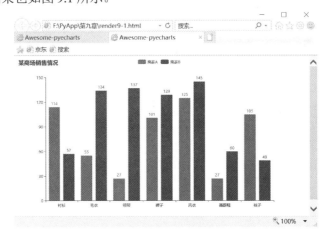

图 9.1 生成柱状图

【例 9.2】 生成仪表盘图，程序如下：

```
from pyecharts import options as opts
import os
from pyecharts.charts import Gauge
c = (Gauge().add("", [("", 88.8)]))
c.set_global_opts(title_opts=opts.TitleOpts(title="任务完成情况"))
c.render("render9_2.html")
os.system("render9_2.html")
```

运行程序，结果如图 9.2 所示。

图 9.2 生成仪表盘图

【例 9.3】 生成水滴图，程序如下：

```
from pyecharts import options as opts
from pyecharts.charts import Liquid
import os
```

```
c = ( Liquid() .add("lq", [0.66], is_outline_show=False))
#0.66 指需要显示百分数为 66%
c.set_global_opts(title_opts=opts.TitleOpts(title="任务完成情况"))
c.render("render9-3.html")
os.system("render9-3.html")
```

运行程序，结果如图 9.3 所示。

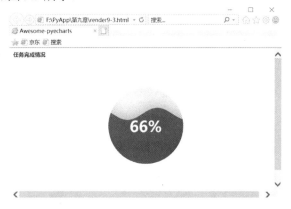

图 9.3　生成水滴图

【例 9.4】　生成饼图，程序如下：

```
from pyecharts import options as opts
from pyecharts.faker import Faker
import os
from pyecharts import options as opts
from pyecharts.charts import Pie
attr =["电视机", "洗衣机", "电脑", "CPU", "打印机", "U 盘"]
v1 =[5, 20, 36, 10, 10, 100] #销售数量
v2=[int(x/sum(v1)*100) for x in v1] #计算销售占比
c = ( Pie() .add("", [list(z) for z in zip(attr,v2)]))
c.set_global_opts(title_opts=opts.TitleOpts()).set_series_opts(label_opts=opts.LabelOpts(formatter="{b}: {c}%"))
c.set_global_opts(title_opts=opts.TitleOpts(title="商品销售占比"))
c.render("render9-4.html")
os.system("render9-4.html")
```

运行程序，结果如图 9.4 所示。

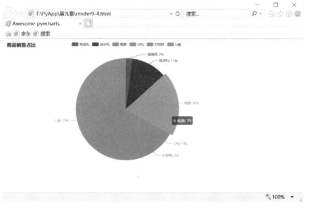

图 9.4　生成饼图

【例 9.5】　生成散点图。

通过分布和联系型图表能看到数据的分布情况，进而找到某些联系，如相关性、异常值和

数据集群等。使用散点图查看两个变量的关系。

　　程序如下：

```
import os
def scatter_render():
    from pyecharts.charts import Scatter
    from pyecharts import options as opts
    from pyecharts.commons.utils import JsCode
    import pandas as pd
    df = pd.DataFrame({"年龄":[32,28,23,24,21,18],
                        "战斗力":[771,651,838,726,825,900],
                        "姓名":['明华','云烟','雨落','金刚','飞雪','落花']})
    df.sort_values("年龄",inplace=True,ascending=True)#  按年龄对数据做升序排序
    c = (
        Scatter()
        .add_xaxis(df.年龄.values.tolist())
        .add_yaxis(
            "战斗力",
            df[["战斗力","姓名"]].values.tolist(),#传入战斗力与姓名组合
            label_opts=opts.LabelOpts(
            formatter=JsCode("function(params){return params.value[2];}" )
            )
        )
        .set_global_opts(
            title_opts=opts.TitleOpts(title="Scatter-多维度数据"),
            xaxis_opts = opts.AxisOpts(
                        type_="value",#x 轴数据类型是连续型的
                        min_=15        #x 轴范围最小为 25
                        ),
                        yaxis_opts = opts.AxisOpts(
                        min_=600        #y 轴范围最小为 700
                        )
        )
    )
    return c
scatter_render().render("render9-5.html")
os.system("render9-5.html")
```

运行程序，结果如图 9.5 所示。

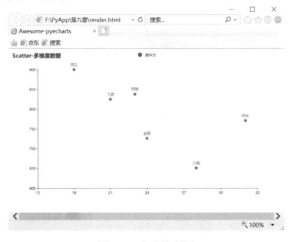

图 9.5　生成散点图

【例 9.6】 生成折线图，程序如下：

```
import os
import pyecharts.options as opts
from pyecharts.charts import Line

line=Line()
line.add_xaxis(["202{}年/{}季度".format(y,z)
                for y in range(2)
                    for z in range(1,5)]) #设置 x 轴数据
line.add_yaxis(
                "销量",
                [850,370,630,558,798,634,]
                )#设置 y 轴数据
line.set_global_opts(
        xaxis_opts=opts.AxisOpts(
            axislabel_opts=opts.LabelOpts(rotate=-40),
                        ),#设置 x 轴标签旋转角度
        yaxis_opts=opts.AxisOpts(name="销量）"),      # 设置 y 轴名称
        title_opts=opts.TitleOpts(title="折线图"))      # 设置图表标题

line.render("render9-6.html")
os.system("render9-6.html")
```

运行程序，结果如图 9.6 所示。

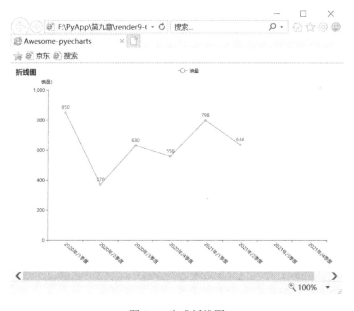

图 9.6　生成折线图

【例 9.7】 生成组合图。

组合图就是将两种不同的图形绘制到同一图表中。数据分析中常常用到的是帕累托图。帕累托图又叫排列图、主次图，是按照发生频率大小顺序绘制的直方图，表示有多少结果是由已确认类型或范畴的原因所造成的。

帕累托法则又称为二八法则，即百分之八十的问题是由百分之二十的原因造成的。在项目管理中主要用来找出产生大多数问题的关键原因以便解决此类问题，帕累托图是将出现的质量

问题按照重要程度依次排列的一种图表，从而可以直观地得出影响质量问题的主要因素。

绘制销售投诉统计图。

数据见表 9.1。

表 9.1　数据表

门 店 名 称	投 诉 量	累计投诉比
质量问题	120	29%
外观问题	89	50%
物流问题	80	69%
售后问题	67	85%
其他问题	58	100%

绘制组合图，满足以下要求：

（1）柱形图的数据按数值的降序排列，折线图上的数据有累积百分比，并在次坐标轴显示；

（2）折线图的起点数值为 0%，并且位于柱形图第一个柱子的最左下角；

（3）折线图的第二个点位于柱形图第一个柱子的最右上角；

（4）折线图最后一个点数值为 100%，位于整张图形的最右上角。

程序如下：

```python
import os
def bar_overlap_line():
    from pyecharts import options as opts # 引入配置项
    from pyecharts.charts import Bar,Line
    x_data1 = ["质量问题","外观问题", "物流问题","售后问题","其他问题"]
    x_data2 = [*range(6)]
    y_data1 = [120,89,80,67,58]
    y_data2 = [0,29,50,69,85,100]
####################################
    bar = Bar()
    bar.add_xaxis(xaxis_data=x_data1)
    bar.set_global_opts(xaxis_opts=opts.AxisOpts(type_="category"))
    #设置 x 轴系列
    bar.add_yaxis( "被投诉次数",y_data1,category_gap=5, color="red",)
    bar.extend_axis(xaxis=opts.AxisOpts(is_show=False,position="top",))
    bar.extend_axis(yaxis=opts.AxisOpts(
            axistick_opts=opts.AxisTickOpts(   # 刻度
                is_inside=True,),
            axislabel_opts=opts.LabelOpts(formatter="{value}%",
                                position="right")
            )
        )
    bar.set_global_opts(
        xaxis_opts=opts.AxisOpts(            # 设置 x 轴的参数
                    is_show=True,           # 是否显示坐标轴
                ),
        yaxis_opts=opts.AxisOpts(            # 设置 y 轴最大取值范围
```

```
                max_=sum(y_data1),
                ),
            title_opts=opts.TitleOpts(title="长河商贸用户投诉统计图")
        )
########################################
    line =Line()
    #添加 x 轴数据
    line.add_xaxis(x_data2)
    #添加 y 轴数据
    line.add_yaxis("投诉累计占比",
            y_data2,
            xaxis_index=1, # 使用次 x 坐标轴
            yaxis_index=1, # 使用次 y 坐标轴
            label_opts=opts.LabelOpts(is_show=False),
            is_smooth=True,
            )
    bar.overlap(line)
    return bar
bar_overlap_line().render("render9-7.html")
os.system("render9-7.html")
```

运行程序，结果如图 9.7 所示。

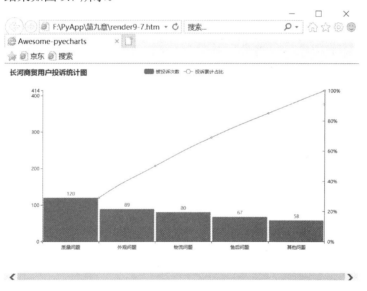

图 9.7　生成组合图

9.1.3　使用地图

从 Pyecharts v0.3.2 开始，为了缩减项目本身的体积以及维持 Pyecharts 项目的轻量化运行，Pyecharts 不再自带地图.jsx 文件。如用户需要用到地图图表，可自行安装对应的地图文件包。

（1）常见的地图文件包

● 全球国家地图：地图文件包名为 echarts-countries-pypkg，包含世界地图和 200 多个国家及地区分布图。

- 中国省级地图：地图文件包名为 echarts-china-provinces-pypkg。
- 中国市级地图：地图文件包名为 echarts-china-cities-pypkg。
- 中国县区级地图：地图文件包名为 echarts-china-counties-pypkg 。
- 中国区域地图：地图文件包名为 echarts-china-misc-pypkg。

（2）在线安装

各地图文件包可通过清华大学开源软件镜像站安装，命令如下：

```
pip install -i https://pypi.tuna.tsingh**.edu.cn/simple echarts-countries-pypkg
pip install -i https://pypi.tuna.tsingh**.edu.cn/simple echarts-china-provinces-pypkg
pip install -i https://pypi.tuna.tsingh**.edu.cn/simple echarts-china-cities-pypkg
pip install -i https://pypi.tuna.tsingh**.edu.cn/simple echarts-china-counties-pypkg
pip install -i https://pypi.tuna.tsingh**.edu.cn/simple echarts-china-misc-pypkg
```

注意：使用地图时，要使用国家认可的地图，严禁使用对我国国界标识有误的地图。

【例 9.8】 绘制读书会网点统计图。

程序如下：

```
from pyecharts import options as opts
from pyecharts.charts import Map
import os
c = (
    Map()
    .add("读书会网点数", [['西安市', 48],['咸阳市',32],['渭南市',29],['铜川市',6],\
        ['汉中市',40],['榆林市',12],['安康市', 5]], "陕西",is_map_symbol_show=True)
    .set_global_opts(
        title_opts=opts.TitleOpts(title="长安读书会网点统计图", pos_left="center",),
        visualmap_opts=opts.VisualMapOpts(max_=50, min_=0),
        legend_opts=opts.LegendOpts(is_show=False), # 隐藏标签
    )
    .render("render9-8.html")
)
os.system("render9-8.html")
```

【例 9.9】 绘制人口统计示意图。

程序如下：

```
from pyecharts import options as opts
from pyecharts.charts import Map
import os
data=[["广东",11169],[ "山东",10005],[ "河南",9559],[ "四川",8302],
[ "江苏",8029],[ "河北",7519],[ "湖南",6860],[ "安徽",6254],
[ "湖北",590],[ "浙江",5657],[ "广西",4885],[ "云南",4800],
[ "江西",4622],[ "辽宁",4368],[ "福建",3911],["陕西",3835],
["黑龙江",3788],["山西",3702],["贵州",3580],["重庆",3048],
["吉林",2717],["甘肃",2625],["内蒙古",2528],["新疆",2444],
["上海",2418],["台湾",2369],["北京",2170],["天津",1556],
["海南",925],["香港",743],["宁夏",681],["青海",598],
["西藏",337],["澳门",63]]
c = (
    Map()
    .add("人口统计数据，数量级（万）",data, "china")
    .set_global_opts(
        title_opts=opts.TitleOpts(title="人口统计示意图"),
        visualmap_opts=opts.VisualMapOpts(max_=11169, min_=63,is_piecewise=True),
```

```
            legend_opts=opts.LegendOpts(is_show=False),
        )
        .render("render9-9.html")
    )
    os.system("render9-9.html")
```

注意：程序中的人口数据为示意数据，数量级为万。在实际应用中，类似这样的数据不是在程序中直接书写的，而是通过网络爬虫程序从权威网站获取的，对获取的数据进行清洗后，转换为指定的数据格式，以参数形式传入便可。

9.2　网络爬虫简介

9.2.1　B/S 架构及其工作原理

1．B/S 架构的概念

B/S（Browser/Server，浏览器/服务器）模式又称 B/S 架构，是 Web 兴起后的一种网络架构模式。这种模式统一了客户端，将系统功能实现的核心部分集中到服务器上，简化了系统的开发、维护和使用。Web 浏览器是客户端最主要的应用软件，服务器上安装 SQL Server、Oracle、MySql 等数据库。浏览器通过 Web Server 同数据库进行数据交互。

2．B/S 架构的工作原理

B/S 架构采取浏览器请求和服务器响应的工作模式。用户可以通过浏览器去访问 Internet 上由 Web 服务器产生的文本、数据、图片、动画、视频点播和声音等信息。而每一个 Web 服务器又可以通过多种方式与数据库服务器连接，大量的数据实际存放在数据库服务器中。客户机从 Web 服务器上下载数据到本地来处理，在下载过程中若遇到与数据库有关的指令，由 Web 服务器交给数据库服务器来解释执行，并返回给 Web 服务器，Web 服务器最终将结果返回给用户。

B/S 架构工作原理如图 9.8 所示，工作流程可简单概括如下：

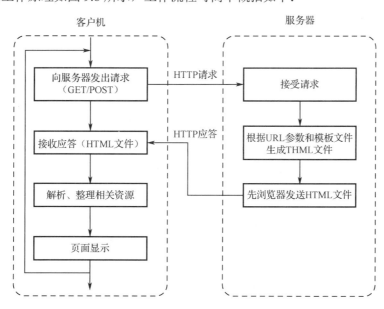

图 9.8　B/S 架构的工作原理

（1）客户端发送请求。用户在客户端【浏览器页面】提交表单操作，向服务器端发送请求，等待服务器端响应。

（2）服务器端处理请求。服务器端接收并处理请求，应用服务器端通常使用服务器端技术，如 JSP 等，对请求进行数据处理，并产生响应。

（3）服务器端发送响应。服务器端把用户请求的数据（网页文件、图片、声音等）返回给浏览器。

（4）浏览器解释执行 HTML 文件，呈现给用户。

3. B/S 架构的优点

B/S 架构具有以下优点：

（1）由于 Web 支持底层的 TCP/IP 协议，使用 Web 网与局域网都可以做到连接，从而彻底解决了异构系统的连接问题。

（2）由于 Web 采用了"瘦客户端"，使系统的开放性得到很大的改善，系统对将要访问系统的用户数限制有所放松。

（3）资源的相对集中性使得系统的维护和扩展变得更加容易。例如数据库存储空间不够，可再加一个数据库服务器；系统要增加功能，可以新增一个应用服务器来运行新功能等。

（4）界面统一（全部为浏览器方式），操作相对简单。

9.2.2　网络爬虫及其分类

网络爬虫是一种模拟客户端发送网络请求，并接收请求对应的数据，按照一定规则，自动抓取互联网信息的程序。只要是客户端（浏览器）能做的事情，原则上网络爬虫都能做。也就是说，只要能够访问网页，网络爬虫在具备同等资源的情况下就一定可以抓取数据。

互联网上大部分公开数据（各种网页）都是以 HTTP（或加密的 HTTP 即 HTTPS）协议传输的。所以，这里介绍的网络爬虫技术都是基于 HTTP（HTTPS）协议的网络爬虫。

根据使用场景，可以将网络爬虫划分为两种类型。

1. 通用网络爬虫

通用网络爬虫就是尽可能地把互联网上的所有网页下载下来，尽可能多的抓取数据。

通用网络爬虫的缺点：

- 一般只提供和文本相关的内容（HTML、Word、PDF），不提供多媒体文件（音乐、图片、视频）和二进制文件（程序、脚本）。
- 提供的结果针对性差，不能针对不同背景领域的人提供不同的搜索结果。
- 不能提供语义上的检索。

2. 聚焦网络爬虫

聚焦网络爬虫是程序员编写的针对某种主题或需求的网络爬虫。聚焦网络爬虫会针对某种特定的需求去获取信息，而且保证内容与需求尽可能相关。

例如，对健康网站来说，需要从互联网页面里找到与健康相关的页面内容，其他行业的内容不在考虑范围。聚焦网络爬虫最大的特点和难点就是：如何识别网页内容是否属于指定行业或者主题。从节省系统资源的角度来说，不太可能把所有互联网页面下载下来之后再去筛选，往往需要网络爬虫在抓取阶段就能够动态识别某个网址是否与主题相关，并尽量不去抓取无关页面，以达到节省资源的目的。行业网站往往需要此种类型的网络爬虫。

9.2.3　网络爬虫的工作原理

1. 通用网络爬虫工作原理

通用网络爬虫的获取原理及过程如图 9.9 所示。

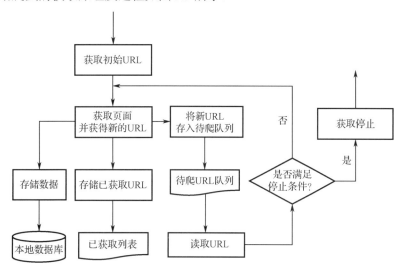

图 9.9　通用爬虫的获取原理及过程

通用网络爬虫的信息获取过程可概括如下：

（1）获取初始的 URL

初始的 URL 地址可以由用户人为指定，也可以由用户指定的某个或某几个初始爬取网页决定。

（2）根据初始的 URL 获取页面并获得新的 URL

获得初始的 URL 地址之后，首先需要获取对应 URL 地址中的网页，将获取的网页存储到数据库中，并在获取网页的同时，发现新的 URL 地址，同时将已获取的 URL 地址存放到一个 URL 队列中，用于去重新判断获取的过程。

（3）将新的 URL 放到 URL 队列中

在第 2 步中，获取了下一个新的 URL 地址之后，将新的 URL 地址放到 URL 队列中。

（4）从 URL 队列中读取新的 URL，进行获取停止判断

在编写网络爬虫的时候，一般会设置相应的停止条件。满足网络爬虫系统设置的停止条件时，停止获取；如果停止条件不满足，重复上述的获取过程；如果没有设置停止条件，则一直获取，直到无法获取新的 URL 地址为止。

2. 聚焦网络爬虫的工作原理

聚焦网络爬虫，由于其需要有目的地进行获取，所以必须增加目标的定义和过滤机制。

具体来说，其执行原理和过程需要比通用网络爬虫多出三步，即目标的定义、无关链接的过滤、下一步要获取的 URL 地址的选取等，如图 9.10 所示。

聚焦网络爬虫的信息获取原理及过程可概括如下：

（1）对获取目标的定义和描述。在聚焦网络爬虫中，首先要依据获取需求定义获取目标，并进行相关的描述。

（2）获取初始的 URL。

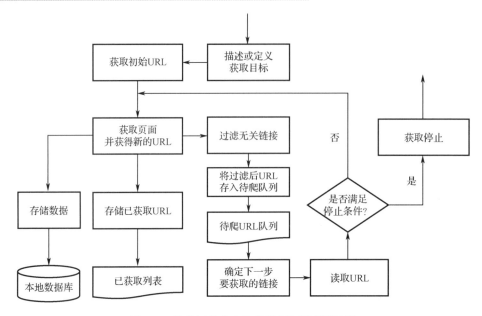

图 9.10　聚焦网络爬虫的信息获取原理及过程

（3）根据初始的 URL 获取页面，获得新的 URL。

（4）从新的 URL 中过滤掉与获取目标无关的链接。聚焦网络爬虫对网页的获取是有目的性的，所以与目标无关的网页将会被过滤掉。同时，也需要将已获取的 URL 地址存放到一个 URL 队列中，用于去重新判断获取的过程。

（5）将过滤后的链接放到 URL 队列中。

（6）确定下一步要获取的 URL 地址。在 URL 队列中，根据搜索算法，确定 URL 的优先级，并确定下一步要获取的 URL 地址。在通用网络爬虫中，下一步获取哪些 URL 地址是不太重要的。但在聚焦网络爬虫中，由于其具有目的性，故而下一步获取哪些 URL 地址是比较重要的。对于聚焦网络爬虫来说，不同的获取顺序可能导致爬虫的执行效率不同。所以，需要依据搜索策略来确定下一步需要获取哪些 URL 地址。

（7）从下一步要获取的 URL 地址中读取新的 URL，然后依据新的 URL 地址获取网页，并重复上述获取过程。

（8）满足系统中设置的停止条件，或无法获取新的 URL 地址时，停止获取。

3. 网络爬虫的常见抓取策略

在网络爬虫系统中，待抓取 URL 队列是很重要的构成部分。待抓取 URL 队列中的 URL 以什么样的顺序排列也是一个很重要的问题，因为这涉及先抓取哪个页面，后抓取哪个页面。而决定这些 URL 排列顺序的方法，叫作抓取策略。下面重点介绍几种常见的抓取策略。

（1）深度优先遍历策略

深度优先遍历策略是指网络爬虫会从起始页开始，一个链接一个链接跟踪下去，处理完这条线路之后再转入下一个起始页，继续跟踪链接。

（2）宽度优先遍历策略

宽度优先遍历策略的基本思路是，将新下载网页中发现的链接直接插入待抓取 URL 队列的末尾。也就是说网络爬虫会先抓取起始网页中链接的所有网页，然后再选择其中的一个链接网页，继续抓取在此网页中链接的所有网页。

（3）反向链接数策略

反向链接数是指一个网页被其他网页链接指向的数量。反向链接数可以表示一个网页的推荐程度。因此，很多时候搜索引擎的抓取系统会使用这个指标来评价网页的重要程度，从而决定不同网页的抓取先后顺序。在真实的网络环境中，由于广告链接、作弊链接的存在，反向链接数并不能完全等同网页的重要程度。因此，搜索引擎往往还会考虑一些可靠的反向链接数。

（4）Partial PageRank 策略

Partial PageRank 算法（非完全 PageRank 策略）借鉴了 PageRank 算法的思想。对于已经下载的网页，连同待抓取 URL 队列中的 URL 形成网页集合，计算每个页面的 PageRank 值，计算完之后，将待抓取 URL 队列中的 URL 按照 PageRank 值的大小排列，并按照该顺序抓取页面。但是，如果每次抓取一个页面，就重新计算 PageRank 值的话，耗费时间较长。所以一种常见的折中方案是每抓取 K 个页面后，重新计算一次 PageRank 值。

PageRank 是一个全局算法，只有当所有网页都被下载完成以后，其计算结果才是可靠的。但是网络爬虫在抓取过程中只能接触到一部分网页，在抓取阶段，网页无法进行可靠的 PageRank 计算，所以叫作非完全 PageRank 策略。

（5）OPIC 策略

OPIC（online page importance computation，在线页面重要性计算）策略实际上也是对页面进行重要性打分，优先获取分值高的页面的一种策略。

OPIC 的具体策略逻辑是这样的，网络爬虫把互联网上所有的 URL 都赋予一个初始的分值，且每个 URL 都是同等的分值，每下载一个网页，首先把这个网页的分值平均分摊给这个页面内的所有链接，然后将这个页面的分值置 0，而对于待抓取的 URL 队列，则根据谁的分值最高就优先抓取谁。

（6）大站优先策略

大站优先策略是指对于待抓取 URL 队列中的所有网页，根据所属的网站进行分类，对于大站资源，优先下载。对于大站有两种解释。

解释 1：网络爬虫会根据待抓取队列中的 URL 进行归类，然后判断域名对应的网站级别。例如权重越高的网站越优先抓取。

解释 2：网络爬虫将待抓取列表里的 URL 按照域名进行归类，然后计算数量。其所属域名在待抓取队列里数量最多的优先抓取。

这两个解释一个是针对网站权重高的，一个是针对每天文章发布数量高且发布集中的。

4．更新策略

互联网是实时变化的，具有很强的动态性。更新策略主要是决定何时重新获取之前已经下载过的页面。常见的更新策略有以下 3 种。

（1）历史参考策略

顾名思义，历史参考策略就是根据页面以往的历史数据，预测该页面未来何时会发生变化。一般来说，是通过泊松过程建模进行预测。

（2）用户体验策略

尽管网络爬虫对于某个查询条件能够返回数量巨大的结果，但是用户往往只关注前几页结果。因此，抓取系统可以优先更新那些显示在查询结果前几页中的网页，而后再更新后面的网页。这种更新策略也是需要用到历史信息的。用户体验策略保留网页的多个历史版本，并且根据过去每次内容变化对搜索质量的影响，得出一个平均值，用这个值作为决定何时重新抓取的依据。

（3）聚类抽样策略

历史参考策略和用户体验策略有一个前提，就是需要网页的历史信息。这样就存在两个问题，一是系统要保存多个版本的历史信息，无疑增加了系统负担；二是如果新的网页完全没有历史信息，就很难确定更新策略。

聚类抽样策略认为，网页具有多重属性，有类似属性的网页，可以认为其更新频率也是类似的。要计算某一个类别网页的更新频率，只需要对这一类网页抽样，以抽样网页的更新频率作为整个类别网页的更新频率。

5．适合编写网络爬虫的语言及其特点

开发网络爬虫的语言有很多种，常见的语言有：Python、Java、PHP、Node.JS、C++、Go语言等。使用不同语言在编写网络爬虫程序时有不同的特点。

（1）Python

网络爬虫框架非常丰富，多线程的处理能力较强，并且简单易学、代码简洁，有很多优点。

（2）Java

适合开发大型网络爬虫项目。

（3）PHP

后端处理能力很强，代码简洁，模块丰富，但其并发能力相对来说较弱。

（4）Node.JS

支持高并发与多线程处理。

（5）C++

运行速度快，适合开发大型网络爬虫项目，成本较高。

（6）Go 语言

高并发能力非常强。

9.3　bs4 模块的使用

9.3.1　bs4 简介

bs4 全名 BeautifulSoup，是编写 Python 网络爬虫的常用库之一，主要用来解析 HTML 标签。一个网页的源代码，是由多个诸如<html>、<div>、<td>、<span>等标签组成的，而 bs4 可以精确定位标签位置，从而获取标签或标签属性中内容，通过解析文档为用户提供需要抓取的数据。

1．不同解析器的比较

BeautifulSoup 提供一些简单的、Python 式的函数用来处理导航、搜索、修改，分析等功能。所以，使用 BeautifulSoup 不需要多少代码就可以写出一个完整的应用程序。解析网页时，需要用到解析器，不同解析器性能不同。BeautifulSoup 自带的解析器是"html.parser"，表 9.2 描述了不同解析器的特点。

表 9.2　不同解析器的特点

解 析 器	使 用 方 法	特 点
Python 标准库	BeautifulSoup(html, "html.parser")	● Python 的内置标准库 ● 执行速度适中 ● 文档容错能力强

续表

解 析 器	使 用 方 法	特 点
lxml HTML	BeautifulSoup(html, "lxml")	● 速度快 ● 文档容错能力强
lxml XML	BeautifulSoup(html, ["lxml", "xml"]) BeautifulSoup(html, "xml")	● 速度快 ● 唯一支持 XML 的解析器
html5lib	BeautifulSoup(html, "html5lib")	● 最好的容错性 ● 以浏览器的方式解析文档 ● 生成 HTML5 格式的文档

使用 bs4 解析时，推荐使用 lxml 解析器。

2．bs4 和 lxml 的安装

安装 bs4 和 lxml 时，在操作系统命令行下使用如下命令：

```
pip install bs4 -i https://pypi.tuna.tsingh**.edu.cn/simple
pip install lxml -i https://pypi.tuna.tsingh**.edu.cn/simple
```

3．bs4 的解析过程

使用 bs4 进行网页内容解析，过程简单，基本通过两步就可完成。

（1）实例化（初始化）一个 BeautifulSoup 对象，并且将页面源代码加载到这个对象里。

（2）调用 BeautifulSoup 对象中的相关属性或者方法进行标签定位和数据提取。

9.3.2 导入包与实例化对象

1．导入包

导入包的命令如下：

```
from bs4 import BeautifulSoup
```

2．实例化对象

BeautifulSoup 的作用是将一个 HTML 文档转换成 BeautifulSoup 对象，然后通过该对象的方法或属性查找指定的节点内容。HTML 文件有两种来源：一种是本地文件，另一种是网络文件；所以实例化也分两种情况：一种是本地文件的 BeautifulSoup 实例化，另一种是网络文件的 BeautifulSoup 实例化。

（1）本地文件实例化

如果是本地已经持久化的文件，可以通过下面的方式将源代码加载到 bs4 对象中。

```
fp = open('xxx.html', 'r', encoding='UTF-8')
# lxml:解析器
soup = BeautifulSoup(fp, 'lxml')
```

其中，xxx.html 代表要实例化的本地文件。

BeautifulSoup()有两个参数：第一个参数是要解析的文件，第二个参数是使用哪种解析器，html.parser 是 bs4 自带的解析器。

（2）网络文件实例化

如果是通过 Requests 库获取的网页源代码，通过下面的方式进行加载。

```
import requests
response = requests.get(url)
html = response.text
```

```
soup = BeautifulSoup(html, 'lxml')
```

9.3.3 用于数据解析的属性和方法

1. 主要属性

（1）Tag 对象

Tag 对象与 XML 或 HTML 原生文档中的.tag 相同。

超文本标记语言（HyperText Markup Language，简称 HTML）是一种用于创建网页的标准标记语言，它定义了网页内容的含义和结构，由浏览器解释并显示。

HTML 标记标签通常被称为 HTML 标签（HTML tag），是由尖括号包围的关键词，通常是成对出现的。如<b>和</b>，标签中的第一个标签是开始标签，第二个标签是结束标签。

常见的标记及其含义：

<html>与</html>之间的文本显示网页。

<body>与</body>之间的文本是可见的页面内容。

<h1>与</h1>之间的文本被显示为标题。

<p>与</p>之间的文本被显示为段落。

访问 tag 对象的一般方式为：

```
soup.tagName
```

（2）标签中属性值

```
soup.a['href']
```

（3）标签中的文本内容

soup.string：只可以获取该标签下面直系的文本内容

soup.text：可以获取某一个标签中所有的文本内容

2. 主要方法

（1）属性定位

```
soup.find('div',class_/id/attr='song')
```

soup.find_all('tagName')：返回符合要求的所有标签（列表）。

select('某种选择器（id，class，标签...选择器）')：返回的是一个列表。

（2）层级选择器

soup.select('.tang > ul > li > a')：>表示的是一个层级。

soup.select('.tang > ul a')：空格表示的是多个层级。

（3）获取标签之间的文本数据

get_text()：可以获取某一个标签中所有的文本内。

注意：select()方法使用 css 定位元素，根据 tag 标签和 class 属性值精确定位，查询出所有符合条件的元素，返回一个列表。

3. find()方法与 find_all()方法

find()方法与 find_all()方法主要用于查找特定的节点。find_all()方法返回一个列表类型，存储查找的结果。例如：搜索当前 Tag 的所有 Tag 子节点，并判断是否符合过滤器的条件。

语法：

```
find(name=None, attrs={}, recursive=True, text=None, **kwargs)
find_all(name=None, attrs={}, recursive=True, text=None, limit=None, **kwargs)
```

参数：

name：查找所有名字为 name 的 tag，字符串对象会被自动忽略掉。

attrs：按属性名和值查找，传入字典，key 为属性名，value 为属性值。

recursive：是否递归遍历所有子孙节点，默认 True。

text：用于搜索字符串，会找到.string 方法与 text 参数值相符的 tag，通常配合正则表达式使用。也就是说，虽然参数名是 text，但实际上搜索的是 string 属性。

limit：限定返回列表的最大个数。

kwargs：如果一个指定名字的参数不是搜索内置的参数名，搜索时会把该参数当作 tag 的属性来搜索。这里注意，如果要按 class 属性搜索，因为 class 是 Python 的保留字，需要写作 class_。

Tag 的有些属性在搜索中不能作为 kwargs 参数使用，如 HTML5 中的 data-*属性。

```
data_soup = BeautifulSoup('<div data1="value">foo!</div>')
print(data_soup.find_all(data1="value"))
```

BeautifulSoup 对象和 tag 对象可以被当作一个方法来使用，这个方法的执行结果与调用这个对象的 find_all()方法相同，下面两行代码是等价的：

```
soup.find_all('b')
soup('b')
```

除 find()和 find_all()之外，还有其他搜索方法，见表 9.3。

表 9.3 其他搜索方法

方　　法	功　　能
find_parents()	返回所有祖先节点
find_parent()	返回直接父节点
find_next_siblings()	返回后面所有的兄弟节点
find_next_sibling()	返回后面的第一个兄弟节点
find_previous_siblings()	返回前面所有的兄弟节点
find_previous_sibling()	返回前面第一个兄弟节点
find_all_next()	返回节点后所有符合条件的节点
find_next()	返回节点后第一个符合条件的节点
find_all_previous()	返回节点前所有符合条件的节点
find_previous()	返回节点前所有符合条件的节点

通过实例化,bs4 库将网页文件变成了一个复杂的树形结构，树中每个节点都是一个 Python 对象，这些对象可以归纳为 4 种，分别是 tag、NavigableString、BeautifulSoup、Comment。换句话说，bs4 库把 HTML 源代码重新进行了格式化，从而方便我们对其中的节点、标签、属性等进行操作。

【例 9.10】 阅读程序，理解 BeautifulSoup 对象。

现有一个简单的网页文件 myindex.html，内容如图 9.11 所示。使用 bs4 解析该文件，并显示 soup 对象。

图 9.11　myindex.html 文件内容

程序如下：

```
#导入模块
import requests
from bs4 import BeautifulSoup
#将本地的一个 test.html 文档中的源码数据加载到 bs 对象中
fp=open("myindex.html","r",encoding="UTF-8")
soup = BeautifulSoup(fp,"lxml")
print(soup)
```

运行程序，结果如下：

```
<!DOCTYPE html>
<html>
<head>
<meta charset="UTF-8"/>
<title>这是一个测试网页文件</title>
</head>
<body>
<h1>这是一个简单的 HTML 语法测试</h1>
<p><a href="https://www.icourse1**.org/">渺渺寒流广</a></p>
<p><a href="http://news.bai**.com/">苍苍秋雨晦</a></p>
<p><a href="https://www.n**.edu.cn/">君问终南山</a></p>
<p><a href="https://www.bai**.com/">心知白云外</a></p>
</body>
</html>
```

　　soup 对象以树的形式重新组织了网页文件，树的核心构成是节点。为了便于分析网页内容，soup 树的节点总共有 4 种类型，不同类型的节点满足不同的分析需求。

　　例如，对例 9.10 而言，执行以下代码：

```
print(soup.title)
```

　　结果为：

```
<title>这是一个测试网页文件</title>
```

　　执行以下代码：

```
print(soup.p)
```

　　结果为：

```
<p><a href="https://www.icourse1**.org/">渺渺寒流广</a></p>
```

注意：这里显示了 soup.title、soup.p 两个标签。如果要查看的 tag 不存在，则返回 None，如果存在多个，则返回第一个。

对每个 tag 对象而言，有 3 个常见的属性：name、attrs、text。

● name 为每个 tag 的名字。

● atts 为 tag 的属性，是一个字典。

● text 为 tag 的所有字符串连成的字符串。

例如，对例 9.10 而言，执行以下代码：

```
print(type(soup.p.attrs))
print(soup.p.name)
print(soup.p.text) #等价于 print(soup.p.get_text())
```

结果如下：

```
<class 'dict'>
p
渺渺寒流广
```

例如，对例 9.10 而言，执行以下代码：

```
print(soup.a['href'])
```

结果如下：

```
https://www.icourse1**.org/
```

【例 9.11】　阅读程序，理解 content 属性。

程序如下：

```
#导入模块
import requests
from bs4 import BeautifulSoup
#将本地的一个 test.html 文档中的源码数据加载到 bs 对象中
fp=open("myindex.html","r",encoding="utf-8")
soup = BeautifulSoup(fp,"lxml")
print(soup.body.contents)
```

运行程序，结果如下：

```
['\n', <h1>这是一个简单的 HTML 语法测试</h1>, '\n', <p><a href="https://www.icourse1**.org/">渺渺寒流广</a></p>, '\n', <p><a href="http://news.bai**.com/">苍苍秋雨晦</a></p>, '\n', <p><a href="https://www.n**.edu.cn/">君问终南山</a></p>, '\n', <p><a href="https://www.bai**.com/">心知白云外</a></p>, '\n']
```

可以看到 contents 属性返回了一个列表，整个 p 中的内容。把所有的换行符标签放进了列表。

如果把 contents 换成 children：

```
print(soup.body.children)
```

结果为：

```
<list_iterator object at 0x0000021AFADF6490>
```

它返回了一个迭代器，需要用 for 循环遍历使用。例如：

```
ts=soup.body.children
for x in ts:
    print(x)
```

结果为：

```
<h1>这是一个简单的 HTML 语法测试</h1>


<p><a href="https://www.icourse1**.org/">渺渺寒流广</a></p>
```

```
<p><a href="http://news.bai**.com/">苍苍秋雨晦</a></p>

<p><a href="https://www.n**.edu.cn/">君问终南山</a></p>

<p><a href="https://www.bai**.com/">心知白云外</a></p>
```

【例 9.12】 阅读程序，理解 find 方法。

程序如下：

```
#导入模块
import requests
from bs4 import BeautifulSoup
#将本地的一个 test.html 文档中的源码数据加载到 bs 对象中
fp=open("myindex.html","r",encoding="utf-8")
soup = BeautifulSoup(fp,"lxml")
#获取所有的 p 标签
#find 返回找到的第一个标签，find_all 以 list 的形式返回找到的所有标签
trs = soup.find_all('p') #  返回列表
n=1
for i in trs:
    print('第{}个 tr 标签： '.format(n))
    print(i)
    n+=1
print('###################################')
#获取所有 a 标签的 href 属性,通过下标获取
alist = soup.find_all('a')
for a in alist:
    href = a['href']
    print(href)
print('###################################')
#获取诗句的内容(所有文本信息)
trs = soup.find_all('p')
tangshi1 = []
for tr in trs:
    tangshi1.append(tr.string)
print(tangshi1)
```

运行程序，结果如下：

```
第 1 个 tr 标签：
<p><a href="https://www.icourse1**.org/">渺渺寒流广</a></p>
第 2 个 tr 标签：
<p><a href="http://news.bai**.com/">苍苍秋雨晦</a></p>
第 3 个 tr 标签：
<p><a href="https://www.n**.edu.cn/">君问终南山</a></p>
第 4 个 tr 标签：
<p><a href="https://www.bai**.com/">心知白云外</a></p>
###################################
https://www.icourse1**.org/
http://news.bai**.com/
https://www.n**.edu.cn/
https://www.bai**.com/
```

```
##########################################
['渺渺寒流广', '苍苍秋雨晦', '君问终南山', '心知白云外']
```

9.3.4 CSS 选择器

1. CSS 的概念

CSS（Cascading Style Sheets，层叠样式表）是一种用来表现 HTML 或者 XML（标准通用标记语言的一个子集）等文件样式的样式表语言。CSS 不仅可以静态地修饰网页，还可以配合各种脚本语言动态地对网页各元素进行格式化，用来控制网页数据的表现。

使用 CSS 的目的之一是让网页具有美观一致的页面，另外一个最重要的原因是让内容与格式分离。在没有 CSS 之前，想要修改 HTML 元素的样式，需要为每个 HTML 元素单独定义样式属性，当 HTML 内容非常多时，就会定义很多重复的样式属性，并且修改时需要逐个修改，费心费力。而 CSS 的出现解决了两个问题：一是将 HTML 页面的内容与样式分离；二是提高 Web 开发的工作效率。

CSS 样式可以直接存储于 HTML 网页或者单独的样式单文件。无论哪一种方式，样式单包含将样式应用到指定类型元素的规则。外部使用时，样式单规则被放置在一个带有文件扩展名 _css 的外部样式单文档中。

BeautifulSoup 支持大部分的 CSS 选择器，极大地方便了对特定标签的选取。

2. CSS 的特点

相较于 HTML，CSS 具有以下特点。

（1）丰富的样式定义

CSS 提供了丰富的文档样式外观，以及设置文本和背景属性的能力；允许为任何元素创建边框，以及元素边框与其他元素间的距离、元素边框与元素内容间的距离；允许随意改变文本的大小写方式、修饰方式以及其他页面效果。

（2）易于使用和修改

CSS 可以将样式定义在 HTML 元素的 style 属性中，也可以将其定义在 HTML 文档的 header 部分，还可以将样式声明定义在一个专门的 CSS 文件中，以供 HTML 页面引用。总之，CSS 样式表可以将所有的样式声明统一存放，进行统一管理。CSS 样式表可以将相同样式的元素进行归类，既可以使用同一个样式进行定义，也可以将某个样式应用到所有同名的 HTML 标签中，还可以将一个 CSS 样式指定到某个页面元素中。如果要修改样式，只需要在样式列表中找到相应的样式声明进行修改即可。

（3）多页面应用

CSS 样式表可以单独存放在一个 CSS 文件中，这样就可以在多个页面中使用同一个 CSS 样式表。CSS 样式表理论上不属于任何页面文件，在任何页面文件中都可以将其引用，这样就可以实现多个页面风格的统一。

（4）层叠

简单地说，层叠就是对一个元素多次设置样式。例如对一个站点中的多个页面使用同一套 CSS 样式表，而某些页面中的某些元素想使用其他样式，就可以针对这些样式单独定义一个样式表应用到页面中。这些后来定义的样式将对前面的样式设置进行重写，在浏览器中看到的将是最后面设置的样式效果。

（5）页面压缩

在使用 HTML 定义页面效果的网站中，往往需要大量或重复的表格和 font 元素形成各种规格的文字样式，这样做的后果就是会产生大量的 HTML 标签，从而使页面文件的代码量增多。而将样式的声明单独放到 CSS 样式表中，可以大大减少页面的代码，这样在加载页面时，使用的时间也会大大减少。

3．CSS 的格式及语法规则

（1）格式

一般定义在头文件里面需引入<style type="text/css"><style>样式的定义必须在 style 标签内

```
<style type="text/css">
    //在这里进行定义，例如：
        body {background-color: yellow}
</style>
```

（2）语法规则

CSS 规则由两个主要的部分构成：选择器，以及一条或多条声明。

selector {declaration1; declaration2; ... declarationN }

选择器通常是需要改变样式的 HTML 元素。

每条声明由一个属性和一个值组成。

属性（property）是希望设置的样式属性（style attribute），每个属性有一个值，属性和值用冒号分开。

4．CSS 基本样式

CSS 的 3 种基本样式如下。

（1）内联样式

```
<style>
...css 代码...
</style>
```

（2）外联样式

```
<link rel=" stylesheet" href=" XX.css" >
```

例如：

CSS 文件为 c1.css，其中代码为：

```
p{ color: red; font-size: 20px}
```

HTML 文件为 p1.html，其中关键代码为：

```
<link href=" c1.css" rel=" stylesheet" >
<p>这是一个段落文本</p>
<div>这是一个 div 文本</p>
```

（3）行内样式

```
<某标签 style=" ...css 属性设置..." >......</某标签>
```

选择器语法的符号含义如下：

E：代表"Element"，即元素，元素就是标签（tag）。

S：代表"Selector"，即选择器。

attr：代表"attribute"，即属性。

【例 9.13】 阅读程序，理解 select 方法。

现有一个简单的网页文件 myindex2.html，内容如图 9.12 所示。阅读程序，理解 select 方法。

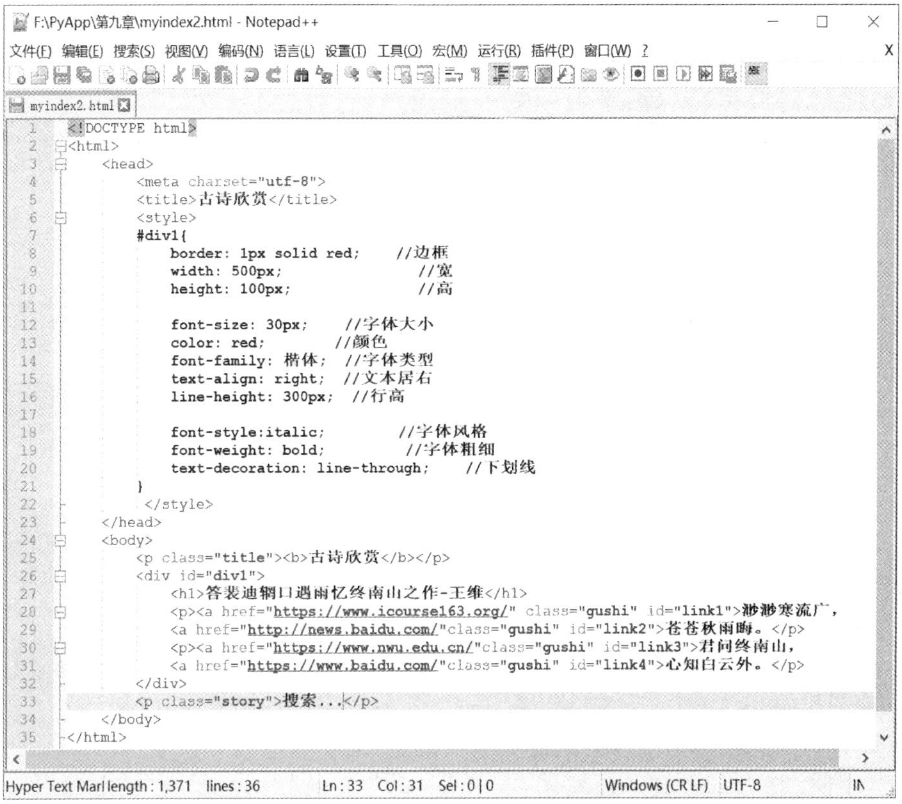

```
<!DOCTYPE html>
<html>
    <head>
        <meta charset="utf-8">
        <title>古诗欣赏</title>
        <style>
        #div1{
            border: 1px solid red;    //边框
            width: 500px;               //宽
            height: 100px;              //高

            font-size: 30px;    //字体大小
            color: red;         //颜色
            font-family: 楷体;  //字体类型
            text-align: right;  //文本居右
            line-height: 300px;  //行高

            font-style:italic;         //字体风格
            font-weight: bold;          //字体粗细
            text-decoration: line-through;    //下划线
        }
         </style>
    </head>
    <body>
        <p class="title"><b>古诗欣赏</b></p>
        <div id="div1">
            <h1>答裴迪辋口遇雨忆终南山之作-王维</h1>
            <p><a href="https://www.icourse163.org/" class="gushi" id="link1">渺渺寒流广，
            <a href="http://news.baidu.com/"class="gushi" id="link2">苍苍秋雨晦。</p>
            <p><a href="https://www.nwu.edu.cn/"class="gushi" id="link3">君问终南山，
            <a href="https://www.baidu.com/"class="gushi" id="link4">心知白云外。</p>
        </div>
        <p class="story">搜索...</p>
    </body>
</html>
```

图 9.12　myindex2.html 文件内容

程序如下：

```
#导入模块
import requests
from bs4 import BeautifulSoup
#将本地的一个 test.html 文档中的源码数据加载到 bs 对象中
fp=open("myindex2.html","r",encoding="utf-8")
soup = BeautifulSoup(fp,"lxml")
print("# 通过 tag 查找----------------------------------------")
# 通过 tag 查找
print(soup.select('title'))                    # [<title>标题</title>]
print("# 通过 tag 逐层查找------------------------------------")
# 通过 tag 逐层查找
print(soup.select("html head title"))     # [<title>标题</title>]
print("# 通过 class 查找-------------------------------------")
# 通过 class 查找
print(soup.select('.gushi'))
print("# 通过 id 查找----------------------------------------")
# 通过 id 查找
print(soup.select('#link1, #link2'))
print("# 通过组合查找-------------------------------------")
# 组合查找
print(soup.select('p #link1'))
print("# 查找直接子标签-----------------------------------")
```

```
# 查找直接子标签
print(soup.select("head > title"))
print(soup.select("p > #link1"))
print(soup.select("p > a:nth-of-type(2)"))
print("# 查找兄弟节点（向后查找）--------------------------")
# 查找兄弟节点（向后查找）
print(soup.select("#link1 ~ .gushi"))
print(soup.select("#link1 + .gushi"))
print("# 查找第一个元素--------------------------------")
# 查找第一个元素
print(soup.select_one(".gushi"))
```

运行程序，结果如下：

```
# 通过 tag 查找----------------------------------
[<title>古诗欣赏</title>]
# 通过 tag 逐层查找--------------------------------
[<title>古诗欣赏</title>]
# 通过 class 查找---------------------------------
[<a class="gushi" href="https://www.icourse1**.org/" id="link1">渺渺寒流广,
        </a>, <a class="gushi" href="http://news.bai**.com/" id="link2">苍苍秋雨晦。
        </a>, <a class="gushi" href="https://www.n**.edu.cn/" id="link3">君问终南山,
        </a>, <a class="gushi" href="https://www.bai**.com/" id="link4">心知白云外。</a>]
# 通过 id 查找------------------------------------
[<a class="gushi" href="https://www.icourse1**.org/" id="link1">渺渺寒流广,
        </a>, <a class="gushi" href="http://news.bai**.com/" id="link2">苍苍秋雨晦。</a>]
# 通过组合查找------------------------------------
[<a class="gushi" href="https://www.icourse1**.org/" id="link1">渺渺寒流广,
        </a>]
# 查找直接子标签----------------------------------
[<title>古诗欣赏</title>]
[<a class="gushi" href="https://www.icourse1**.org/" id="link1">渺渺寒流广,
        </a>]
[<a class="gushi" href="http://news.bai**.com/" id="link2">苍苍秋雨晦。</a>, <a class="gushi"
href="https://www.bai**.com/" id="link4">心知白云外。</a>]
# 查找兄弟节点（向后查找）--------------------------
[<a class="gushi" href="http://news.bai**.com/" id="link2">苍苍秋雨晦。</a>]
[<a class="gushi" href="http://news.bai**.com/" id="link2">苍苍秋雨晦。</a>]
# 查找第一个元素---------------------------------
<a class="gushi" href="https://www.icourse1**.org/" id="link1">渺渺寒流广,
        </a>
```

9.3.5 应用举例

【例 9.14】 图示化城市气温。

希望了解最近一段时间，全国各城市的气温情况。编写一个简单的网络爬虫程序从中国天气网获取数据，并通过图表反映气温最低的前 10 个城市。

打开中国天气网主页，如图 9.13 所示。从图中可以看到所有城市已经按照地区划分了，并且每个城市都有最低气温和最高气温。

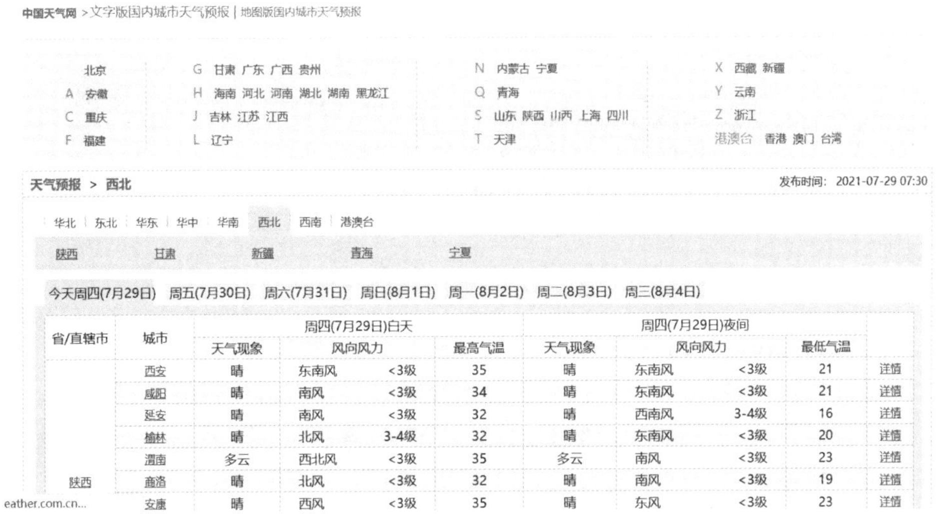

中国天气网 >文字版国内城市天气预报 | 地图版国内城市天气预报

北京	G	甘肃 广东 广西 贵州	N	内蒙古 宁夏	X 西藏 新疆
A 安徽	H	海南 河北 河南 湖北 湖南 黑龙江	Q	青海	Y 云南
C 重庆	J	吉林 江苏 江西	S	山东 陕西 山西 上海 四川	Z 浙江
F 福建	L	辽宁	T	天津	港澳台 香港 澳门 台湾

天气预报 > 西北　　　　　　　　　　　　　　　　　　　　　　　　发布时间: 2021-07-29 07:30

华北 | 东北 | 华东 | 华中 | 华南 | 西北 | 西南 | 港澳台

陕西　　　甘肃　　　新疆　　　青海　　　宁夏

今天周四(7月29日)　周五(7月30日)　周六(7月31日)　周日(8月1日)　周一(8月2日)　周二(8月3日)　周三(8月4日)

省/直辖市	城市	周四(7月29日)白天			周四(7月29日)夜间			
		天气现象	风向风力	最高气温	天气现象	风向风力	最低气温	
	西安	晴	东南风 <3级	35	晴	东南风	<3级	21	详情
	咸阳	晴	南风 <3级	34	晴	东南风	<3级	21	详情
	延安	晴	南风 <3级	32	晴	西南风	3-4级	16	详情
	榆林	晴	北风 3-4级	32	晴	东南风	<3级	20	详情
	渭南	多云	西北风 <3级	35	多云	南风	<3级	23	详情
陕西	商洛	晴	北风 <3级	32	晴	南风	<3级	19	详情
	安康	晴	西风 <3级	35	晴	东风	<3级	23	详情

图 9.13　中国天气网主页

【程序一】图示化气温最低的前 10 个城市。

程序如下：

```
#【例 9.14】
import requests
from bs4 import BeautifulSoup
from pyecharts.charts import Line,Bar
import pyecharts.options as opts
import os
DATA_TEMP = []
HEADERS = {
    'User-Agent':'Mozilla/5.0 (Windows NT 10.0; Win64; x64) AppleWebKit/537.36 (KHTML, like Gecko)
Chrome/78.0.3904.108 Safari/537.36'
    }
def parse_page(url):
    response = requests.get(url, headers=HEADERS)
    html_str = response.content.decode('utf-8')
    soup = BeautifulSoup(html_str,'lxml')
    divs = soup.find('div',class_='conMidtab')
    tables = divs.find_all('table')
    for table in tables:
        trs = table.find_all('tr')[2:]
        for index,tr in enumerate(trs):
            tds = tr.find_all('td')
            # 城市获取
            city_td = tds[0]
            if index == 0:
                city_td = tds[1]
            city = list(city_td.stripped_strings)[0]

            # 最低气温获取
            temp_td = tds[-2]
            min_temp = list(temp_td.stripped_strings)[0]
```

```
                    DATA_TEMP.append({"city":city,"min_temp":min_temp})
                    print({"city":city,"min_temp":min_temp})
def show_line_chart(data):
    DATA_TEMP=data
    DATA_TEMP.sort(key=lambda data: data['min_temp'])
    show_data = DATA_TEMP[0:10]   # 气温最低的前 10 个城市
    cities = list(map(lambda x: x['city'], show_data))
    min_temp = list(map(lambda x: int(x['min_temp']), show_data))
    # 展示为柱状图
    (
        Bar()
            .add_xaxis(cities)
            .add_yaxis("最低气温", min_temp)
            .set_global_opts(
            title_opts=opts.TitleOpts(title="今日全国气温最低的前 10 个城市", subtitle="柱状图"),
            yaxis_opts=opts.AxisOpts(name="城市"),
            xaxis_opts=opts.AxisOpts(name="最低气温"),
        )
            .render("render9-14-1.html")
    )
def main():
    base_url = 'http://www.weath**.com.cn/textFC/{}.shtml'
    # 构造 url
    name_list = ['hb','db','hd','hz','hn','xb','xn','gat']
    for name in name_list:
        url = base_url.format(name)
        parse_page(url)
    # 分析数据
    show_line_chart(DATA_TEMP)
    os.system("render9-14-1.html")


if __name__ == '__main__':
    main()
```

运行程序，结果如图 9.14 所示。

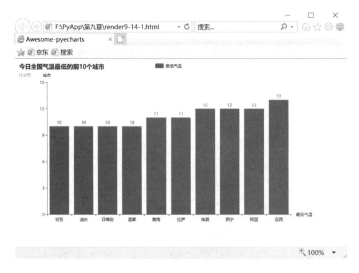

图 9.14　图示化气温最低的前 10 个城市

【程序二】图示化气温最低的前 10 个城市及其最高气温。

程序如下：

```
import requests
from bs4 import BeautifulSoup
from pyecharts.charts import Bar
from pyecharts import options as opts
import os
HEADERS = {"User-Agent": "Mozilla/5.0 (Windows NT 6.1; WOW64) AppleWebKit/537.36 (KHTML, like
Gecko) Chrome/71.0.3554.0 Safari/537.36"}
ALL_DATA = []
def detail_urls(url):
    rep = requests.get(url=url, headers=HEADERS)
    text = rep.content.decode(encoding="UTF-8")
    soup = BeautifulSoup(text, "lxml")
    # 找到第一个属性为 conMidtab 的 div 标签
    commidtab = soup.find("div", class_="conMidtab")
    # 找到这个 div 下的所有 table
    tables = commidtab.find_all("table")
    # 循环每一个 table
    for table in tables:
        # 排除介绍部分
        trs = table.find_all("tr")[2:]
        # 省份和直辖市两种情况
        for index, tr in enumerate(trs):
            tds = tr.find_all("td")
            city_td = tds[0]
            if index == 0:
                city_td = tds[1]
            # 获取所有文本并去掉空格
            city = list(city_td.stripped_strings)[0]
            min_temp_td = tds[-2]
            min_temp = list(min_temp_td.stripped_strings)[0]
            max_temp_td = tds[-5]
            max_temp = list(max_temp_td.stripped_strings)[0]
            ALL_DATA.append({"city": city, "min_temp": (min_temp), "max_temp": (max_temp)})
def spider():
    base_url = "http://www.weath**.com.cn/textFC/{}.shtml"
    # 页数较少所以直接拿
    address = ["hb", "db", "hd", "hz", "hn", "xb", "xn", "gat"]
    for i in range(len(address)):
        url = base_url.format(address[i])
        # 将生成的传递给页面解析函数
        get_detail_urls = detail_urls(url)
    ALL_DATA.sort(key=lambda data: data["min_temp"])
    datas = ALL_DATA[0:10]
    cities = list(map(lambda x: x["city"], datas))
    min_temp = list(map(lambda x: int(x["min_temp"]), datas))
    max_temp = list(map(lambda x: int(x["max_temp"]), datas))
    for x in ALL_DATA:
        print(x)
    bar = Bar()
```

```
        bar.add_xaxis(cities)
        bar.add_yaxis("最低气温",min_temp)
        bar.add_yaxis("最高气温",max_temp)
        bar.set_global_opts(title_opts=opts.TitleOpts(title="中国城市最低温度排行榜"))
        bar.render("render9-14-2.html")
        os.system("render9-14-2.html")
if __name__ == '__main__':
    spider()
```

运行程序，结果如图 9.15 所示。

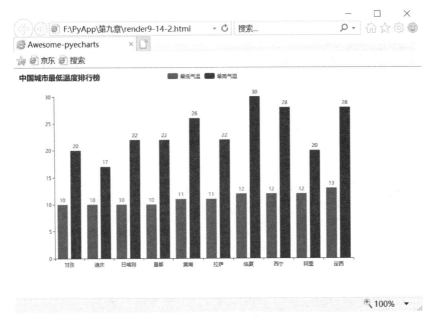

图 9.15　图示化气温最低的前 10 个城市及其最高温度

【例 9.15】　在 https://www.shiciming**.com/book/ 中找到《大学》这本书，获取该书的几个章节内容。显示章节，并将获取的内容存储在文件 daxue.txt 中。

程序如下：

```
import requests
from bs4 import BeautifulSoup
if __name__ == "__main__":
    # 对首页的页面数据进行获取
    url = 'https://www.shiciming**.com/book/daxue.html'
    r= requests.get(url);
    r.encoding = 'gbk2312';
    headers = {
        'User-Agent':'Mozilla/....'
    }
    page_text = requests.get(url=url,headers=headers).text
    # 在首页中解析出章节的标题和详情页的 url
    #1.实例化 BeautifulSoup 对象，需要将页面源码数据加载到该对象中
    soup = BeautifulSoup(r.text,'lxml')
    # 解析章节标题和详情页的 url
    a_list = soup.select('.book-mulu > ul > li > a')
    with open('daxue.txt','w',encoding='UTF-8') as fp:
```

```
        for a in range(len(a_list)-1):
            title = a_list[a].string
            detail_url = 'http://www.shiciming**.com'+a_list[a]['href']
            # 对详情页发起请求，解析出章节内容
            rt= requests.get(detail_url);
            rt.encoding = 'gbk2312';
            detail_page_text = requests.get(url=detail_url,\
                                        headers=headers).text
            # 解析出详情页中相关的章节内容
            detail_soup = BeautifulSoup(rt.text,'lxml')
            div_tag = detail_soup.find('div',class_='chapter_content')
            # 解析章节的内容
            content = div_tag.text
            fp.write(title+':'+content+'\n')
            print(title ,"成功获取！")
```

运行程序，结果如下：

```
第一章 成功获取！
第二章 成功获取！
第三章 成功获取！
第四章 成功获取！
第五章 成功获取！
第六章 成功获取！
第七章 成功获取！
第八章 成功获取！
第九章 成功获取！
第十章 成功获取！
```

同时，在当前目录下，生成文件 daxue.txt，双击该文件，就可以看到书籍内容，结果如图 9.16 所示。

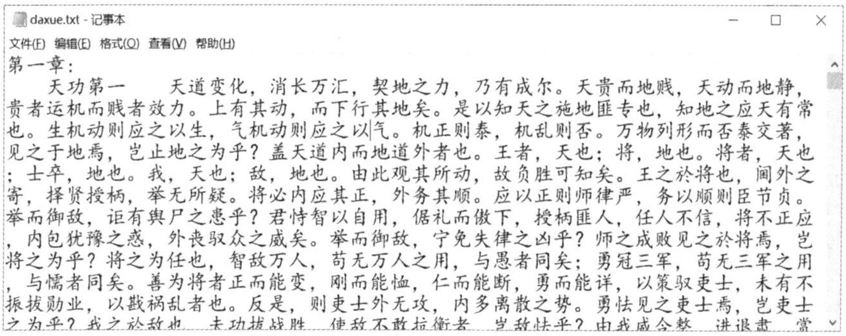

图 9.16　获取的内容

【例 9.16】　获取壁纸图片。

从 http://www.bizhi3**.com/fengjing/ 中获取壁纸图片，并将其存到当前文件夹下。

程序如下：

```
import requests
from bs4 import BeautifulSoup
import time

url = "http://www.bizhi3**.com/fengjing/"
resp = requests.get(url)
```

```
resp.encoding = "UTF-8"
main_page = BeautifulSoup(resp.text,"lxml")
ul = main_page.find("ul")
a = ul.find_all("a")
for i in a:
    #i.get('href')，直接通过 get 就可以得到属性值
    #获取数组中的 href 的值 href=""里的值
    url_detail = "http://www.bizhi3**.com/"+str(i.get('href'))
    #  获取每一张图片的 url
    resp_detail = requests.get(url_detail)
    resp_detail.encoding = 'UTF-8'
    main_detail = BeautifulSoup(resp_detail.text,"html.parser")
    div = main_detail.find("div",class_="content").\
                        find("a",class_="download")
    title = main_detail.find("h1",class_="title").text
    print(title)
    img_url = div.get('href')
    img_resp = requests.get(img_url)
    print(img_url)
    #下载图片
    img_name = str(title)+".jpg"
    with open(img_name, mode="wb") as f:
    #写的图片用 wb
        f.write(img_resp.content)
    time.sleep(1)
```

运行程序，发现获取成功，在当前文件夹下，存储了获取的图片。

【例 9.17】 从起点网中获取免费书籍的书名、作者和内容简介，并将获取到的数据存入文件 writer_info.txt 中。

程序如下：

```
import time              #导入时间模块，用 end_time-start_time 来统计抓取耗费时间
start_time = time.time()       #获得起始时间
import requests
from bs4 import BeautifulSoup
def get_one_book(url):
    #定义的 get_ong_book()方法来获取一本书的内容
    data0 = requests.get(url)
    #get()方法请求网页
    soup = BeautifulSoup(data0.text, 'lxml')
    # 解析网页元素存入 soup 中
    title_list = soup.select('div.book-info > h1 > em')
    # 查找网页标签，这个用谷歌浏览器右键检查，然后在 HTML 中右键 copy 选相应 selector 就行（其中.
代表 class，>代表下一层）
    title = title_list[0].text
    # 用.text()方法把 title_list 输出为字符串（.content 方法输出为字节码）
    writer_list = soup.select('a.writer')
    # 用 select()查找 writer
    writer = writer_list[0].text
    # 把 writer 的信息转化为字符串类型
    intro_list=soup.select('body > div > div.book-detail-wrap.center990 > div.book-content-wrap.cf > div.left-wrap.fl > div.book-info-detail > div.book-intro')
    intro=intro_list[0].text.strip()
```

```
        # strip()方法用于移除空格和换行符
        data='书名:《'+title+'》 \n'+'作者: '+writer+'\n 内容简介: '+intro+' \n\n'
        #指定输出的格式
        return data
url ='https://www.qidi**.com/free'
data0 = requests.get(url)
soup = BeautifulSoup(data0.text, 'lxml')
file = open("writer_info.txt", "w", encoding="utf-8")
# 打开一个文件，w 是若文件不存在则新建一个文件
hrefs_list=soup.select('a[href]')
'''下面利用集合 set()内的元素不重复性进行了简单的去重操作'''
set_link = set()
for href in hrefs_list:
    link = href.get('href')
    # 用 get()得到 href 的内容（即链接）get 返回的类型为 str
    if 'book.qidian' in link:
        # 因为只想得到每本小说的链接，所以利用小说的链接都有 book.qidain 来筛选
        p_link = "http:"+link
        # 获取到的链接的 http 都没有，这里都加一个 http
        set_link.add(p_link)
        # 把所有书的链接用 add()都加入到 set_link 中
for url in set_link:
    file.write(get_one_book(url))
    # 用一个循环来遍历所有书的链接,再用 get_one_book()方法获取每本书的内容
file.close()
# 关闭文件
end_time = time.time()
print("获取耗时： ",end_time-start_time)
# 打印运行程序所花时间
```

运行程序，可以发现在当前文件夹下，获取得到的数据已存入文件中。

习题 9

1. 表 9.4 为某一地区的各年龄段人员数据，根据数据，生成人口年龄分布柱状图。

表9.4　人口年龄构成

年 龄 段	男	女
0 岁	327178	263627
1～4 岁	1319597	1069648
5～9 岁	1361844	1099219
10～14 岁	1406696	1115999
15～19 岁	2560263	2246474
20～24 岁	2794304	2789862
25～29 岁	1984503	2035461
30～34 岁	1976252	1941852
35～39 岁	2465831	2392046

续表

年 龄 段	男	女
40～44 岁	2862689	2753667
45～49 岁	2610967	2497632
50～54 岁	1893401	1805725
55～59 岁	1882390	1806642
60～64 岁	1428267	1343797
65～69 岁	982209	941145
70～74 岁	710557	717804
75～79 岁	493262	550248
80～84 岁	226131	290166
85 岁及以上	104906	185466

2. 使用 Pyecharts 可视化疫情确诊人数的世界地图。

3. 搜集某城市所有区县的某日降雨量，以柱状图和地图两种方式展示。

附录 A　常见内置函数及功能

为了方便记忆，对内置函数进行了分类。

1. 数学运算类函数

数学运算类函数及其功能见表 A.1。

表 A.1　数学运算类函数

函　数　名	功　　能
abs(x)	求绝对值。参数可以是整型，也可以是复数。若是复数，则返回复数的模
complex([real[, imag]])	创建一个复数
divmod(a, b)	分别取商和余数。注意：整型、浮点型都可以
float([x])	将一个字符串或数转换为浮点数。如果无参数将返回 0.0
int([x[, base]])	将一个字符转换为整数类型，base 表示进制
long([x[, base]])	将一个字符转换为长整型
pow(x, y[, z])	返回 x 的 y 次幂
range([start], stop[, step])	产生一个序列，默认从 0 开始
round(x[, n])	四舍五入
sum(iterable[, start])	对集合求和
oct(x)	将一个数字转化为八进制字符串
hex(x)	将整数 x 转换为十六进制字符串
chr(i)	返回整数 i 对应的 ASCII 字符
bin(x)	将整数 x 转换为二进制字符串
bool([x])	将 x 转换为布尔类型

2. 集合类函数

集合类函数及其功能见表 A.2。

表 A.2　集合类函数

函　数　名	功　　能
basestring()	str 和 unicode 的超类，不能直接调用，可以用于 isinstance 判断
format(value [, format_spec])	格式化输出字符串，格式化的参数顺序从 0 开始，如 "I am {0},I like {1}"
unichr(i)	返回给定整数类型的 unicode
enumerate(sequence [, start = 0])	返回一个可枚举的对象，该对象的 next()方法将返回一个元组
iter(o[, sentinel])	生成一个对象的迭代器，第二个参数表示分隔符
max(iterable[, args...][key])	返回集合中的最大值

续表

函 数 名	功 能
min(iterable[, args...][key])	返回集合中的最小值
dict([arg])	创建数据字典
list([iterable])	将一个集合类转换为另一个集合类
set()	集合对象实例化
frozenset([iterable])	产生一个不可变的集合
str([object])	转换为字符串类型
sorted(iterable[,cmp[,key[,reverse]]])	对集合排序
tuple([iterable])	生成一个元组类型
xrange([start], stop[, step])	xrange()与 range()类似，但 xrnage()并不创建列表，而是返回一个 xrange 对象，它的行为与列表相似，但是只在需要时才计算列表值，当列表很大时，这个特性能节省内存

3. 逻辑判断类函数

逻辑判断类函数及其功能见表 A.3。

表 A.3　逻辑判断类函数

函 数 名	功 能
all(iterable)	集合中的元素都为真时返回 True； 特殊情况下，若集合为空则返回 True
any(iterable)	集合中的元素有一个为真时返回 True； 特殊情况下，若集合为空则返回 False
cmp(x, y)	如果 x < y，返回负数；x ＝ y，返回 0；x > y，返回正数

4. 反射类函数

反射类函数及其功能见表 A.4。

表 A.4　反射类函数

函 数 名	功 能
callable(object)	检查对象 object 是否可调用。 1. 类是可以被调用的； 2. 实例是不可以被调用的，除非类中声明了__call__()方法
classmethod()	1. 注解，用来说明这个方式是个类方法； 2. 类方法可被类调用，也可被实例调用； 3. 类方法类似于 Java 中的 static 方法； 4. 类方法中不需要有 self 参数
compile(source, ilename,mode[, flags[, dont_inherit]])	将 source 编译为代码或者 AST 对象。代码对象能够通过 exec()语句来执行或者 eval()进行求值。 1. 参数 source：字符串或者 AST（Abstract Syntax Trees）对象。 2. 参数 filename：代码文件名称，如果不是从文件读取代码则传递一些可辨认的值。 3. 参数 model：指定编译代码的种类。可以指定为 'exec'、'eval'、'single'。 4. 参数 flag 和 dont_inherit：这两个参数暂不介绍

续表

函 数 名	功　　　能
dir([object])	1．不带参数时，返回当前范围内的变量、方法和定义的类型列表； 2．带参数时，返回参数的属性、方法列表； 3．如果参数包含方法__dir__()，该方法将被调用； 4．如果参数不包含__dir__()，该方法将最大限度地收集参数信息
delattr(object, name)	删除 object 对象名为 name 的属性
eval(expression [, globals [, locals]])	计算表达式 expression 的值
execfile(filename [, globals [, locals]])	用法类似 exec()，不同的是 execfile 的参数 filename 为文件名，而 exec 的参数为字符串
filter(function, iterable)	构造一个序列，等价于[item for item in iterable if function(item)]。 1．参数 function：返回值为 True 或 False 的函数，可以为 None； 2．参数 iterable：序列或可迭代对象
getattr(object, name [, defalut])	获取一个类的属性
globals()	返回一个描述当前全局符号表的字典
hasattr(object, name)	判断对象 object 是否包含名为 name 的特性
hash(object)	如果对象 object 为哈希表类型，返回对象 object 的哈希值
id(object)	返回对象的唯一标识
isinstance(object, classinfo)	判断 object 是否是类的实例
issubclass(class, classinfo)	判断是否是子类
len(s)	返回集合长度
locals()	返回当前的变量列表
map(function, iterable, ...)	遍历每个元素，执行 function 操作
memoryview(obj)	返回一个内存镜像类型的对象
next(iterator[, default])	类似于 iterator.next()
object()	基类
property([fget[, fset[, fdel[, doc]]]])	属性访问的包装类，设置后可以通过 c.x=value 等来访问 setter 和 getter
reduce(function, iterable[, initializer])	合并操作，首先对集合的第 1、2 个元素进行处理，然后是前两个的结果与第 3 个合并进行处理，以此类推
reload(module)	重新加载模块
setattr(object, name, value)	设置属性值
repr(object)	将一个对象变换为可打印的格式
slice()	—
staticmethod()	声明静态方法，是个注解
super(type[,object-or-type])	引用父类
type(object)	返回该 object 的类型
vars([object])	返回对象的变量，若无参数与 dict()方法类似

函　数　名	功　　能
bytearray([source　[,encoding [, errors]]])	返回一个 byte 数组。 1. 如果 source 为整数，则返回一个长度为 source 的初始化数组； 2. 如果 source 为字符串，则按照指定的 encoding 将字符串转换为字节序列； 3. 如果 source 为可迭代类型，则元素必须为[0～255]中的整数； 4. 如果 source 为与 buffer 接口一致的对象，则此对象也可以被用于初始化 bytearray

5. I/O 操作类函数

I/O 操作类函数及其功能见表 A.5。

表 A.5　I/O 操作类函数

函　数　名	功　　能
file(filename [, mode [, bufsize]])	file 类型的构造函数，用于打开一个文件，如果文件不存在且 mode 为写或追加时，则文件将被创建。添加 'b' 到 mode 参数中，将对文件以二进制形式操作。添加 '+' 到 mode 参数中，允许对文件同时进行读写操作。 1. 参数 filename：文件名称。 2. 参数 mode：'r'（读）、'w'（写）、'a'（追加）。 3. 参数 bufsize：如果为 0 表示不进行缓冲；如果为 1 表示进行行缓冲；如果是一个大于 1 的数表示缓冲区的大小
input([prompt])	获取用户输入
open(name[, mode[, buffering]])	打开文件
print	打印函数

附录 B   Python 标准库常见组件

1．文本处理服务类
- string：常见的字符串操作
- re：正则表达式操作
- difflib：计算差异的辅助工具
- textwrap：文本自动换行与填充
- unicodedata：Unicode 数据库
- stringprep：因特网字符串预备
- readline：GNU readline 接口
- rlcompleter：GNU readline 的补全函数

2．二进制数据服务类
- struct：将字节串解读为打包的二进制数据
- codecs：编解码器注册和相关基类

3．数据类型类
- datetime：基本的日期和时间类型
- calendar：日历相关函数
- collections：容器数据类型
- collections.abc：容器的抽象基类
- heapq：堆队列算法
- bisect：数组二分查找算法
- array：高效的数值数组
- weakref：弱引用
- types：动态类型创建和内置类型名称
- copy：浅层（shallow）和深层（deep）复制操作
- pprint：数据美化输出
- reprlib：另一种 repr() 实现
- enum：枚举型处理

4．数字和数学模块类
- numbers：数字的抽象基类
- math：数学函数
- cmath：复数的数学函数
- decimal：十进制定点和浮点运算
- fractions：分数
- random：生成伪随机数

- statistics：数学统计函数

5．函数式编程模块类

- itertools：为高效循环而创建迭代器的函数
- functools：高阶函数和可调用对象上的操作
- operator：标准运算符替代函数

6．文件和目录访问类

- pathlib：面向对象的文件系统路径
- os.path：常用路径操作
- fileinput：迭代来自多个输入流的行
- stat：解析 stat()结果
- filecmp：文件及目录的比较
- tempfile：生成临时文件和目录
- glob：UNIX 风格路径名模式扩展
- fnmatch：UNIX 文件名模式匹配
- linecache：随机读写文本行
- shutil：高阶文件操作

7．数据持久化类

- pickle：Python 对象序列化
- copyreg：注册配合 pickle 模块使用的函数
- shelve：Python 对象持久化
- marshal：内部 Python 对象序列化
- dbm：UNIX "数据库"接口
- sqlite3：SQLite 数据库 DB-API 2.0 接口模块

8．数据压缩和存档类

- zlib：对 gzip 兼容的压缩
- gzip：对 gzip 格式的支持
- bz2：对 bzip2 压缩算法的支持
- lzma：使用 LZMA 算法压缩
- zipfile：使用 ZIP 格式存档
- tarfile：读写 tar 归档文件

9．文件格式类

- csv：CSV 文件读写
- configparser：配置文件解析器
- netrc：netrc 文件处理
- xdrlib：编码与解码 XDR 数据
- plistlib：生成与解析 Apple.pilist 文件

10．加密服务类

- hashlib：安全哈希与消息摘要
- hmac：基于密钥的消息验证
- secrets：生成管理密码的安全随机数

11．通用操作系统服务类

- os：各种操作系统接口
- io：处理流的核心工具
- time：时间的访问和转换
- argparse：命令行选项、参数和子命令解析器
- getopt：C 风格的命令行选项解析器
- logging：Python 的日志记录工具
- logging.config：日志记录配置
- logging.handlers：日志处理
- getpass：便携式密码输入工具
- curses：终端字符单元显示的处理
- curses.textpad：用于 curses 程序的文本输入控件
- curses.ascii：用于 ASCII 字符的工具
- curses.panel：curses 的面板栈扩展
- platform：获取底层平台的标识数据
- errno：标准 errno 系统符号
- ctypes：Python 的外部函数库

12．并发执行类

- threading：基于线程的并行
- multiprocessing：基于进程的并行
- multiprocessing.shared_memory：可从进程直接访问的共享内存
- concurrent.futures：启动并行任务
- subprocess：子进程管理
- sched：事件调度器
- queue：一个同步的队列类
- _thread：底层多线程 API
- _dummy_thread：_thread 的替代模块
- dummy_threading：可直接替代 threading 模块。
- contextvars：上下文变量

13．网络和进程间通信类

- asyncio：异步 I/O
- socket：底层网络接口
- ssl：安全套接字协议
- select：等待 I/O 完成
- selectors：高级 I/O 复用库
- asyncore：异步 socket 处理器
- asynchat：异步 socket 指令/响应处理器
- signal：设置异步事件处理程序
- mmap：内存映射文件支持

14．互联网数据处理类

- email：电子邮件与 MIME 处理包

- json：JSON 编码和解码器
- mailcap：Mailcap 文件处理
- mailbox：操作多种格式的邮箱
- mimetypes：映射文件名到 MIME 类型
- base64：Base16, Base32, Base64, Base85 数据编码
- binhex：对 binhex4 文件进行编码和解码
- binascii：二进制码和 ASCII 码互转
- quopri：编码与解码经过 MIME 转码后可打印的数据
- uu：对 uuencode 文件进行编码与解码

15．结构化标记处理工具类

- html：超文本标记语言支持
- html.parser：简单的 HTML 和 XHTML 解析器
- html.entities：HTML 实体的定义
- XML 处理模块
- xml.etree.ElementTree：解析和创建 XML 数据
- xml.dom：文档对象模型 API
- xml.dom.minidom：最小化的 DOM 实现
- xml.dom.pulldom：支持构建部分 DOM 树
- xml.sax：支持 SAX2 解析器
- xml.sax.handler：SAX 处理句柄的基类
- xml.sax.saxutils：SAX 工具集
- xml.sax.xmlreader：用于 XML 解析器的接口
- xml.parsers.expat：使用 Expat 的快速 XML 解析

16．互联网协议和支持类

- webbrowser：方便的 Web 浏览器控制器
- cgi：支持通用网关接口
- cgitb：用于 CGI 脚本的回溯管理器
- wsgiref：WSGI 工具和参考实现
- urllib：URL 处理模块
- urllib.request：用于打开 URL 的可扩展库
- urllib.response：urllib 使用的 Response 类
- urllib.parse：用于解析 URL
- urllib.error：urllib.request 引发的异常类
- urllib.robotparser：robots.txt 语法分析程序
- http：HTTP 模块
- http.client：HTTP 协议客户端
- ftplib：FTP 协议客户端
- poplib：POP3 协议客户端
- imaplib：IMAP4 协议客户端
- nntplib：NNTP 协议客户端
- smtplib：SMTP 协议客户端

- smtpd：SMTP 服务器
- telnetlib：Telnet 客户端
- uuid：RFC 4122 定义的 UUID 对象
- socketserver：用于网络服务器的框架
- http.server：HTTP 服务器
- http.cookies：HTTP 状态管理
- http.cookiejar：HTTP 客户端的 Cookie 处理
- xmlrpc：XMLRPC 服务端与客户端模块
- xmlrpc.client：XML-RPC 客户端访问
- xmlrpc.server：基本 XML-RPC 服务器
- ipaddress：IPv4/IPv6 操作库

17．多媒体服务类

- audioop：处理原始音频数据
- aifc：读写 AIFF 和 AIFC 文件
- sunau：读写 Sun AU 文件
- wave：读写 WAV 格式文件
- chunk：读取 IFF 分块数据
- colorsys：颜色值间的转换
- imghdr：推测图像文件的类型
- sndhdr：推测声音文件的类型
- ossaudiodev：访问兼容的 OSS 音频设备

18．国际化类

- gettext：多语种国际化服务
- locale：国际化服务

19．程序框架类

- turtle：海龟绘图
- cmd：支持面向行的命令解释器
- shlex：简单的语法分析

20．Tk 图形用户界面（GUI）

- tkinter：Tcl/Tk 的 Python 接口
- tkinter.ttk：Tk 风格的控件
- tkinter.tix：Tk 扩展包
- tkinter.scrolledtext：滚动文字控件

21．开发工具类

- typing：类型标注支持
- pydoc：文档生成器和在线帮助系统
- doctest：测试交互性的 Python 示例
- unittest：单元测试框架
- unittest.mock：模拟对象库
- unittest.mock：上手指南
- 2to3：自动将 Python 2 代码转为 Python 3 代码

- test：Python 回归测试包

22．调试和分析类

- faulthandler：转储 Python 的跟踪信息
- pdb：Python 的调试器
- timeit：测量小代码片段的执行时间
- trace：跟踪 Python 语句的执行
- tracemalloc：跟踪内存分配

23．软件打包和分发类

- distutils：构建和安装 Python 模块
- venv：创建虚拟环境
- zipapp：管理可执行的 Python zip 文件

24．Python 运行时服务类

- sys：系统相关参数和函数
- builtins：内建对象
- __main__：顶层脚本环境
- warnings：警告信息的控制
- dataclasses：数据类
- contextlib：为 with 语句提供的工具
- abc：抽象基类
- atexit：退出处理器
- traceback：打印或检索堆栈回溯
- __future__：Future 语句定义
- gc：垃圾回收器接口
- inspect：检查对象
- site：指定域的配置钩子

25．自定义 Python 解释器类

- code：解释器基类
- codeop：编译 Python 代码

26．导入模块类

- zipimport：从 ZIp 存档中导入模块
- pkgutil：包扩展工具
- modulefinder：查找脚本使用的模块
- runpy：查找并执行 Python 模块
- importlib：import 的实现
- Using importlib.metadata：提供对已安装包元数据进行访问的库

27．Python 语言服务类

- parser：访问 Python 解析树
- ast：抽象语法树
- symtable：访问编译器的符号表
- symbol：与 Python 解析树一起使用的常量
- token：与 Python 解析树一起使用的常量

- keyword：检验 Python 关键字
- tokenize：解析 Python 代码使用的来源
- tabnanny：模糊缩进检测
- pyclbr：支持 Python 模块浏览器
- py_compile：编译 Python 源文件
- compileall：将.py 文件编译成 Python 二进制文件
- dis：Python 字节码反汇编器
- pickletools：pickle 开发者工具集

28．杂项服务类

- formatter()：格式化代码函数

29．Windows 系统相关模块类

- msilib：读取和写入 Microsoft Installer 文件
- msvcrt：来自 MS VC++运行时的有用例程
- winreg：访问 Windows 注册表
- winsound：Windows 系统的音频播放接口

30．UNIX 专有服务类

- posix：最常见的 POSIX 系统调用
- pwd：用户密码数据库
- spwd：shadow 密码库
- grp：组数据库
- crypt：验证 UNIX 口令的函数
- termios：POSIX 规范中的终端控制
- tty：终端控制功能
- pty：伪终端工具
- fcntl：系统调用 fcntl 和 ioctl
- pipes：终端管道接口
- resource：资源使用信息
- nis：Sun 的 NIS（黄页）接口
- UNIX syslog 库例程

附录 C　常见的第三方库和外部工具

1．文件读写类

文件的读写包括常见的 TXT、Excel、XML、二进制文件及其他格式的数据文本的读写，主要用于本地数据的读写。

（1）NumPy

NumPy 自带的读写函数，包括 loadtxt()、load()和 fromfile()，用于文本、二进制文件读写。

（2）Pandas

Pandas 自带的读文件方法，如 read_csv()、read_fwf()、read_table()等，用于文本、Excel、二进制文件、HDF5、表格、SAS 文件、SQL 数据库和 Stata 文件等的读取。

（3）XLRD

用于 Excel 文件读取。

（4）LXML

用于 XML 和 HTML 读取和解析。

（5）XML

用于 XML 对象解析和格式化处理。

2．网络抓取和解析类

网络抓取和解析用于从互联网中抓取信息，并对 HTML 对象进行处理。

（1）Requests

网络请求库，提供多种网络请求方法并可定义复杂的发送信息。

（2）Scapy

分布式爬虫框架，可用于模拟用户发送、侦听和解析并伪装网络报文，常用于大型网络数据抓取。

（3）Beautiful Soup

Beautiful Soup 是网页数据解析和格式化处理工具，通常配合 Python 的 urllib、urllib2 等库一起使用。

3．数据库连接类

数据库连接可用于连接众多数据库并访问通用数据库接口，还可用于数据库维护、管理和增、删、改、查等日常操作。

（1）MySQL-Connector-Python

MySQL 官方驱动连接程序。

（2）PyMySQL

MySQL 连接库，支持 Python 3。

（3）MySQL-python

MySQL 连接库。

（4）cx_Oracle

Oracle 连接库。

（5）Psycopg2

PostgreSQL 适配器。

（6）PyMongo

MongoDB 官方驱动连接程序。

（7）HappyBase

HBase 连接库。

（8）Py2neo

Neo4j 连接库。

（9）Cassandra-driver

Cassandra（1.2+）和 DataStax Enterprise（3.1+）连接库。

（10）ADOdb

ADOdb 是一个数据库抽象库，支持常见的数据和数据库接口并可自行进行数据库扩展，该库可以对不同数据库中的语法进行解析和差异化处理，具有很高的通用性。

（11）ctypes

ctypes 是 Python 的一个外部库，提供和 C 语言兼容的数据类型，可以很方便地调用 C DLL 中的函数。

（12）PYODBC

Python 通过 ODBC 访问数据库的接口库。

（13）Jython

Python 通过 JDBC 访问数据库的接口库。

4．数据计算和统计分析类

数据计算和统计分析主要用于数据探查、数据计算和初步数据分析等工作。

（1）NumPy

NumPy 是 Python 科学计算的基础工具包，很多 Python 数据计算工作库都依赖它进行计算。

（2）Scipy

Scipy 是一组专门解决科学和工程计算不同场景的主题工具包。

（3）Pandas

Pandas 是一个用于 Python 数据分析的库，它的主要作用是进行数据分析。Pandas 提供用于进行结构化数据分析的二维的表格型数据结构 DataFrame，类似于 R 中的数据框，还能提供类似于数据库中的切片、切块、聚合、选择子集等精细化操作，为数据分析提供了便捷的方法。

（4）Statsmodels

Statsmodels 是 Python 的统计建模和计量经济学的工具包，包括一些描述性统计、统计模型估计和统计测试，集成了多种线性回归模型、广义线性回归模型、离散数据分布模型、时间序列分析模型及非参数估计、生存分析、主成分分析、核密度估计，还有广泛的统计测试和绘图等功能。

5．自然语言处理和文本挖掘类

自然语言处理和文本挖掘库主要用于以自然语言文本为对象的数据处理和建模。

（1）NLTK

NLTK 是一个 Python 自然语言处理工具，它用于对自然语言进行分类、解析和语义理解。

目前已经有超过 50 种语料库和词汇资源。

（2）Pattern

Pattern 是一个网络数据挖掘 Python 工具包，提供了用于网络挖掘（如网络服务、网络爬虫等）、自然语言处理（如词性标注、情感分析等）、机器学习（如向量空间模型、分类模型等）以及图形化的网络分析模型。

（3）Gensim

Gensim 是一个专业的主题模型（发掘文字中隐含主题的一种统计建模方法）Python 工具包，用于统计可扩展语义、分析纯文本语义结构以及检索语义上相似的文档。

（5）SnowNLP

SnowNLP 是一个 Python 写的类库，可以方便地处理中文文本内容。该库是受到了 TextBlob 的启发而针对中文处理写的类库，和 TextBlob 不同的是这里没有用 NLTK，所有的算法都是自己实现的，并且自带了一些训练好的字典。

（6）spaCy

spaCy 是一个 Python 自然语言处理工具包，它结合 Python 和 Cython 使得自然语言处理能力达到了工业强度。

（7）PyNLPI

PyNLPI 是一个适合各种自然语言处理任务的集合库，可用于中文文本分词、关键字分析等，尤其重要的是它支持中英文映射，支持 UTF-8 和 GBK 编码的字符串等。

（8）Synonyms

Synonyms 是一个中文近义词工具包，可用于自然语言理解的很多任务：文本对齐、推荐算法、相似度计算、语义偏移、关键字提取、概念提取、自动摘要和搜索引擎等。

6. 图像和视频处理类

图像和视频处理主要适用于基于图像的操作、处理、分析和挖掘，如人脸识别、图像识别、目标跟踪和图像理解等。

（1）PIL/Pillow

PIL 是一个常用的图像读取、处理和分析的库，提供了多种数据处理、变换的操作方法和属性。PIL 仅支持到 2.7 版本，后来一群志愿者基于 PIL 发布了新的分支 Pillow。Pillow 同时支持 Python 2 和 Python 3 并且加入了很多新的功能。

（2）OpenCV

OpenCV 是一个强大的图像和视频工作库。它提供了多种程序接口，支持跨平台（包括移动端）应用。OpenCV 的设计效率很高，它以优化的 C / C ++编写，可以利用多核处理，除对图像进行基本处理外，还支持图像数据建模，并预制了多种图像识别引擎，如人脸识别等。

（3）Scikit-Image

Scikit-Image（也称 SKImage）是一个图像处理库，支持颜色模式转换、滤镜、绘图、图像处理及特征检测等多种功能。

7. 音频处理类

音频处理主要适用于基于声音的处理、分析和建模，主要应用于语音识别、语音合成、语义理解等领域。

（1）TimeSide

TimeSide 是一个能够进行音频分析、成像、转码、流媒体和标签处理的 Python 框架，可以对任何音频或视频内容及大的数据集进行复杂的处理。

（2）AudioLazy

AudioLazy 是一个用于实时声音数据流处理的库，支持实时数据应用处理、无限数据序列表示、数据流表示等。

（3）PyDub

PyDub 支持多种格式声音文件，可进行多种信号处理（如压缩、均衡、归一化等）、信号生成（如正弦、方波、锯齿等）、音效注册和静音处理等。

（4）TinyTag

TinyTag 用于读取多种声音文件的元数据，涵盖 MP3、OGG、OPUS、MP4、M4A、FLAC、WMA、Wave 等格式。

8. 数据挖掘、机器学习、深度学习类

数据挖掘、机器学习和深度学习等是 Python 进行数据建模和挖掘学习的核心模块。

（1）Scikit-Learn

Scikit-Learn（也称 SKLearn）是一个基于 Python 的机器学习综合库，内置监督式和非监督式学习方法，包括回归、聚类、分类、流式学习、异常检测、神经网络、集成方法等主流算法，同时支持预置数据集、数据预处理、模型选择和评估等方法，是一个非常完整、流行的机器学习工具库。

（2）TensorFlow

TensorFlow 是谷歌的第 2 代机器学习系统，内嵌深度学习的扩展支持，任何能够用计算流图形来表达的计算，都可以使用 TensorFlow。

（3）NuPIC

NuPIC 是一个以 HTM（分层时间记忆）学习算法为工具的机器智能平台。NuPIC 适合于各种问题，尤其适用于检测异常和预测应用。

（4）PyTorch

PyTorch 是 FaceBook 推出的深度学习框架，它基于 Python（而非 Lua）产生，提供的动态计算图显著区别于 Tensorflow 等其他学习框架。

（5）Orange

Orange 通过图形化操作界面，提供交互式数据分析功能，尤其适用于分类、聚类、回归、特征选择和交叉验证等工作。

（6）Theano

Theano 是非常成熟的深度学习库。它与 NumPy 紧密集成，支持 GPU 计算、单元测试和自我验证。

（7）Keras

Keras 是一个用 Python 编写的高级神经网络 API，能够运行在 TensorFlow 或者 Theano 之上，它的开发重点是如何实现快速实验。

（8）Neurolab

Neurolab 是具有灵活网络配置和 Python 学习算法的基本神经网络算法库。它包含通过递归神经网络（RNN）实现的不同变体，该库是同类 RNN API 中好的选择之一。

（9）PyLearn2

PyLearn2 是基于 Theano 的深度学习库，旨在提供极大的灵活性，使研究人员可以进行自由控制。参数和属性的灵活及开放配置是它的亮点。

（10）OverFeat

OverFeat 是一个深度学习库，主要用于图片分类和定位物体检测。

（11）Pyevolve

Pyevolve 是一个完整的遗传算法框架，支持遗传编程。

（12）Caffe2

Cafffe2 也是 FaceBook 推出的深度学习框架，相较于 PyTorch 用于研究来说，Caffe2 更适合大规模部署，用于计算机视觉，尤其对图像识别的分类具有很好的应用效果。

9. 数据可视化类

数据可视化主要用于数据结果展示、数据模型验证、图形交互和探查等方面。

（1）Matplotlib

Matplotlib 是 Python 的 2D 绘图库，以各种硬拷贝格式和跨平台的交互式环境生成出版质量级别的图形，开发者仅用几行代码便可以生成多种高质量图形。

（2）Pyecharts

Pyecharts 基于百度 Echarts 强大的可视化工具库，提供了众多图形功能，尤其对复杂关系的展示能力较强。

（3）Seaborn

Seaborn 是在 Matplotlib 的基础上进行了更高级的 API 封装，它可以作为 Matplotlib 的补充。

（4）Bokeh

Bokeh 是一种交互式可视化库，可以在 Web 浏览器中实现美观的视觉效果。

（5）Plotly

Plotly 提供的图形库可以进行在线 Web 交互，并提供具有出版品质的图形，还支持线图、散点图、区域图、条形图、误差条、框图、直方图、热图、子图、多轴、极坐标图、气泡图、玫瑰图、热力图、漏斗图等众多图形。

（6）VisPy

VisPy 是用于交互式科学可视化的 Python 库，旨在实现快速、可扩展和易于使用。

（7）PyQtGraph

PyQtGraph 是一个建立在 PyQt4 / PySide 和 NumPy 之上的纯 Python 图形和 GUI 库，主要用于数学、科学、工程应用。

（8）ggplot

ggplot 是用 Python 实现的图形输出库，类似于 R 中的图形展示版本。

10. 交互学习和集成开发类

交互学习和集成开发主要用于 Python 开发、调试和集成之用，包括 Python 集成开发环境和 IDE。

（1）IPython/ Jupyter

IPython 是一个基于 Python 的交互式 shell，比默认的 Python shell 好用得多，支持变量自动补全、自动缩进、交互式帮助、魔法命令、系统命令等，内置了许多有用的功能和函数。从 IPython 4.0 开始，IPython 衍生出了 IPython 和 Jupyter 两个分支。在这两个分支正式出现之前，IPython 已经拥有了 ipython notebook 功能，因此，Jupyter 更像是一个 ipython notebook 的升级版。

（2）Elpy

Elpy 是 Emacs 用于 Python 的开发环境，它结合并配置了许多软件包，这些软件包都是用 Emacs Lisp 和 Python 编写的。

（3）PTVS

Visual Studio 的 Python 工具。

（4）PyCharm

PyCharm 带有一整套帮助用户在使用 Python 语言开发时提高效率的工具，如调试、语法高亮、项目管理、代码跳转、智能提示、自动完成、单元测试、版本控制和集成 IPython 以及系统终端命令行等，在 PyCharm 里几乎可以实现有关 Python 工作的全部过程。

（5）LiClipse

LiClipse 是基于 Eclipse 的免费多语言 IDE，通过其中的 PyDev 可支持 Python 开发应用。

（6）Spyder

Spyder 属于外部工具。Spyder 是一个开源的 Python IDE，由 IPython 和众多流行的 Python 库支持，具备高级编辑、交互式测试、调试及数字计算环境的交互式开发环境。

11．其他 Python 协同数据工作工具类

其他 Python 协同数据工作工具指除上述主题以外，其他在数据工作中常用的工具或库。

（1）tesseract-ocr

tesseract-ocr 属于外部工具，是一个 Google 支持的开源 OCR 图文识别项目，支持超过 200 种语言（包括中文），并支持自定义训练字符集，还支持跨 Windows、Linux、Mac OSX 等多平台使用。

（2）RPython

R 集成库。

（3）Rpy2

Python 连接 R 的库。

（4）matpython

MATLAB 集成库。

（5）Lunatic Python

Lua 集成库。

（6）PySpark

Spark 提供的 Python API。

（7）streamparse

Streamparse 允许通过 Storm 对实时数据流运行 Python 代码。

参 考 文 献

[1] 董卫军. 计算机导论（第 4 版）[M]. 北京：电子工业出版社，2021.

[2] Tony Gaddis. Python 程序设计基础[M]. 北京：机械工业出版社，2019.

[3] 虞歌. Python 程序设计基础[M]. 北京：中国铁道出版社，2018.